《石油库设计规范(GB 50074—2014)》
解读与应用

马秀让 王银锋 主 编

石油工业出版社

内容提要

本书包括对 GB 50074—2014《石油库设计规范》(后称"新规范")的"解读"与"应用"两部分内容。"解读"是作者对"新规范"的学习与理解;"应用"是作者对"新规范"贯彻执行中的体会与实践。

"解读"中,按"新规范"的章、节、条款顺序,逐章、逐节、逐条、逐款解读其含义,并与"旧规范"对照说明"新规范"的发展变化。"应用"中,包含两部分内容:一部分是设计应遵循或参考的相关标准、规范;另一部分是总结出的设计原则或设计示例。

本书可为宣传、贯彻、执行"新规范"的辅导书,可供石油库设计者使用,也可供石油库施工、监理、管理人员和石油院校相关专业师生参考。

图书在版编目(CIP)数据

《石油库设计规范(GB 50074—2014)》解读与应用/马秀让,王银锋主编.
北京:石油工业出版社,2016.3
ISBN 978-7-5183-1185-9

Ⅰ.石…
Ⅱ.①马…②王…
Ⅲ.油库-设计规范-中国-学习参考资料
Ⅳ.TE972-65

中国版本图书馆 CIP 数据核字(2016)第 053409 号

出版发行:石油工业出版社
(北京安定门外安华里 2 区 1 号 100011)
网　　址:www.petropub.com
编辑部:(010) 64523583　图书营销中心:(010) 64523633
经　　销:全国新华书店
印　　刷:北京中石油彩色印刷有限责任公司

2016 年 3 月第 1 版　2016 年 3 月第 1 次印刷
710×1000 毫米　开本:1/16　印张:18
字数:330 千字

定价:72.00 元
(如出现印装质量问题,我社图书营销中心负责调换)
版权所有,翻印必究

《石油库设计规范（GB 50074—2014）》解读与应用
编 委 会

主　任：李　平

副主任：王冠军　张宏印

委　员：王银锋　申兆兵

主　审：韩　钧

副主审：许文忠　杨进峰　王道庆

主　编：马秀让　王银锋

副主编：张宏印　李晓鹏

编写人员：（按姓氏笔画为序）

马秀让　王银锋　王立明　王　征

申兆兵　李晓鹏　远　方　孙海君

张宏印　张寿信　陈　伟　罗晓霞

周　娟

前　言

GB 50074—2014《石油库设计规范》于 2014 年 7 月 13 日发布，2015 年 5 月 1 日正式实施，作为石油库设计者首先表示祝贺，并预祝我国石油库设计再上一个新台阶。

GB 50074《石油库设计规范》目前已制订、修订了三版。1984 年为第一版，标准号为 GBJ 74—84；2002 年为第二版，标准号为 GB 50074—2002（前两版统称"旧规范"）；2014 年为第三版，以下简称"新规范"。

为了深入学习、理解、贯彻、执行"新规范"，编写了这本《〈石油库设计规范（GB 50074—2014）〉解读与应用》。笔者对"新规范"的学习、理解称为"解读"，仅为笔者的学习、理解心得，不准确之处以《石油库设计规范》正文和条文说明及授权解释的中国石化工程建设有限公司的解释为准。笔者对"新规范"贯彻执行中的体会和实践称为"应用"。因笔者的专业所限，本书重点是对成品油部分进行解读及应用。

因为同名称的"规范"具有连续性、进步性，故书中虽然以解读"新规范"为重点、核心，但也对新、旧版本的同名称"规范"加以对照。

石油库"规章"分"建设规章"和"管理规章"两大类，而石油库"建设规章"又包括石油库勘察、设计、施工、监理等方面。其中"设计规范"不但与"建设规章"中其他方面有不可分割的密切关系，而且与"管理规章"也有紧密联系。因此本书在"后论"中也对石油库"管理规章"加以概述；并对"规章"（规范）的地位作用、基本属性、新旧"规范"版本的总体变化予以阐述；进而将"规范"提高到"法"的高度，将《石油库设计规范》称为石油库设计的"母法"加以论述；对执行"新规范"提出了要点。

应用中包含两部分内容：一部分是设计应遵循或参考的相关标准、规范；另一部分是总结出的设计原则或设计示例。

本书的编写特点：一是多用表格的形式，将规范的条款内容与其解读同列入表内，并一一对应，便于读者对照理解；二是对文字上难理解的，附以示图，便于使读者更形象、更直观的理解，即可加深对条款内容的记忆、应用；三是对应用部分的"原则总结"多采用条、点表示，加深读者的系统记忆，对应用中所举示图，加以点评、讨论，给读者以优劣的概念。

本书可为宣传、贯彻、执行"新规范"的辅导书，可供石油库设计者使用，也可供石油库施工、监理、管理人员和石油院校相关专业师生参考。

本书由"新规范"参编单位总后勤部建筑工程规划设计研究院组织编写。特邀"新规范"编写人员韩钧、许文忠、杨进峰、王道庆予以审定。在编写过程中，得到规范编制组和单位领导的大力支持，书中参照了《石油库设计规范》正文及条文说明，参考选用了同类书籍、标准和生产厂家的不少资料，在此一并表示衷心地感谢。

本书涉及专业、学科面较宽，编写的工作量大，再加时间仓促、水平有限，缺点错误在所难免，恳请广大读者批评指正。

目 录

1 对"总则"的解读 ……………………………………………（ 1 ）
2 对"术语"的解读 ……………………………………………（ 4 ）
3 对"基本规定"的解读 ………………………………………（ 8 ）
4 对"库址选择"的解读及应用 ………………………………（ 15 ）
  4.1 对"库址选择"的解读 …………………………………（ 15 ）
  4.2 对"库址选择"的应用 …………………………………（ 23 ）
    4.2.1 "库址选择"还应遵循或参考的相关标准、规范 ……（ 23 ）
    4.2.2 "库址选择"的原则 ………………………………（ 23 ）
    4.2.3 对库址的基本要求 …………………………………（ 23 ）
5 对"库区布置"的解读及应用 ………………………………（ 27 ）
  5.1 对"库区布置"的解读 …………………………………（ 27 ）
    5.1.1 对"总平面布置"的解读 …………………………（ 27 ）
    5.1.2 对"库区道路"的解读 ……………………………（ 38 ）
    5.1.3 对"竖向布置及其他"的解读 ……………………（ 44 ）
  5.2 对"库区布置"的应用 …………………………………（ 46 ）
    5.2.1 "库区布置"还应遵循或参考的相关标准、规范 ……（ 46 ）
    5.2.2 总平面布置的原则 …………………………………（ 46 ）
    5.2.3 油库主要建（构）筑物平面布置要点 ……………（ 48 ）
    5.2.4 总立面布置的要点 …………………………………（ 49 ）
6 对"储罐区"的解读及应用 …………………………………（ 62 ）
  6.1 对"储罐区"的解读 ……………………………………（ 62 ）
    6.1.1 对"地上储罐"的解读 ……………………………（ 62 ）
    6.1.2 对"覆土立式油罐"的解读 ………………………（ 67 ）
    6.1.3 对"覆土卧式油罐"的解读 ………………………（ 75 ）
    6.1.4 对"储罐附件"的解读 ……………………………（ 79 ）
    6.1.5 对"防火堤"的解读 ………………………………（ 82 ）
  6.2 对"储罐区"的应用 ……………………………………（ 85 ）
    6.2.1 "储罐区"设计还应遵循或参考的相关标准、规范 …（ 85 ）
    6.2.2 地上储罐区储罐的布置 ……………………………（ 86 ）

  6.2.3　覆土立式储罐区布置及附件安装 …………………………（90）
  6.2.4　覆土卧式油罐组布置及附件安装 …………………………（94）
7　对"易燃和可燃液体泵站"的解读及应用 ………………………（100）
 7.1　对"易燃和可燃液体泵站"的解读 …………………………（100）
 7.2　对"易燃和可燃液体泵站"的应用 …………………………（104）
  7.2.1　油泵站设计还应遵循或参考的其他标准、规范 …………（104）
  7.2.2　油泵站设备管组布置举例 …………………………………（105）
  7.2.3　油泵吸入和排出管路的配置要求 …………………………（107）
8　对"易燃和可燃液体装卸设施"的解读及应用 ………………（109）
 8.1　对"铁路罐车装卸设施"的解读及应用 ……………………（109）
  8.1.1　对"铁路罐车装卸设施"的解读 …………………………（109）
  8.1.2　对"铁路罐车装卸设施"的应用 …………………………（113）
 8.2　对"汽车罐车装卸设施"的解读及应用 ……………………（120）
  8.2.1　对"汽车罐车装卸设施"的解读 …………………………（120）
  8.2.2　对"汽车罐车装卸设施"的应用 …………………………（122）
 8.3　对"易燃和可燃液体装卸码头"的解读及应用 ……………（127）
  8.3.1　对"易燃和可燃液体装卸码头"的解读 …………………（127）
  8.3.2　对"易燃和可燃液体装卸码头"的应用 …………………（131）
9　对"工艺及热力管道"的解读及应用 …………………………（139）
 9.1　对"工艺及热力管道"的解读 ………………………………（139）
  9.1.1　对"库内管道"的解读 ……………………………………（139）
  9.1.2　对"库外管道"的解读 ……………………………………（145）
 9.2　对"工艺及热力管道"的应用 ………………………………（149）
  9.2.1　"工艺及热力管道"设计还需遵循或参考的规范、标准 …（149）
  9.2.2　输油管道的选线原则 ………………………………………（150）
  9.2.3　输油管道选择的勘察程序与要求 …………………………（151）
  9.2.4　管道布置的原则 ……………………………………………（155）
10　对"易燃和可燃液体灌桶设施"的解读 ……………………（157）
 10.1　对"灌桶设施组成和平面布置"的解读 …………………（157）
 10.2　对"灌桶场所"的解读 ……………………………………（158）
 10.3　对"桶装液体库房"的解读 ………………………………（159）
11　对"车间供油站"的解读 ………………………………………（162）
12　对"消防设施"的解读及应用 …………………………………（165）
 12.1　对"消防设施"的解读 ……………………………………（165）

12.1.1　对"一般规定"的解读 ……………………………………（165）
　　12.1.2　对"消防给水"的解读 ……………………………………（168）
　　12.1.3　对"储罐泡沫灭火系统"的解读 …………………………（179）
　　12.1.4　对"灭火器材配置"的解读 ………………………………（180）
　　12.1.5　对"消防车配备"的解读 …………………………………（181）
　　12.1.6　对"其他"的解读 …………………………………………（184）
　12.2　对"消防设施"的应用 ……………………………………………（186）
　　12.2.1　"消防设施"设计还需遵循或参考的规范、标准 ………（186）
　　12.2.2　低倍数泡沫灭火和冷却水系统组合模式图例 …………（187）
　　12.2.3　消防泵房建筑要求和工艺设计 …………………………（188）
　　12.2.4　消防泵房设计举例 ………………………………………（193）
13　对"给排水及污水处理"的解读及应用 ………………………………（196）
　13.1　对"给水"的解读及应用 …………………………………………（196）
　　13.1.1　对"给水"的解读 …………………………………………（196）
　　13.1.2　对"给水"的应用 …………………………………………（198）
　13.2　对"排水"的解读 …………………………………………………（204）
　13.3　对"污水处理"的解读及应用 ……………………………………（205）
　　13.3.1　对"污水处理"的解读 ……………………………………（205）
　　13.3.2　对"污水处理"的应用 ……………………………………（206）
14　对"电气"的解读及应用 ………………………………………………（216）
　14.1　对"供配电"的解读及应用 ………………………………………（216）
　　14.1.1　对"供配电"的解读 ………………………………………（216）
　　14.1.2　对"供配电"的应用 ………………………………………（218）
　14.2　对"防雷"的解读 …………………………………………………（228）
　14.3　对"防静电"的解读 ………………………………………………（233）
　14.4　对"防雷、防静电"的应用 ………………………………………（238）
　　14.4.1　"防雷、防静电"设计还需遵循或参考的规范、标准 …（238）
　　14.4.2　防静电接地 …………………………………………………（238）
　　14.4.3　接地装置的材料及安装要求 ………………………………（244）
15　对"自动控制和电信"的解读 …………………………………………（247）
　15.1　对"自动控制系统及仪表"的解读 ………………………………（247）
　15.2　对"电信"的解读 …………………………………………………（250）
16　对"采暖通风"的解读 …………………………………………………（252）
　16.1　对"采暖"的解读 …………………………………………………（252）

16.2 对"通风"的解读 ……………………………………………（253）
17 对"附录"的解读 ……………………………………………（254）
16.1 对"附录A 计算间距的起讫点"解读 ………………………（254）
17.2 对"附录B 石油库内易燃液体设备、设施的爆炸危险区域划分"
的解读 ……………………………………………………………（256）
18 后　论 ………………………………………………………（263）
18.1 油库"规章"的概述 ……………………………………………（263）
18.1.1 油库"规章"的名称与作用 ……………………………（263）
18.1.2 油库"管理规章"的分类 ………………………………（264）
18.1.3 油库"管理规章"的结构与体系 ………………………（265）
18.2 油库"规章"（规范）的地位与作用 ………………………（267）
18.3 油库"规章"（规范）的基本属性 ……………………………（268）
18.4 油库"规章"（规范）也是"法" ……………………………（269）
18.5 《石油库设计规范》是石油库设计的"母法" ………………（270）
18.6 《石油库设计规范》新、旧版本的总体变化 ………………（270）
18.7 执行《石油库设计规范》GB 50074—2014 的要点 ………（272）
参考文献 ………………………………………………………（276）

1 对"总则"的解读

【"总则"1.0.1~1.0.3条原文与解读】
本章"总则"共3条，其条款原文与解读见表1.1。

表1.1 "总则"1.0.1~1.0.3条原文与解读

条号	主题	条款原文	条款解读
1.0.1	总原则要求	为在石油库设计中贯彻执行国家有关方针政策，统一技术要求，做到安全适用、技术先进、经济合理，制定本规范	(1) 本条是制定本规范的目的和对设计石油库应遵循的原则要求。"新规范"与2002年版基本相同，只将"安全可靠"改为"安全适用"。作者认为安全措施需要适度，需要考虑可操作性，这样修改更切合实际 (2) 石油库属爆炸和火灾危险性设施，所以安全是重中之重。技术先进是安全的有效保证，在保证安全的前提下也要兼顾经济效益
1.0.2	适用范围与不适用范围	本规范适用于新建、扩建和改建石油库的设计。 本规范不适用于下列易燃和可燃液体储运设施： 1 石油化工企业厂区内的易燃和可燃液体储运设施； 2 油气田的油品站场（库）； 3 附属于输油管道站场； 4 地下水封石洞油库、地下盐穴石油库、自然洞石油库、人工开挖的储油洞库； 5 独立的液化烃储存库（包括常温液化石油气储存库、低温液化烃储存库）； 6 液化天然气储存库； 7 储罐总容量大于或等于1200000m³仅储存原油的石油储备库	(1) 本条是对"新规范"适用范围的划分。新建、扩建和改建石油库的设计应遵循本"新规范"。"新规范"原则上对按"新规范"以前版本设计、审批、建设及验收的石油库工程没有约束力。据"新规范"条文说明：在对按"新规范"以前版本建设的现存石油库进行安全评审等工作时，完全以本规范最新版本为依据是不合适的。规范是需要根据技术进步、经济发展水平和社会需求不断改进的，以此来促进石油库建设水平的逐步提高。为了与国家现阶段的社会发展水平相适应，"新规范"本次修订相比"旧规范"提高了石油库的安全防护要求，但这并不意味着按原旧规范建设的石油库就不安全了。提高安全防护要求的目的是提高安全度，对按原旧规范建设的石油库，可以借其更新改建或扩建的机会逐步提高其安全度。需要特别说明的是，对现有石油库的扩建和改建工程的设计，只有扩建和改建部分的设计应执行规范最新版本，对已有部分可以不按"新规范"要求进行整改 (2) 与2002年版《石油库设计规范》相比，本规范不适用范围有如下变化： ① 不适用范围增加了地下盐穴石油库、人工开挖的储油洞库、独立的液化烃储存库、液化天然气储存库、储罐总容量大于或等于1200000m³的储存原油类型的石油储备库； ② 明确了"附属于输油管道的输油站场"不在本规范适用范围内

续表

条号	主题	条款原文	条款解读
1.0.2	适用范围与不适用范围	本规范适用于新建、扩建和改建石油库的设计。本规范不适用于下列易燃和可燃液体储运设施： 1 石油化工企业厂区内的易燃和可燃液体储运设施； 2 油气田的油品站场（库）； 3 附属于输油管道站场； 4 地下水封石洞油库、地下盐穴石油库、自然洞石油库、人工开挖的储油洞库； 5 独立的液化烃储存库（包括常温液化石油气储存库、低温液化烃存库）； 6 液化天然气储存库； 7 储罐总容量大于或等于 1200000m^3 仅储存原油的石油储备库	（3）根据中华人民共和国住房和城乡建设部（简称住建部）2008 年出台的《工程建设标准编写规定》的要求，"新规范"的适用范围应与其他标准的适用范围划清界限，不应相互交叉或重叠。故本条规定的目的是为了使本"新规范"与其他相关规范之间有一个清晰的执行范围界限，避免石油储运设施工程设计时采用标准出现混乱现象。 本条列出的不适用范围，国家或行业都有专项的标准规范，如《石油化工企业设计防火规范》（GB 50160）、《石油天然气工程设计防火规范》（GB 50183）、《地下水封石洞油库设计规范》（GB 50455）、《石油储备库设计规范》（GB 50737）、《输油管道工程设计规范》（GB 50253）等。 以往在进行以管道为主要收发油方式的油库设计时，存在应该执行《石油库设计规范》还是《石油天然气工程设计防火规范》的问题，原因是这两个规范在适用范围方面存在界限不清的问题。根据住建部要求，两编制组及相关单位人员，就两规范适用范围进行了充分讨论，达成了如下划分适用范围的意见： ①《石油天然气工程设计防火规范》在第 1.0.2 条中增加："不适用于管输独立石油库"。在条文说明中增加有关"不适用于管输独立石油库"的说明。 ②《石油天然气工程设计防火规范》增加术语"管输独立石油库"：与输油管道连接，有别于管道输油站场，不是专为管道运行服务的油品收发、储存设施。 ③《石油库设计规范》（报批稿）的第 1.0.2 条的第 2 款改为："油气田的油品站场（库）"。 ④《石油库设计规范》（报批稿）的第 1.0.2 条的第 3 款改为："附属于输油管道的输油站场"
1.0.3	有关标准	石油库设计除应执行本规范外，尚应符合国家现行有关标准的规定	根据"新规范"条文说明，本条规定有两方面的含义： 其一，本"新规范"是专业性技术规范，其适用范围和规定的技术内容，就是针对石油库设计而制定的，因此设计石油库应该执行本"新规范"的规定。在设计石油库时，如遇到其他标准与本"新规范"在同一问题上规定不一致的，应执行"新规范"的规定。 其二，石油库设计涉及专业较多，接触面也广，"新规范"只能规定石油库特有的问题。对于其他专业性较强且已有国家或行业标准规范作出规定的问题，"新规范"不便再作规定，以免产生矛盾，造成混乱，本"新规范"明确规定者，按本"新规范"执行；"新规范"未作规定者，可按国家现行有关标准的规定。

1 对"总则"的解读

续表

条号	主题	条款原文	条款解读
1.0.3	有关标准	石油库设计除应执行本规范外，尚应符合国家现行有关标准的规定	这一条，"新规范"只是将2002年版的"有关强制性标准"中的"强制性"去掉了。 《石油库设计规范》是综合性标准，是进行石油库设计所应执行的主题规范，在进行石油库的库址选择、库区布置、储罐选用、防火堤设置、易燃和可燃液体装卸设施、消防设施、给排水及污水处理、油罐和管道防雷防静电、自动控制和电信系统设置等方面设计时，应执行《石油库设计规范》的规定，具体的单项设计，如建（构）筑物、油罐基础、电气系统、自动控制和电信系统设计，则应执行有关专项标准，如《立式圆筒形钢制焊接油罐设计规范》（GB 50341）、《建筑设计防火规范》（GB 50016）、《建筑灭火器配置设计规范》（GB 50140）、《泡沫灭火系统设计规范》（GB 50151）、《爆炸和火灾危险环境电力装置设计规范》（GB 50058）、《石油化工可燃气体和有毒气体检测报警设计规范》（GB 50493）、《石油化工污水处理设计规范》（GB 50747）、《油品装卸系统油气回收设施设计规范》（GB 50759）、《火灾自动报警系统设计规范》（GB 50116）、《供配电系统设计规范》（GB 50052）、《10kV及以下变电所设计规范》（GB 50053）、《低压配电设计规范》（GB 50054）、《混凝土结构设计规范》（GB 50010）、《建筑抗震设计规范》（GB 50011）、《建筑地基基础设计规范》（GB 50007）、《建筑地基处理技术规范》（JGJ 79）、《石油化工储运系统罐区设计规范》（SH/T 3007）、《石油化工设备和管道涂料防腐蚀设计规范》（SH/T 3022）、《石油化工自动化仪表选型设计规范》（SH 3005）、《石油化工企业钢储罐地基与基础设计规范》（SH/T 3068）等

2 对"术语"的解读

【"术语"2.0.1~2.0.38条原文】

2.0.1 石油库
收发、储存原油、成品油及其他易燃和可燃液体化学品的独立设施。

2.0.2 特级石油库
既储存原油，也储存非原油类易燃和可燃液体，且储罐计算总容量大于或等于1200000m³的石油库。

2.0.3 企业附属石油库
设置在非石油化工企业界区内并为本企业生产或运行服务的石油库。

2.0.4 储罐
储存易燃和可燃液体的设备。

2.0.5 固定顶储罐
罐顶周边与罐壁顶部固定连接的储罐。

2.0.6 外浮顶储罐
顶盖漂浮在液面上的储罐。

2.0.7 内浮顶储罐
在固定顶储罐内装有浮盘的储罐。

2.0.8 立式储罐
固定顶储罐、外浮顶储罐和内浮顶储罐的统称。

2.0.9 地上储罐
在地面以上，露天建设的立式储罐和卧式储罐的统称。

2.0.10 埋地卧式储罐
采用直接覆土或罐池充沙（细土）方式埋设在地下，且罐内最高液面低于罐外4m范围内地面的最低标高0.2m的卧式储罐。

2.0.11 覆土立式油罐
独立设置在用土掩埋的罐室或护体内的立式油品储罐。

2.0.12 覆土卧式油罐
采用直接覆土或埋地方式设置的卧式油罐，包括埋地卧式油罐。

2.0.13 覆土油罐
覆土立式油罐和覆土卧式油罐的统称。

2.0.14 浅盘式内浮顶储罐
浮顶无隔舱、浮筒或其他浮子，仅靠盆形浮顶直接与液体接触的内浮顶储罐。

2.0.15 敞口隔舱式内浮顶
浮顶周圈设置环形敞口隔舱，中间仅为单层盘板的内浮顶。

2.0.16 压力储罐
设计压力大于或等于0.1MPa(罐顶表压)的储罐。

2.0.17 低压储罐
设计压力大于6.0kPa且小于0.1MPa(罐顶表压)的储罐。

2.0.18 单盘式浮顶
浮顶周圈设环形密封舱，中间仅为单层盘板的浮顶。

2.0.19 双盘式浮顶
整个浮顶均由隔舱构成的浮顶。

2.0.20 罐组
布置在同一个防火堤内的一组地上储罐。

2.0.21 储罐区
由一个或多个罐组或覆土储罐构成的区域。

2.0.22 防火堤
用于储罐发生泄漏时，防止易燃、可燃液体漫流和火灾蔓延的构筑物。

2.0.23 隔堤
用于防火堤内储罐发生少量泄漏事故时，为了减少易燃、可燃液体漫流的影响范围，而将一个储罐组分隔成多个区域的构筑物。

2.0.24 储罐容量
经计算并圆整后的储罐公称容量。

2.0.25 储罐计算总容量
按照储存液体火灾危险性的不同，将储罐容量乘以一定系数折算后的储罐总容量。

2.0.26 储罐操作间
覆土油罐进出口阀门经常操作的地点。

2.0.27 易燃液体
闪点低于45℃的液体。

2.0.28 可燃液体
闪点高于或等于45℃的液体。

2.0.29 液化烃

在15℃时，蒸气压大于0.1MPa的烃类液体及其他类似的液体，包括液化石油气。

2.0.30　沸溢性液体

因具有热波特性，在燃烧时会发生沸溢现象的含水黏性油品(如原油、重油、渣油等)。

2.0.31　工艺管道

输送易燃液体、可燃液体、可燃气体和液化烃的管道。

2.0.32　操作温度

易燃和可燃液体在正常储存或输送时的温度。

2.0.33　铁路罐车装卸线

用于易燃和可燃液体装卸作业的铁路线段。

2.0.34　油气回收装置

通过吸附、吸收、冷凝、膜分离、焚烧等方法，将收集来的可燃气体进行回收处理至达标浓度排放的装置。

2.0.35　明火地点

室内外有外露火焰或赤热表面的固定地点(民用建筑内的灶具、电磁炉等除外)。

2.0.36　散发火花地点

有飞火的烟囱或室外的砂轮、电焊、气焊(割)等固定地点。

2.0.37　库外管道

敷设在石油库围墙外，在同一个石油库的不同区域的储罐区之间、储罐区与易燃和可燃液体装卸区之间的管道，以及两个毗邻石油库之间的管道。

2.0.38　有毒液体

按现行国家标准《职业性接触毒物危害程度分级》GBZ 230的规定，毒性程度划分为极度危害(Ⅰ级)、高度危害(Ⅱ级)、中度危害(Ⅲ级)和轻度危害(Ⅳ级)的液体。

【对"术语"2.0.1~2.0.38条解读】

(1)"术语"是对本规范内设备设施或场所的名称给予定义，明确其含义。

(2) 2002年版的术语只有18个，而"新规范"有38个。这一方面是因为"新规范"扩大了适用范围；另一方面是"新规范"对一些名称给予细化，如储罐、固定顶储罐、外浮顶储罐、内浮顶储罐、立式储罐、地上储罐、埋地卧式储罐、覆土立式油罐、覆土卧式油罐、覆土油罐、浅盘式内浮顶储罐、敞口隔舱式内浮顶、压力储罐、低压储罐、单盘式浮顶、双盘式浮顶等，是对不同的油罐名称给

2 对"术语"的解读

予细化；又如对明火地点与散发火花地点加以区别。

（3）"新规范"中有的术语与旧版本的同一术语有不同定义，如石油库、特级石油库、企业附属石油库、易燃液体、可燃液体，新、旧规范定义不同，应当注意。

"新规范"将"石油库"的定义修改为"收发、储存原油、成品油及其他易燃和可燃液体化学品的独立设施"，相比本规范2002年版扩大了适用范围，将液体化工品纳入到本规范适用范围之中，解决了以往液体化工品库没有适用规范的问题。

3 对"基本规定"的解读

【"基本规定"3.0.1条、3.0.2条原文】

3.0.1 石油库的等级划分，应符合表3.0.1的规定。

表3.0.1 石油库的等级划分

等级	石油库储罐计算总容量 $TV(m^3)$
特级	$1200000 \leq TV \leq 3600000$
一级	$100000 \leq TV < 1200000$
二级	$30000 \leq TV < 100000$
三级	$10000 \leq TV < 30000$
四级	$1000 \leq TV < 10000$
五级	$TV < 1000$

注：1 表中TV不包括零位罐、中继罐和放空罐的容量。
 2 甲A类液体储罐容量、Ⅰ级和Ⅱ级毒性液体储罐容量应乘以系数2计入储罐计算总容量，丙A类液体储罐容量可乘以系数0.5计入储罐计算总容量，丙B类液体储罐容量可乘以系数0.25计入储罐计算总容量。

3.0.2 特级石油库的设计应符合下列规定：

1 非原油类易燃和可燃液体的储罐计算总容量应小于1200000m³，其设施的设计应符合本规范一级石油库的有关规定。非原油类易燃和可燃液体设施与库外居住区、公共建筑物、工矿企业、交通线的安全距离，应符合本规范第4.0.10条注5的规定。

2 原油设施的设计应符合现行国家标准《石油储备库设计规范》GB 50737的有关规定。

3 原油与非原油类易燃和可燃液体共用设施或其他共用部分的设计，应执行本规范与现行国家标准《石油储备库设计规范》GB 50737要求较高者的规定。

4 特级石油库的储罐计算总容量大于或等于2400000m³时，应按消防设置要求最高的一个原油储罐和消防设置要求最高的一个非原油储罐同时发生火灾的情况进行消防系统设计。

【对"基本规定"3.0.1、3.0.2条解读】

(1) 按石油库的总容量对石油库划分的等级，是表明石油库的规模，而石油库的规模又直接影响到对石油库的技术要求和防火安全距离等技术参数,可见石油库的等级划分是很重要的条文,一般将它放在规范的前边,因为它是后面各条文的前提。

(2)石油库的等级划分,"新规范"有所变动,新旧规范对照见表3.1。

表3.1 石油库的等级划分新旧规范对照表

等级	石油库储罐计算总容量 $TV(m^3)$	
	"新规范" GB 50074—2014	"旧规范" GB 50074—2002
特级	$1200000 \leqslant TV \leqslant 3600000$	无
一级	$100000 \leqslant TV < 1200000$	$TV \geqslant 100000$
二级	$30000 \leqslant TV < 100000$	$30000 \leqslant TV < 100000$
三级	$10000 \leqslant TV < 30000$	$10000 \leqslant TV < 30000$
四级	$1000 \leqslant TV < 10000$	$1000 \leqslant TV < 10000$
五级	$TV < 1000$	$TV < 1000$

(3)从表3.1中看出"新规范"增加了特级石油库,限制了一级石油库的库容小于$120000m^3$,对其他级别石油库的规模未做调整。本条根据石油库储罐计算总容量,将石油库划分为6个等级,是为了便于对不同库容的石油库提出不同的技术和安全求。例如,本规范对特级石油库、一级石油库和单罐容量在$50000m^3$及以上的石油库提出了更为严格的安全要求。

相对于甲B类和乙A类液体,甲A类液体危险性大得多,丙A类液体危险性小一些,丙B类液体危险性很小。根据石油库火灾事故统计资料,80%以上是甲B类和乙A类油品事故,剩下的是乙B类和丙A类油品事故,丙B类油品基本没有发生过火灾事故。因此,对不同危险性的易燃和可燃液体,在储罐容量方面区别对待是合理的。

储存成品油的石油库一般既有汽油这样的甲B类油品,也有柴油这样的丙A类油品,新规范储罐计算总容量划分石油库级别,相比2002年版的划分方式,实际上扩大了各级别石油库的实际库容,为石油库扩容创造了有利条件。

(4)据"新规范"条文说明:特级石油库有两个特征:一是原油与非原油类易燃和可燃液体共存于同一个石油库;二是储罐计算总容量大于或等于$1200000m^3$。特级石油库一般都是商业石油库,商业石油库往往需要成品油(燃料类易燃和可燃液体)、液体化工品(非燃料类易燃和可燃液体)和原油多品种经营,且这样的混存石油库规模往往比较大,发生火灾的概率和同时发生火灾的概率也比较大,需要采取更严格的安全措施,故对于混存石油库储罐计算总容量大于或等于$2400000m^3$时,需要按两处储罐同时发生火灾设置消防系统。

【"基本规定"3.0.3条、3.0.4条原文】

3.0.3 石油库储存液化烃、易燃和可燃液体的火灾危险性分类,应符合表3.0.3的规定。

表3.0.3 石油库储存液化烃、易燃和可燃液体的火灾危险性分类

类别		特征或液体闪点 Ft(℃)
甲	A	15℃时的蒸气压力>0.1MPa的烃类液体及其他类似的液体
	B	甲A类以外,$Ft<28$
乙	A	$28 \leqslant Ft<45$
	B	$45 \leqslant Ft<60$
丙	A	$60 \leqslant Ft \leqslant 120$
	B	$Ft>120$

3.0.4 石油库储存易燃和可燃液体的火灾危险性分类除应符合"新规范"表3.0.3的规定外,尚应符合下列规定:

1 操作温度超过其闪点的乙类液体应视为甲B类液体。

2 操作温度超过其闪点的丙A类液体应视为乙A类液体。

3 操作温度超过其沸点的丙B类液体应视为乙A类液体。

4 操作温度超过其闪点的丙B类液体应视为乙B类液体。

5 闪点低于60℃但不低于55℃的轻柴油,其储运设施的操作温度低于或等于40℃,则可视为丙A类液体。

【对"基本规定"3.0.3条、3.0.4条解读】

(1)"新规范"条文说明:3.0.3条是参照《石油化工企业设计防火规范》GB 50160—2008,对石油库储存的易燃和可燃液体的火灾危险性进行了新的分类,分类的目的是为了针对不同火灾危险性的易燃和可燃液体,采取不同的安全措施。新旧规范的区别对照见表3.2。

表3.2 石油库储存液化烃、易燃和可燃液体火灾危险性分类新旧规范对照表

"新规范"GB 50074—2014			"旧规范"GB 50074—2002	
类别		特征或液体闪点 Ft(℃)	类别	特征或液体闪点 Ft(℃)
甲	A	15℃时的蒸气压力>0.1MPa的烃类液体及其他类似的液体	甲	$Ft<28$
	B	甲A类以外,$Ft<28$		

3 对"基本规定"的解读

续表

"新规范"GB 50074—2014			"旧规范"GB 50074—2002		
乙	A	$28 \leqslant Ft < 45$	乙	A	$28 \leqslant Ft \leqslant 45$
	B	$45 \leqslant Ft < 60$		B	$45 < Ft < 60$
丙	A	$60 \leqslant Ft \leqslant 120$	丙	A	$60 \leqslant Ft \leqslant 120$
	B	$Ft > 120$		B	$Ft > 120$

由表 3.2 中看出：

① 越来越多的商业油库出于经营需要，储存的易燃和可燃液体品种越来越多。相比"旧规范"，"新规范"取消了成品油库对储存液化烃等甲 A 类液体的规模限制。为方便使用者了解甲 A 类液体的定义，表 3.0.3 增加了甲 A 类液体的划分规定。

② "新规范"将闪点等于 45℃ 的液体划入乙 B 类，即将 -35 号轻柴油也划入乙 B 类，这是与旧规范的不同之处。

③ 为增加柴油供应量，《车用柴油》GB 19147—2003 将使用量最大的 5 号、0 号和 -10 号柴油的闪点指标，由不低于 65℃ 改为不低于 55℃，这样按照《建筑设计防火规范》、《石油化工企业设计防火规范》、《石油天然气工程设计防火规范》和 2002 年版《石油库设计规范》易燃和可燃液体的火灾危险性分类规定，5 号、0 号和 -10 号柴油由原来的丙 A 类液体变成了乙 B 类液体，这将大大提高柴油储运设施的防范标准，尤其会给已有柴油储运设施在安全评估方面带来很大麻烦。中国石化青岛安全工程研究院联合公安部天津消防研究所，在 2003 年就柴油闪点指标的变化所带来的火灾危险性和危害性变化进行了专项研究，研究结论是，只要 5 号、0 号和 -10 号柴油储运设施的操作温度低于或等于 40℃，其火灾危险性和危害性没有明显变化，仍可视为丙 A 类液体。于是之后陆续出台的《石油天然气工程设计防火规范》GB 50183—2004、《石油化工企业设计防火规范》GB 50160—2008 和《石油库设计规范》GB 50074—2014 均采纳了这一结论。

（2）为方便读者对各种易燃和可燃液体的火灾危险性的认知，"新规范"条文说明，对易燃和可燃液体的火灾危险性分类举例，见表 3.3。

表 3.3 易燃和可燃液体的火灾危险性分类举例

类别		名　　称
甲	A	液化氯甲烷、液化顺式-2 丁烯、液化乙烯、液化乙烷、液化反式-2 丁烯、液化环丙烷、液化丙烯、液化丙烷、液化环丁烷、液化新戊烷、液化丁烯、液化丁烷、液化氯乙烯、液化环氧乙烷、液化丁二烯、液化异丁烷、液化异丁烯、液化石油气、二甲胺、三甲胺、二甲基亚硫、液化甲醚(二甲醚)

续表

类别		名 称
甲	B	原油，石脑油，汽油，戊烷，异戊烷，异戊二烯，己烷，异己烷，环己烷，庚烷，异庚烷，辛烷，异辛烷，苯，甲苯，乙苯，邻二甲苯，间、对二甲苯，甲醇，乙醇，丙醇，异丙醇，异丁醇，石油醚，乙醚，乙醛，环氧丙烷，二氯乙烷，乙胺，二乙胺，丙酮，丁醛，三乙胺，醋酸乙烯，二氯乙烯，甲乙酮，丙烯腈，甲酸甲酯，醋酸乙酯，醋酸异丙酯，醋酸丙酯，醋酸异丁酯，甲酸丁酯，醋酸丁酯，醋酸异戊酯，甲酸戊酯，丙烯酸甲酯，甲基叔丁基醚，吡啶，液态有机过氧化物，二硫化碳
乙	A	煤油、喷气燃料、丙苯、异丙苯、环氧氯丙烷、苯乙烯、丁醇、戊醇、异戊醇、氯苯、乙二胺、环戊酮、冰醋酸、液氨
乙	B	轻柴油、环戊烷、硅酸乙酯、氯乙醇、氯丙醇、二甲基甲酰胺、二乙基苯、液硫
丙	A	重柴油、20号重油、苯胺、锭子油、酚、甲酚、甲醛、糠醛、苯甲醛、环己醇、甲基丙烯酸、甲酸、乙二醇丁醚、糖醇、乙二醇、丙二醇、辛醇、单乙醇胺、二甲基乙酰胺
丙	B	蜡油、100号重油、渣油、变压器油、润滑油、液体沥青、二乙二醇醚、三乙二醇醚、邻苯二甲酸二丁酯、甘油、联苯-联苯醚混合物、二氯甲烷、二乙醇胺、三乙醇胺、二乙二醇、三乙二醇

① 本表摘自现行国家标准《石油化工企业设计防火规范》GB 50160—2008。
② 闪点小于60℃且大于或等于55℃的轻柴油，如果储罐操作温度小于或等于据本规范第3.0.4条的规定，其火灾危险性划为丙为A类。

由表3.3中看出，汽油属于甲B类；煤油、喷气燃料属于乙A类；轻柴油属于乙B类；重柴油、20号重油、闪点低于60℃但不低于55℃且其储运设施的操作温度低于或等于40℃的轻柴油，属于丙A类；变压器油、润滑油等属于丙B类，丙B类基本不会着火爆炸。

(3) "新规范"引入了"操作温度"这个概念，此"操作温度"是易燃和可燃液体在正常储存或输送时的温度。石油库储存易燃和可燃液体的火灾危险性分类除应符合表3.0.3规定的闪点外，尚应符合"操作温度"的规定。油品的操作温度超过其闪点时，油品挥发出的油气易与空气混合形成爆炸性气体，故应提高火灾危险类别要求。

【"基本规定"3.0.5条原文】
3.0.5 石油库内生产性建(构)筑物的最低耐火等级应符合表3.0.5的规定。建(构)筑物构件的燃烧性能和耐火极限应符合现行国家标准《建筑设计防火规范》GB 50016的有关规定；三级耐火等级建(构)筑物的构件不得采用可燃材料；

3 对"基本规定"的解读

敞棚顶承重构件及顶面的耐火极限可不限,但不得采用可燃材料。

表 3.0.5 石油库内生产性建(构)筑物的最低耐火等级

序号	建(构)筑物	液体类别	耐火等级
1	易燃和可燃液体泵房、阀门室、灌油间(亭)、铁路液体装卸暖库、消防泵房	—	二级
2	桶装液体库房及敞棚	甲、乙	二级
		丙	三级
3	化验室、计量间、控制室、机柜间、锅炉房、变配电间、修洗桶间、润滑油再生间、柴油发电机间、空气压缩机间、储罐支座(架)	—	二级
4	机修间、器材库、水泵房、铁路罐车装卸栈桥及罩棚、汽车罐车装卸站台及罩棚、液体码头栈桥、泵棚、阀门棚	—	三级

【对"基本规定"3.0.5 条解读】

(1) 石油库内生产性建(构)筑物的最低耐火等级,新旧规范基本相同、略有差异,详见表3.4。

表 3.4 石油库内生产性建(构)筑物的最低耐火等级新旧规范对照表

序号	"新规范"GB 50074—2014			"旧规范"GB 50074—2002		
	建(构)筑物	液体类别	耐火等级	建(构)筑物	液体类别	耐火等级
1	易燃和可燃液体泵房、阀门室、灌油间(亭)、铁路液体装卸暖库、消防泵房	—	二级	油泵房、阀门室、灌油间(亭)、铁路油品装卸暖库	甲、乙	二级
					丙	三级
2	桶装液体库房及敞棚	甲、乙	二级	桶装油品库房及敞棚	甲、乙	二级
		丙	三级		丙	三级
3	化验室、计量间、控制室、机柜间、锅炉房、变配电间、修洗桶间、润滑油再生间、柴油发电机间、空气压缩机间、储罐支座(架)	—	二级	化验室、计量间、仪表室、锅炉房、变配电间、修洗桶间、汽车油罐车库、润滑油再生间、柴油发电机间、高架罐支座(架)	—	二级
4	机修间、器材库、水泵房、铁路罐车装卸栈桥及罩棚、汽车罐车装卸站台及罩棚、液体码头栈桥、泵棚、阀门棚	—	三级	机修间、器材库、水泵房、铁路油品装卸栈桥、汽车油品装卸站台、油品码头栈桥、油泵棚、阀门棚	—	三级

从表 3.4 中看出，序号 1 中的建（构）筑物，"新规范"不分液体类别均要求二级耐火等级，比旧规范要求高了。而且对消防泵也要求二级耐火等级。序号 2 和序号 4 中的建（构）筑物及其耐火等级新旧规范相同。序号 3 中的建（构）筑物，"新规范"增加了控制室和机柜间。

（2）一方面钢栈桥轻便美观，易于制作，但达不到二级耐火等级的要求；另一方面油品装卸栈桥（或站台）发生火灾造成严重损失的情况很少，故允许铁路油品装卸栈桥和汽车油品装卸站台耐火等级为三级是合理的。

【"基本规定"3.0.6 条原文】

3.0.6　石油库内液化烃等甲 A 类易燃液体设施的防火设计，应按现行国家标准《石油化工企业设计防火规范》GB 50160 的有关规定执行。

【对"基本规定"3.0.6 条解读】

在国家标准《石油化工企业设计防火规范》GB 50160 中，对液化烃等甲 A 类易燃液体设施的防火要求有详细规定，也有甲 A 类易燃液体设施与其他类易燃和可燃液体设施的防火间距要求，适用于石油库储存甲 A 类液体这种情况，故新规范要求甲 A 类易燃液体设施按 GB 50160 执行。

【"基本规定"3.0.7 条原文】

3.0.7　除本规范条文中另有规定外，建（构）筑物、设备、设施计算间距的起讫点，应符合本规范附录 A 的规定。

【对"基本规定"3.0.7 条解读】

本条解读参见"17 对'附录'的解读"。

【"基本规定"3.0.8 条原文】

3.0.8　石油库易燃液体设备、设施的爆炸危险区域划分，应符合本规范附录 B 的规定。

【对"基本规定"3.0.8 条解读】

本条解读参见"17 对'附录'的解读"。

4 对"库址选择"的解读及应用

4.1 对"库址选择"的解读

【"库址选择"4.0.1~4.0.6条原文与解读】

4.0.1~4.0.6条原文及解读见表4.1。

表4.1 "库址选择"4.0.1~4.0.6条原文及解读

条号	主题	条款原文	条款解读
4.0.1	库址选择的共同要求、基本要求	石油库的库址选择应根据建设规模、地域环境、油库各区的功能及作业性质、重要程度,以及可能与邻近建(构)筑物、设施之间的相互影响等,综合考虑库址的具体位置,并应符合城镇规划、环境保护、防火安全和职业卫生的要求,且交通运输方便	(1) 石油库按其功能、性质、结构形式、隶属关系等分为多种类型,不同类型的石油库选择库址有所区别,但也有共同要求、基本要求。本条就是规定了石油库库址选择的共同要求、基本要求,是各类石油库选择库址应遵循的共同总则。 (2) 由于大部分石油库是位于或靠近城镇,所以石油库建设应符合当地城镇的总体规划、地区交通运输规划及公用工程设施的规划等要求。 (3) 环境保护,目前我国已提到重要位置。考虑到石油库的油品在储运及装卸作业中对大气的环境污染以及可能产生油品渗漏、污水排放等对地下水源的污染,所以本条规定了石油库库址应符合环境保护的要求。 (4) 考虑到石油库与相邻单位的相互影响,保障相互间的安全,所以必须保障之间有防火安全距离
4.0.2	企业附属石油库的库址要求	企业附属石油库的库址,应结合该企业主体建(构)筑物及设备、设施统一考虑,并应符合城镇或工业区规划、环境保护和防火安全的要求	本条是企业附属石油库选择库址的要求。除了应遵循上述原则性要求外,还提出应结合该企业主体建(构)筑物及设备、设施统一考虑。这就是说本企业附属石油库的选址要由企业统一规划,应照顾到与企业主体建(构)筑物的整体协调,照顾到与本企业设备、设施的相互影响。企业与其石油库同步建设是这样,先建成企业再建石油库也应这样
4.0.3	选址的地质要求	石油库的库址应具备良好的地质条件,不得选择在有土崩、断层、滑坡、沼泽、流沙及泥石流的地区和地下矿藏开采后有可能塌陷的地区	这条是对库址地质条件的要求。石油库是储存易燃易爆的危险场所,所以一定要选在地质条件好的地区,保证其安全可靠。特别是油罐,它体积大、占地面积大、重量重,要求地基承载力大、地基均匀,所以更要求有良好的地质条件

续表

条号	主题	条款原文	条款解读
4.0.4	选址的抗震设防要求	一、二、三级石油库的库址，不得选在抗震设防烈度为9度及以上的地区	这两条是对选址的抗地震要求。在地震烈度9度及以上的地区不得建造一、二、三级石油库，主要是考虑在这类地区建库如发生强烈地震，油罐破裂的可能性大，对附近工矿企业的安全威胁大，经济损失严重
4.0.5		一级石油库不宜建在抗震设防烈度为8度的Ⅳ类场地地区	
4.0.6	覆土立式油罐区选址要求	覆土立式油罐区宜在山区或建成后能与周围地形环境相协调的地带选址	覆土立式油罐是在油罐罐室顶覆0.6m的土，罐顶与周围地坪标高相差很大，若在平原选址，无法建造这样的罐区。再者这种罐通常用于军用油库，它虽没有防护要求，但要求对空伪装隐蔽，因此在山区选址才能满足要求，并在建成后能与周围地形环境相协调

【"库址选择"4.0.7条、4.0.8条原文】

4.0.7 石油库应选在不受洪水、潮水或内涝威胁的地带，当不可避免时，应采取可靠的防洪、排涝措施。

4.0.8 一级石油库防洪标准应按重现期不小于100年设计，二、三级石油库防洪标准应按重现期不小于50年设计，四、五级石油库防洪标准应按重现期不小于25年设计。

【对"库址选择"4.0.7条、4.0.8条解读】

（1）这两条是对石油库抗洪、抗潮的要求，"新规范"有所修改。新、旧规范的区别见表4.2。

表4.2 抗洪、抗潮新旧规范区别表

规范标准号	"旧规范"GB 50074—2002					"新规范"GB 50074—2014				
油库等级	一级	二级	三级	四级	五级	一级	二级	三级	四级	五级
洪水重现期	50年	50年	50年	25年	25年	100年	50年	50年	25年	25年
油库抗洪、抗潮的要求	（1）当库址选定在靠近江河、湖泊等地段时，库区场地的最低设计标高，应高于计算洪水位0.5m及以上。 （2）当库址选定在海岛、沿海地段或潮汐作用明显的河口段时，库区场地的最低设计标高，应高于计算水位1m及以上。在无掩护海岸，还应考虑波浪超高。计算水位应采用高潮累计频率10%的潮位。 （3）当有防止石油库受淹的可靠措施，且技术经济合理时，库址亦可选在低于计算水位的地段					油库应选在不受洪水、潮水或内涝威胁的地带，当不可避免时，应采取可靠的防洪、排涝措施				

（2）从表4.2看出，"新规范"对油库抗洪的重现期只对一级油库做了修改，改为100年。据"新规范"条文说明可知，这是参照国家标准《防洪标准》GB 50201—1994制订的。该标准中第4.0.1条，关于工矿企业的等级和防洪标准是这样规定的：大型规模工矿企业的防洪标准(重现期)为50~100年，中型规模工矿企业的防洪标准(重现期)为20~50年，小型规模的工矿企业的防洪标准(重现期)为10~20年。因此本条规定一级石油库防洪标准应按重现期不小于100年设计，二、三级石油库防洪标准应按重现期不小于50年设计，四、五级石油库防洪标准应按重现期不小于25年设计。

（3）因为我国沿海各港因潮型和潮差特点不同，南北方港口遭受台风涌水程度差异较大，南方港口特别是汕头、珠江、湛江和海南岛地区直接遭受台风，涌水增高显著，涌水高度在设计水位以上1.5~2.0m，而北方沿海港口受台风风力影响较弱，涌水高度较弱。一般涌水高度在设计水位以上1.0m，不超过1.3m。所以，库区场地的最低设计标高要结合当地情况确定，而不宜规定具体数值。

【"库址选择"4.0.9条原文】

4.0.9 石油库的库址应具备满足生产、消防、生活所需的水源和电源的条件，还应具备污水排放的条件。

【对"库址选择"4.0.9条解读】

这一条是对库址给水、排水、供电的要求。石油库的给水包括生产、消防、生活所需的水源，排水包括雨水和污水的排放，污水中包括含油污水。石油库的消防用水和含油污水的处理及排放都值得重视的项目。石油库的供电可靠涉及油料收发和消防的可靠，这也是十分重要的问题。因此满足给水、排水、供电要求，也是库址选择应注意的条件。

【"库址选择"4.0.10条原文】

4.0.10 石油库与库外居住区、公共建筑物、工矿企业、交通线的安全距离，不得小于表4.0.10的规定。

【对"库址选择"4.0.10条解读】

为了减少石油库与库外居住区、公共建筑物、工矿企业、交通线在火灾事故中的相互影响，防止油品污染环境，节约用地等，对石油库与库外居住区、公共建筑物、工矿企业、交通线等处的安全距离作了规定。表4.0.10中所列安全距离与本规范2002年版的相关规定基本相同,只是"新规范"按储罐类型、油品类别、石油库5个等级对库外建(构)筑物和设施更加细化。根据"新规范"条文说明对表4.0.10说明如下:

(1)不同的火灾危险类别和不同的储存规模,其风险也会有所不同。因此,表4.0.10对不同性质和规模的设施予以区别对待。其中,序号1所列设施火灾风险最大,故对其安全距离要求也最大;序号3所列设施火灾风险最小,故对其安全距离要求也最小。

(2)居住区的规模有大有小,当居住区规模小到一定程度,其与石油库的相互影响就很有限了,所以制定了各级石油库与小规模居住区之间的安全距离可以折减的规定。

(3)石油库与工矿企业的安全距离,因各企业生产特点和火灾危险性千差万别,不可能分别规定。本条所做规定,与同级国家标准对比协调,大致相同或相近。

(4)采用油气回收装置的液体装卸区,装车(船)作业时基本没有油气排放,相对无油气回收装置的液体装卸区安全性得到改善,安全距离有所减少是合理可行的。

表4.0.10 石油库与库外居住区、公共建筑物、工矿企业、交通线的安全距离(m)

序号	石油库设施名称	石油库等级	库外建(构)筑物和设施名称				
			居住区和公共建筑物	工矿企业	国家铁路线	工业企业铁路线	道路
1	甲B、乙类液体地上罐组;甲B、乙类覆土立式油罐;无油气回收设施的甲B、乙A类液体装卸码头	一	100(75)	60	60	35	25
		二	90(45)	50	55	30	20
		三	80(40)	40	50	25	15
		四	70(35)	35	50	25	15
		五	50(35)	30	50	25	15
2	丙类液体地上罐组;丙类覆土立式油罐;乙、丙类和采用油气回收设施的甲B、乙A类液体装卸码头;无油气回收设施的甲B、乙A类液体铁路或公路罐车装车设施;其他甲B、乙类液体设施	一	75(50)	45	45	26	20
		二	68(45)	38	38	23	15
		三	60(40)	30	38	20	15
		四	53(35)	26	38	20	15
		五	38(35)	23	38	20	15

4 对"库址选择"的解读及应用

续表

序号	石油库设施名称	石油库等级	库外建(构)筑物和设施名称				
			居住区和公共建筑物	工矿企业	国家铁路线	工业企业铁路线	道路
3	覆土卧式油罐;乙B、丙类和采用油气回收设施的甲B、乙A类液体铁路或公路罐车装车设施;仅有卸车作业的铁路或公路罐车卸车设施;其他丙类液体设施	一	50(50)	30	30	18	18
		二	45(45)	25	28	15	15
		三	40(40)	20	25	15	15
		四	35(35)	18	25	15	15
		五	25(25)	15	25	15	15

注:1 表中的工矿企业指除石油化工企业、石油库、油气田的油品站场和长距离输油管道的站场以外的企业。其他设施指油气回收设施、泵站、灌桶设施等设置有易燃和可燃液体、气体设备的设施。

2 表中的安全距离,库内设施有防火堤的储罐区从防火堤中心线算起,无防火堤的覆土立式储罐从罐室出入口等孔口算起,无防火堤的覆土卧式储罐从储罐外壁算起;装卸设施从装卸车(船)时鹤管口的位置算起;其他设备布置在房间内的,从房间外墙轴线算起;设备露天布置的(包括设在棚内),从设备外缘算起。

3 表中括号内数字为石油库与少于100人或30户居住区的安全距离。居住区包括石油库的生活区。

4 Ⅰ、Ⅱ级毒性液体的储罐等设施与库外居住区、公共建筑物、工矿企业、交通线的最小安全距离,应按相应火灾危险性类别和所在石油库的等级在本表规定的基础上增加30%。

5 特级石油库中,非原油类易燃和可燃液体的储罐等设施与库外居住区、公共建筑物、工矿企业、交通线的最小安全距离,应在本表规定的基础上增加20%。

6 铁路附属石油库与国家铁路线及工业企业铁路线的距离,应按表5.1.3铁路机车走行线的规定执行。

【"库址选择"4.0.11条原文】

4.0.11 石油库的储罐区、水运装卸码头与架空通信线路(或通信发射塔)、架空电力线路的安全距离,不应小于1.5倍杆(塔)高;石油库的铁路罐车和汽车罐车装卸设施、其他易燃可燃液体设施与架空通信线路(或通信发射塔)、架空电力线路的安全距离,不应小于1倍杆(塔)高;以上各设施与电压不小于35kV的架空电力线路的安全距离,且不应小于30m。

注:以上石油库各设施的起算点与表4.0.10注2相同。

【对"库址选择"4.0.11条解读】

对于石油库与架空通信线路和架空电力线路的安全距离,主要是考虑倒杆事故影响。据"新规范"条文说明介绍:15次倒杆事故统计,倒杆后偏移距离在1m以内的6起,偏移距离在2~3m的4起,偏移距离为半杆高的2起,偏移距离为一杆高的2起,偏移距离大于一倍半杆高的1起。故规定石油库与架空通信线路的安全距离不应小于"1.5倍杆(塔)高"。

【"库址选择"4.0.12条、4.0.13条原文】

4.0.12 石油库的围墙与爆破作业场地(如采石场)的安全距离,不应小于300m。

4.0.13 非石油库用的库外埋地电缆与石油库围墙的距离不应小于3m。

【对"库址选择"4.0.12条、4.0.13条解读】

这两条专门讲石油库的围墙与爆破作业场地(如采石场)及库外埋地电缆的距离。

对于石油库与爆破作业场地安全距离,主要考虑因素是爆破石块飞行的距离。而库外埋地电缆的距离主要考虑因素是对围墙的基础不受影响,同时围墙倒时也不会压坏电缆,二者互不影响。

【"库址选择"4.0.14条原文】

4.0.14 石油库与石油化工企业之间的距离,应符合现行国家标准《石油化工企业设计防火规范》GB 50160的有关规定。石油库与石油储备库之间的距离,应符合现行国家标准《石油储备库设计规范》GB 50737的有关规定。石油库与石油天然气站场、长距离输油管道站场之间的距离,应符合现行国家标准《石油天然气工程设计防火规范》GB 50183的有关规定。

【对"库址选择"4.0.14条解读】

石油库与石油化工企业、与石油储备库、与石油天然气站场、长距离输油管道站场之间的距离,在上述标准中都有明确规定,所以本"新规范"可不再规定,遵守上述相应标准即可。

【"库址选择"4.0.15条原文】

4.0.15 相邻两个石油库之间的安全距离应符合下列规定:

1 当两个石油库的相邻储罐中较大罐直径大于53m时,两个石油库的相邻储罐之间的安全距离不应小于相邻储罐中较大罐直径,且不应小于80m。

2 当两个石油库的相邻储罐直径小于或等于53m时,两个石油库的任意两个储罐之间的安全距离不应小于其中较大罐直径的1.5倍,对覆土罐且不应小于60m,对储存同Ⅰ、Ⅱ级毒性液体的储罐且不应小于50m,对储存其他易燃和可燃液体的储罐且不应小于30m。

3 两个石油库除储罐之外的建(构)筑物、设施之间的安全距离应按本规范

表5.1.3的规定增加50%。

【对"库址选择"4.0.15条解读】

石油库虽是易燃易爆的危险品仓库,但两个性质相同的仓库相邻时,防火安全距离该怎么定,"新规范"在条文说明阐述很清楚,引用如下:

(1)本条1款是按照一级石油库的甲B、乙类液体地上罐组与工矿企业的安全距离,确定两个石油库的相邻大型储罐最小间距的。

(2)本条第2款和第3款是因为两个相邻石油库储存、输送的油品均为易燃或可燃液体,性质相同或相近,且各自均有独立的消防系统,经过专门的消防培训,故当两个石油库相毗邻建设时,它们之间的安全距离可比石油库与工矿企业的安全距离适当减小。

"两个石油库其相邻储罐之间的安全距离,不应小于相邻储罐中较大罐直径的1.5倍"的规定,是根据本规范第12.2.7条第1款的规定制订的。

(3)"两个石油库除储罐之外的建(构)筑物、设施之间的安全距离应按本规范表5.1.3的规定增加50%"是可行的。这样做可减少不必要的占地,为石油库选址提供有利条件。

【"库址选择"4.0.16条原文】

4.0.16 企业附属石油库与本企业建(构)筑物、交通线等的安全距离,不得小于表4.0.16的规定。

表4.0.16 企业附属石油库与本企业建(构)筑物、交通线等的安全距离(m)

库内建(构)筑物和设施		液体类别	企业建(构)筑物等							厂内道路	
			甲类生产厂房	甲类物品库房	乙、丙、丁、戊类生产厂房及物品库房耐火等级			明火或散发火花的地点	厂内铁路	主要	次要
					一、二	三	四				
储罐(TV为罐区总容量,m³)	TV≤50	甲B、乙	25	25	12	15	20	25	25	15	10
	50<TV≤200		25	25	15	20	25	30	25	15	10
	200<TV≤1000		25	25	20	25	30	35	25	15	10
	1000<TV≤5000		30	30	25	30	40	40	25	15	10
	TV≤250	丙	15	15	12	15	20	25	25	10	5
	250<TV≤1000		20	20	15	20	25	25	25	10	5
	1000<TV≤5000		25	25	20	25	30	30	25	15	10
	5000<TV≤25000		30	30	25	30	40	40	25	15	10

续表

库内建(构)筑物和设施	液体类别	企业建(构)筑物等							
		甲类生产厂房	甲类物品库房	乙、丙、丁、戊类生产厂房及物品库房耐火等级			明火或散发火花的地点	厂内铁路	厂内道路	
				一、二	三	四			主要	次要
油泵房、灌油间	甲B、乙	12	15	12	14	16	30	20	10	5
	丙	12	12	10	12	14	15	12	8	5
桶装液体库房	甲B、乙	15	20	15	20	25	30	30	15	5
	丙	12	12	10	12	14	20	15	12	5
汽车罐车装卸设施	甲B、乙	14	14	15	16	18	30	20	15	15
	丙	10	10	10	12	14	20	15	10	5
其他生产性建筑物	甲B、乙	12	12	10	12	14	25	10	5	3
	丙	9	9	8	9	10	15	8	3	3

注：1 当甲B、乙类易燃和可燃液体与丙类可燃液体混存时，丙A类可燃液体可按其容量的50%折算计入储罐区总容量，丙B类可燃液体可按其容量的25%折算计入储罐区总容量。

2 对于埋地卧式储罐和储存丙B类可燃液体的储罐，本表距离(与厂内次要道路的距离除外)可减少50%，但不得小于10m。

3 表中未注明的企业建(构)筑物与库内建(构)筑物的安全距离，应按现行国家标准《建筑设计防火规范》GB 50016规定的防火距离执行。

4 企业附属石油库的甲B、乙类易燃和可燃液体储罐总容量大于5000m³，丙A类可燃液体储罐总容量大于25000m³时，企业附属石油库与本企业建(构)筑物、交通线等的安全距离，应符合本规范第4.0.10条的规定。

5 企业附属石油库仅储存丙B类可燃液体时，可不受本表限制。

【对"库址选择"4.0.16条解读】

据"新规范"条文说明可知，本条部分参考了GB 50016—2006《建筑设计防火规范》及原来"小型石油库设计规范"，并适当补充。

表4.0.16给出的安全距离，"新规范"与2002年版旧规范完全一致，只是表注1中"新规范"将丙类油品分为丙A、丙B类，分别以50%和25%折算计入储罐区总容量；而2002年版旧规范中丙类油品全以20%折算计入储罐区总容量。

【"库址选择"4.0.17条原文】

4.0.17 当重要物品仓库(或堆场)、军事设施、飞机场等，对与石油库的安全距离有特殊要求时，应按有关规定执行或协商解决。

【对"库址选择"4.0.17条解读】

重要物品仓库（或堆场）、军事设施、飞机场等，通常都规模大、投资大、战略地位重要，是国家重点项目，其安全一旦受到石油库的威胁，可能会造成巨大损失。所以对与石油库的安全距离有特殊要求时，应按有关规定执行或协商解决。

4.2 对"库址选择"的应用

4.2.1 "库址选择"还应遵循或参考的相关标准、规范

库址选择除执行"新规范"第4章"库址选择"规定外，还应遵循或参考以下相关标准、规范：

（1）国家现行有关石油库建设选址的方针政策及占用土地等相关规定；

（2）上级相关部门对石油库建设选址的批复文件；

（3）军用石油库选址应遵照军委及总部的批复文件；

（4）各行业石油库选址还应遵照本行业石油库建设标准的选址规定。

4.2.2 "库址选择"的原则

选址原则如下：

（1）认真贯彻国家有关基本建设的各项方针政策，正确处理选址中出现的各种矛盾，做到技术先进、经济合理、生产安全、管理方便、节约能源。

（2）必须贯彻执行节约用地的原则。选择库址时应尽量不占或少占耕地，尽可能利用荒地及坏地。与当地主管部门配合，在石油库规划和建设中照顾到当地农业的发展需求。

（3）建库地点应力求隐蔽，军用石油库应处理好平时与战时的关系，既要有利于平时使用，又要考虑到战时的隐蔽和安全。

（4）选择库址时要注意周围环境，符合城镇发展计划，贯彻国家有关安全防火和环境保护等的规定。

4.2.3 对库址的基本要求

4.2.3.1 区域环境的要求

（1）按照上级批准的设计任务书，根据石油库规模等级，估算出石油库大体的占地面积，在指定的地域内进行库址选择。

（2）石油库的位置应尽量远离大中型城市、大型水库、重要的交通枢纽、机场、电站、重点工矿企业和军事战略目标，以免相互影响。

（3）石油库与库外居住区、公共建筑物、工矿企业、交通线等的安全防火距离，符合"新规范"4.0.10条表4.0.10的规定。

(4) 石油库与重要物品仓库(或堆场)、军事设施、机场的安全距离,应符合相关规定或协商文件。

(5) 商业石油库最好靠近城市或基本用户。这样不但有利于缩短用户到石油库取油的汽车运输里程,而且石油库建设时也可利用城市条件,减少水、电、交通等建设投资。

(6) 当库址选在靠近江河、湖泊或水库的滨水地段时,通常布置在码头、水电站、桥梁和城市的下游。

(7) 油库的位置最好是处于邻近住宅区的下风方向,以免油蒸气刮向居民区。

4.2.3.2 库址地形的要求

(1) 不同类型的石油库对库址地形的要求有所不同,但其主要相同之处是所选的地形有利于减少油库的经营和投资费用,并且符合安全隐蔽要求。

(2) 平原地区建库,库址最好具有较明显的缓坡地形,以利于油品的自流作业,而且使石油库易于排水。

(3) 山区建库要尽量利用地形高低的特点,实现油品自流作业。最理想的地形是铁路油罐车由较高地段入库区,利用自流将油品卸向储油罐,再从储油罐向位置更低的灌桶间或用户发油,全部作业完全自流。这样的地形不但可以减少经营费用,还能保证生产不间断进行,不受外电源影响。

(4) 洞式石油库,应选择山体肥厚的山沟和既有利于隐蔽又有利于建设的地段,利用山体地势的阻隔和遮挡减少目标。

(5) 库址尚需注意不要位于低洼地段,以免在雨季遭受淹没。

4.2.3.3 工程地质和水文地质的要求

(1) 库址应具备良好的地质条件,不得选在有土崩、断层、滑坡、沼泽、流沙和泥石流的地区以及地下矿藏开采后可能塌陷的地区。最宜于建库的土质是沙土层,这种土壤坚固、易排水、腐蚀性小、沉陷均匀。杂土层大多是多空性结构,不稳定,当土壤湿度大时,沉陷增加,地耐压力显著降低。黏土层虽然坚固,但冬季容易发生隆起现象,破坏建筑物的基础,而春秋两季,建筑物又可能沿结冰层滑动。因此杂土和黏土层上都不宜建库,特别是储油罐区,更应予以注意。

(2) 库址的耐压力必须满足相应油罐的荷载要求,具有足够的承载能力和稳定性。

(3) 库址应选在既无地上浸水,而地下水位又低的地方。最高地下水位一般不得超过石油库建筑物基础的底面。对于地下建筑多的石油库更应注意这个问题。

（4）在山区建库，必须将多雨季节，洪水期的汇水面积、水位以及泄洪沟等情况调查清楚。一般以山腰建库为宜。计算最高洪水位采用的洪水频率，洪水重现期应符合下列规定：一级库为 100 年；二、三级库为 50 年；四、五级库为 25 年。

（5）对于山洞库，除上述一般要求外，尚应考虑以下要求：

① 要求山体高而肥厚，山坡最好大于 30°角。这样可以缩短引洞长度，扩大储油容量，提高洞库防护能力。防护层的厚度要求应按防护等级和岩石强度决定。

② 要求地质构造简单，岩性均一，结构完整，石质坚硬，普氏系数在 6 以上。

③ 要求油罐区尽量避开断层和密集的破碎带。

（6）一、二、三级油库的库址，不得选在地震设防烈度 9 度及以上的地区。

4.2.3.4　交通运输及水电供应的要求

（1）石油库的库址，应选在交通方便的地方，以利于接卸和输转油品。

（2）以铁路运输为主的石油库，应靠近有条件接轨的地方。铁路专用线的长度一般不应超过 3km。铁路专用线经过的地区，地形要尽量简单，避免架设桥梁和开挖隧道等重大工程。

（3）以公路运输为主的石油库，应尽量设置在现有公路附近，以便将道路以较短的距离引入石油库，同时也要注意引入公路时不要穿越铁路和河渠。

（4）以水运为主的石油库，除使石油库库址靠近有条件建设装卸油品码头的地方外，还应了解和收集有关河床的水文地质资料以及有关船舶的规格、载重量和吃水深度，特别是码头地区的水深和冲刷情况。

（5）石油库库址应具备生产、消防、生活所需的水源和电源的条件，还应具备排水的条件。因此需要调查库址附近在用及设计中的上水道情况，并与有关部门联系，掌握确切的水源资料，了解天然水源及地下水情况，打井取水的可能性以及水质、水量情况。

（6）查明附近动力线和通信线路的接线位置和接线的可能性，并了解清楚现有线路的容量、负荷，石油库接线后是否需要换线等。

（7）石油库的排水问题，特别是含油污水的排放，要征得环境保护部门的同意。

（8）附属石油库选址的特殊要求。

附属石油库是为了满足本部门需要而设置的石油库。如油田石油库、炼厂石油库、机场石油库、码头石油库、长距离输油管线配套石油库等。这类石油库选址除遵守一般石油库选址的基本要求外，还有其特殊要求。

① 机场附属石油库选址的特殊要求。机场附属石油库是为机场用油服务的机场下属单位，它的选址应考虑既方便飞机加油又保证机场的安全，应以机场为中心考虑问题。为此常把机场石油库分为消耗油库和储备油库两个分库。消耗油库容量小，库址靠近机场，便于给飞机供油。储备油库容量较大，库址远离机场，以保证机场安全。两库通常用输油管线连接。当储备油库远离铁路专用线时，还应在铁路专用线附近专设接收油库。

② 码头附属石油库选址的特殊要求。码头附属石油库是为舰船用油服务的港区基地下属单位，它的选址应考虑既方便舰船加油又保证基地的安全，应以基地为中心考虑问题。因此储油区常远离加油码头，用油管直接通至码头加油口。若此油管需要放空或考虑待修的舰船需要退油时，在码头附近的岸边需设放空罐或退油罐及相应的配套设施。

③ 长距离输油管线配套石油库选址的特殊要求。随着我国石油事业的蓬勃发展，成品油长输管线已成为我国成品油输送的重要工具。长距离输油管线配套石油库，是为满足长输管线输油接力油泵站转输油品而设置的长输管线的配套工程，一般应与长输管线同步建设。它的库址一般就是输油接力油泵站的站址，总平面布置应与该油泵站统一考虑。若遇到此库（站）址确实不合理时，可重新选择前面油泵站的油泵，使其改变输油扬程，调整油泵站间距，使库（站）址满足石油库选址的基本要求。

5 对"库区布置"的解读及应用

5.1 对"库区布置"的解读

5.1.1 对"总平面布置"的解读

【"总平面布置"5.1.1条原文】

5.1.1 石油库的总平面布置，宜按储罐区、易燃和可燃液体装卸区、辅助作业区和行政管理区分区布置。石油库各区内的主要建(构)筑物或设施，宜按表5.1.1的规定布置。

表5.1.1 石油库各区内的主要建(构)筑物或设施

序号	分区		区内主要建(构)筑物或设施
1	储罐区		储罐组、易燃和可燃液体泵站、变配电间、现场机柜间等
2	易燃和可燃液体装卸区	铁路装卸区	铁路罐车装卸栈桥、易燃和可燃液体泵站、桶装易燃和可燃液体库房、零位罐、变配电间、油气回收处理装置等
		水运装卸区	易燃和可燃液体装卸码头、易燃和可燃液体泵站、灌桶间、桶装液体库房、变配电间、油气回收处理装置等
		公路装卸区	灌桶间、易燃和可燃液体泵站、变配电间、汽车罐车装卸设施、桶装液体库房、控制室、油气回收处理装置等
3	辅助作业区		修洗桶间、消防泵房、消防车库、变配电间、机修间、器材库、锅炉房、化验室、污水处理设施、计量室、柴油发电机间、空气压缩机间、车库等
4	行政管理区		办公用房、控制室、传达室、汽车库、警卫及消防人员宿舍、倒班宿舍、浴室、食堂等

注：企业附属石油库的分区，尚宜结合该企业的总体布置统一考虑。

【对"总平面布置"5.1.1条解读】

（1）石油库内各种建筑物和构筑物，火灾危险程度、散发油气量的多少、生产操作的方式等差别较大，有必要按生产操作、火灾危险程度、经营管理等特点进行分区布置。这样便于本区的作业、管理，缩短了运输距离，减少了经营费用，也防止了不同作业的相互干扰。把特殊的区域加以隔离，限制一定人员的出入,有利于安全管理,并便于采取有效的消防措施。

(2) 石油库分区布置和保证各建(构)筑物之间的安全防火距离,是石油库总平面布置很重要的两条要求。分4区布置是石油库总平面布置相对合理的布置方式,表5.1.1与GB 50074—2002版的同一类型表中内容基本相同。国军标与石油、石化的行业标准也是分4区布置。

【"总平面布置"5.1.2条原文】

5.1.2 行政管理区和辅助作业区内,使用性质相近的建(构)筑物,在符合生产使用和安全防火的要求前提下,可合并建设。

【对"总平面布置"5.1.2条解读】

石油库建筑物及构筑物的面积都不大,在符合生产使用和安全条件下,将石油库内的建筑物及构筑物合并建造,既可减少石油库用地,节约投资,又便于生产操作和管理,这是石油库总图设计的一个主要原则。合并建造,可减少建筑栋数,使整体布局美观、整齐,布局设计减少难度。

石油库内可以合建的建筑物、构筑物很多,如润滑油调配间可与润滑油泵房、润滑油灌油间合建;润滑油预热间可与桶装润滑油品库房合建;甲类、乙类和丙类油品泵房可以合建;油品泵房可与其相应的配电间、仪表间和控制室合建;消防泵房可与消防器材间、值班室合建;变配电间、化验室、器材库、车库可与办公室、控制室、倒班宿舍、浴室、食堂等组合成综合楼。

【"总平面布置"5.1.3条原文】

5.1.3 石油库内建(构)筑物、设施之间的防火距离(储罐与储罐之间的距离除外),不应小于表5.1.3的规定。

【对"总平面布置"5.1.3条解读】

石油库内建(构)筑物、设施之间的防火距离表,是本规范很重要的表格之一,其防火距离的规定是难度很大的工作。

(1) 本表"新规范"与旧规范GB 50074—2002相比有所变化。

① "新规范"对油罐划分更细,旧规范只有立式罐按单罐容量分了4等再加卧式高架罐共分5种,而"新规范"按油罐结构、单罐容量及储油品种共分为9种,详见表5.1。

② "新规范"增加了储罐等有易燃和可燃液体的设备(设施)与办公用房、中心控制室、宿舍、食堂等人员集中的场所及与河(海)岸边的距离要求。

③ "新规范"的距离数值对汽车罐车装卸设施、铁路罐车装卸设施、隔油池等分为分子和分母两个数值。

④ 防火距离的数值"新规范"有所调整,大于等于 $5\times10^4 m^3$ 罐与其他建(构)筑物的距离有所加大,其他罐与其他建(构)筑物的距离及建(构)筑物之间的距离变化不大。

表 5.1 新、旧规范对油罐的不同分类区别表

	外浮顶储罐、内浮顶储罐、覆土立式油罐、储存丙类液体的立式固定顶储罐				储存甲B、乙类液体的立式固定顶储罐			甲B、乙类液体地上卧式储罐	覆土卧式油罐、丙类液体地上卧式储罐
"新规范" GB 50074—2014	1	2	3	4	5	6	7	8	9
	$V\geqslant50000$	$5000<V$ $\leqslant50000$	$1000<V$ $\leqslant5000$	$V\leqslant1000$	$V>5000$	$1000<V$ $\leqslant5000$	$V\leqslant1000$		
"旧规范" GB 50074—2002	$V>50000$	$5000<V$ $\leqslant50000$	$1000<V$ $\leqslant5000$	$V\leqslant1000$	高架油罐				

注:V—单罐容量,m^3。

(2) 石油库内各建(构)筑物之间防火距离的确定,主要是考虑到发生火灾时,它们之间的相互影响及所造成损失大小。石油库内经常散发有害气体的油罐及铁路、公路、水运等油品装卸设施,同其他建筑物、构筑物之间的距离应该大些。据"新规范"条文说明,石油库内各建(构)筑物之间防火距离确定有如下考虑:

① 油罐与其他建(构)筑物之间的防火距离的确定。

a. 确定防火距离的原则。

i. 避免或减少发生火灾的可能性。火灾的发生必须具备可燃物质、空气和火源等3个条件。因此,散发可燃气体的储罐与明火的距离应大于在正常生产情况下可燃气体扩散所能达到的最大距离。

ii. 尽量减少火灾可能造成的影响和损失。对于散发可燃气体、容易着火、一经着火即不易扑灭且影响油库生产的建(构)筑物,其与储罐的距离应大些,其他的可以小些。

iii. 按储罐容量及易燃和可燃危险性的大小规定不同的防火距离。

iv. 在相互不影响的情况下,尽量缩小建(构)筑物之间的防火距离。

vi. 在确定防火距离时,应考虑操作安全和管理方便。

b. 油罐火灾情况。

根据调查材料统计,大部分火灾是由明火引起的,而以外来明火引起的较多。如易燃和可燃液体经排水沟流至库外水沟,库外点火,火势回窜引起火灾。

这种情况以商业库为多。其他原因则有雷击、静电等引发的火灾。
   c. 油罐散发可燃气体的扩散距离：
   i. 清洗储罐时可燃气体扩散的水平距离，一般为18~30m。
   ii. 储罐进油时排放的油气扩散范围：水平距离约11m；垂直距离约1.3m。
   d. 储罐火灾的特点：
   i. 储罐火灾机率低；
   ii. 起火原因多为操作、管理不当；
   iii. 如有防火堤，其影响范围可以控制。
   e. 储罐与各建(构)筑物、的防火距离：决定易燃和可燃液体储罐与各建(构)筑物的防火距离，首先应考虑储罐扩散的可燃气体不被明火引燃，以及油罐失火后不致影响其他建(构)筑物。英国石油学会《销售安全规范》规定，易燃和可燃液体储罐与明火和散发火花的建(构)筑物的距离为15m。日本丸善石油公司的油库管理手册，是以储罐内油品的静止状态和使用状态分别规定油罐区内动火的安全距离，其最大距离为20m。油罐着火后对附近建(构)筑物的影响，扑灭火灾的难易，随罐容的大小，油罐的型式及所储油品性质的不同而有所区别。为了适应新的安全需要，更好体现以人为本的原则，本次修订相对旧规范2002年版适当增加了储罐与办公用房、中心控制室、宿舍、食堂等人员集中场所和露天变配电所变压器、柴油发电机间、消防车库、消防泵房等重要设施的防火间距。
   i. 储罐与易燃和可燃液体泵房(泵)的距离：储罐与易燃和可燃液体泵房(泵)的距离，主要考虑油罐着火时对易燃和可燃液体泵房(泵)的影响，防止泵损坏，影响生产。泵房内没有明火，对油罐影响很小。从泵的操作需要考虑，应减少泵吸入管道的摩阻损失，保证两者之间的距离尽可能小。
   ii. 油罐与灌油间、汽车罐车装卸设施、铁路罐车装卸设施的距离：三者任一处发生火灾，火势都较易控制，对储罐的影响不大。但应考虑储罐着火后对它们的影响，故其距离较储罐与易燃和可燃液体泵房(泵)之间的距离要适当增大些。
   iii. 储罐与液体装卸码头的距离：储罐或油船着火后，彼此之间影响较大，油船着火后往往更难以扑灭，影响范围更大。油码头所临水域，来往船只较多，明火不易控制，储罐与码头的距离需适当放大。
   iv. 储罐与桶装油品库房、隔油池的距离：桶装油品库房着火机率较小，但库房或油桶一经着火难以扑灭，影响范围也很大，故应与灌油间等同对待。隔油池(特别是无盖的隔油池)着火概率较桶装液体库房要大，隔油池的容量越大着火后火势影响范围越大，故大于150 m^3 的隔油池与储罐的距离应较桶装液体库房与储罐的距离要大。

v. 储罐与消防泵房、消防车库的距离：消防泵房和消防车库为石油库中的主要消防设施，一旦储罐发生火灾，消防泵和消防车应立即发挥作用且不受火灾威胁。它们与储罐的距离应保证储罐发生火灾时不影响其运转和出车，且储罐散发的油气不致蔓延到消防泵房和消防车库。

vi. 储罐与有明火或散发火花的地点的距离：主要考虑油气不致蔓延到有明火或散发火花的地点引起爆炸或燃烧；也考虑明火设施产生的飞火，不致落到储罐附近。

② 其他各种建(构)筑物之间的防火距离的确定。

a. 油气扩散的情况。

i. 据英国有关资料介绍，装车时的油气扩散范围不大，在7.6m以外，可安装非防爆电气设备。

ii. 向油船装汽油，当泵流量为 $250m^3/h$ 时，在人孔下风侧 6.1m 处可测得油气。

b. 从上述情况看，装车、装船和灌桶作业时，油气扩散的范围不大，考虑到建(构)筑物之间车辆运行、操作要求，以及建(构)筑物着火时相互之间的影响、灭火操作的要求等因素，相互间应有适当的距离。

③ 表中的宿舍包括员工宿舍、消防人员宿舍、武警营房等。

【"总平面布置"5.1.4条原文】

5.1.4 储罐应集中布置。当储罐区地面高于邻近居民点、工业企业或铁路线时，应加强防止事故状态下库内易燃和可燃液体外流的安全防护措施。

【对"总平面布置"5.1.4条解读】

(1) 储罐集中布置的优点：

① 储罐集中布置可以形成储罐区。这样既可以便于规划建造防火堤、消防通道，安装储罐消防管道系统，又便于对储罐操作、使用、管理，节省人力。

② 储罐是油库最危险的设备，储罐集中布置，即将危险源集中在一起，便于加强安全管理，也便于与其他建(构)筑物之间满足防火安全距离。

③ 储罐集中布置，便于排列整齐有序，使整体平面布置美观。

④ 储罐集中布置，可节约占地面积，减少工程投资。

(2) 当储罐区地面高于邻近邻居点、工业企业或铁路线时，一旦储罐发生事故，油流即易由高处流下，危及这些地区，造成损失。所以应加强安全防护措施，保护国家和人民的生命财产。

【"总平面布置"5.1.5条原文】

5.1.5 石油库的储罐应地上露天设置。山区和丘陵地区或有特殊要求的可采用覆土等非露天方式设置，但储存甲B和乙类液体的卧式储罐不得采用罐室方式设置。地上储罐、覆土储罐应分别设置储罐区。

【对"总平面布置"5.1.5条解读】

（1）储罐建成地上时具有施工速度快、施工方便、土方工程量小、工程造价低、易于油气扩散的优点。另外，与之相配套的管道、泵站等也可建成地上式，从而也降低了配套建设费，管理也较方便。但由于地上储罐目标暴露、防护能力差，受温度影响的呼吸损耗大，故位于山区和丘陵地区有战略储备等有特殊要求时，允许储罐采用覆土等非露天方式。

（2）储存甲B和乙类液体的卧式储罐不得采用罐室方式设置，这一点在《汽车加油加气站设计与施工规范》GB 50156—2012中为强制性条文。卧式油罐埋地敷设比较安全，从国内外的有关调查资料统计来看，油罐埋地敷设，发生火灾的几率很小，即使油罐着火，也容易扑救。据英国石油学会《销售安全规范》，Ⅰ类石油（即汽油类）只要液体储存在埋地罐内，就没有发生火灾的可能性。

油罐设在室内发生的爆炸火灾事例较多，造成的损失也较大。其主要原因是油罐需要安装一些阀门等附件，它们是产生爆炸危险气体的释放源。泄漏挥发出的油气，由于通风不良而积聚在室内，易于发生爆炸火灾事故。

另外，埋地油罐与地上油罐比较，占地面积较小。因为不需要设置防火堤，省去了防火堤的占地面积。

再者，埋地油罐与地上油罐比较，气温对它影响小，则油品蒸发损耗就小。

（3）地上储罐、覆土储罐是两种完全不同的安装方式，消防要求不同。再者两者的罐底标高相差很大，工艺管道不可能布成一个系统，无法设在同一储罐区。从平、立面布置的美观角度，两者也应分别设置储罐区。

【"总平面布置"5.1.6~5.1.9条原文】

5.1.6 储存Ⅰ、Ⅱ级毒性液体的储罐应单独设置储罐区。储罐计算总容量大于600000m^3的石油库，应设置两个或多个储罐区，每个储罐区的储罐计算总容量不应大于600000m^3。特级石油库中，原油储罐与非原油储罐应分别集中设在不同的储罐区内。

5.1.7 相邻储罐区储罐之间的防火距离，应符合下列规定：

1 地上储罐区与覆土立式油罐相邻储罐之间的防火距离不应小于60m。

2 储存Ⅰ、Ⅱ级毒性液体的储罐与其他储罐区相邻储罐之间的防火距离，不应小于相邻储罐中较大罐直径的1.5倍,且不应小于50m。

3 其他易燃、可燃液体储罐区相邻储罐之间的防火距离,不应小于相邻储罐中较大罐直径的1.0倍,且不应小于30m。

5.1.8 同一个地上储罐区内,相邻罐组储罐之间的防火距离应符合下列规定:

1 储存甲B、乙类液体的固定顶储罐和浮顶采用易熔材料制作的内浮顶储罐与其他罐组相邻储罐之间的防火距离,不应小于相邻储罐中较大罐直径的1.0倍。

2 外浮顶储罐、采用钢制浮顶的内浮顶储罐、储存丙类液体的固定顶储罐与其他罐组储罐之间的防火距离,不应小于相邻储罐中较大罐直径的0.8倍。

注:储存不同液体的储罐、不同型式的储罐之间的防火距离,应采用上述计算值的较大值。

5.1.9 同一储罐区内,火灾危险性类别相同或相近的储罐宜相对集中布置。储存Ⅰ、Ⅱ级毒性液体的储罐罐组宜远离人员集中的场所布置。

【对"总平面布置"5.1.6~5.1.9条解读】

(1) 本规范5.1.6~5.1.9条是对储罐区布置的要求及储罐之间的防火距离的规定。

5.1.6条是对毒性液体储罐区规模的限定及对特级石油库划分储罐区的规定。

5.1.7条具体规定了相邻储罐区储罐之间的防火距离。

5.1.8条具体规定了同一个地上储罐区内,相邻罐组储罐之间的防火距离。

5.1.9条是对同一储罐区内的储罐的布置原则。

(2) 综合5.1.6~5.1.9条的各条规定,对储罐区布置及储罐之间的防火距离汇总列于表5.2。

表5.2 储罐区储罐之间的防火距离及布置要求表

序号	条号	款号	储罐区及储罐类别	防火距离
1.防火距离的规定	5.1.7	1	地上储罐区与覆土立式油罐相邻储罐之间	不应小于60m
	5.1.7	2	储存Ⅰ、Ⅱ级毒性液体的储罐与其他储罐区相邻储罐之间	不应小于相邻储罐中较大罐直径的1.5倍,且不应小于50m
	5.1.7	3	其他易燃、可燃液体储罐区相邻储罐之间	不应小于相邻储罐中较大罐直径的1.0倍,且不应小于30m

续表

序号	条号	款号	储罐区及储罐类别	防火距离
1. 防火距离的规定	5.1.8	1	同一个地上储罐区内，储存甲B、乙类液体的固定顶储罐和浮顶采用易熔材料制作的内浮顶储罐与其他罐组相邻储罐之间	不应小于相邻储罐中较大罐直径的1.0倍
	5.1.8	2	同一个地上储罐区内，外浮顶储罐、采用钢制浮顶的内浮顶储罐、储存丙类液体的固定顶储罐与其他罐组储罐之间	不应小于相邻储罐中较大罐直径的0.8倍
	5.1.7 5.1.8	注	储存不同液体的储罐、不同型式的储罐之间的防火距离，应采用上述计算值的较大值	
2. 储罐区布置要求	5.1.6		(1) 储存Ⅰ、Ⅱ级毒性液体的储罐应单独设置储罐区	
			(2) 储罐计算总容量大于600000m³的石油库，应设置两个或多个储罐区，每个储罐区的储罐计算总容量不应大于600000m³	
			(3) 特级石油库中，原油储罐与非原油储罐应分别集中设在不同的储罐区内	
	5.1.9		(1) 同一储罐区内，火灾危险性类别相同或相近的储罐宜相对集中布置	
			(2) 储存Ⅰ、Ⅱ级毒性液体的储罐罐组宜远离人员集中的场所布置	

(3) 为了更形象、直观、准确地表示储罐区布置及储罐之间的防火距离，根据附录 A 计算间距的起讫点，综合 5.1.6~5.1.9 条的各条规定，绘制了储罐区布置及储罐之间的防火距离示意如图 5.1~图 5.3 所示(注：示意图中储罐之间的防火距离的都应是罐壁到罐壁的距离)。

(4) "新规范"修订加大了相邻储罐区储罐之间的防火距离，目的是适当降低储罐区事故风险。要求"储存Ⅰ、Ⅱ级毒性液体的储罐与其他罐区相邻储罐之间的防火距离，不应小于较大罐直径的 1.5 倍，且不应小于 50m。"目的是加强对储存Ⅰ、Ⅱ级毒性液体储罐的保护。

(5) "新规范"修订加大了相邻罐组储罐之间的防火距离，是为了避免储罐过于密集布置，适当降低储罐区火灾事故风险。

5 对"库区布置"的解读及应用

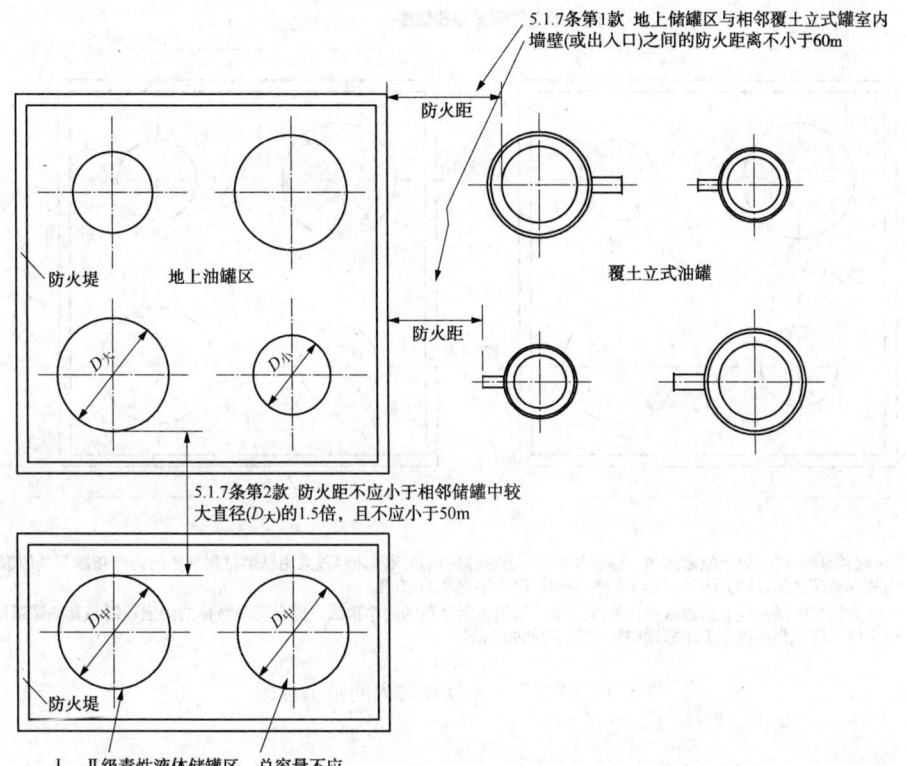

图 5.1 第 5.1.7 条第 1 款和第 2 款储罐防火间距示意图

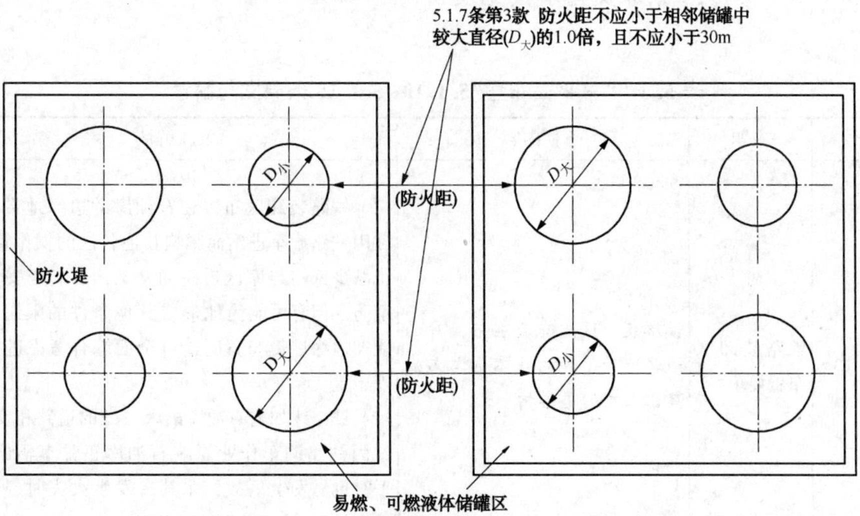

图 5-2 第 5.1.7 条第 3 款储罐防火间距示意图

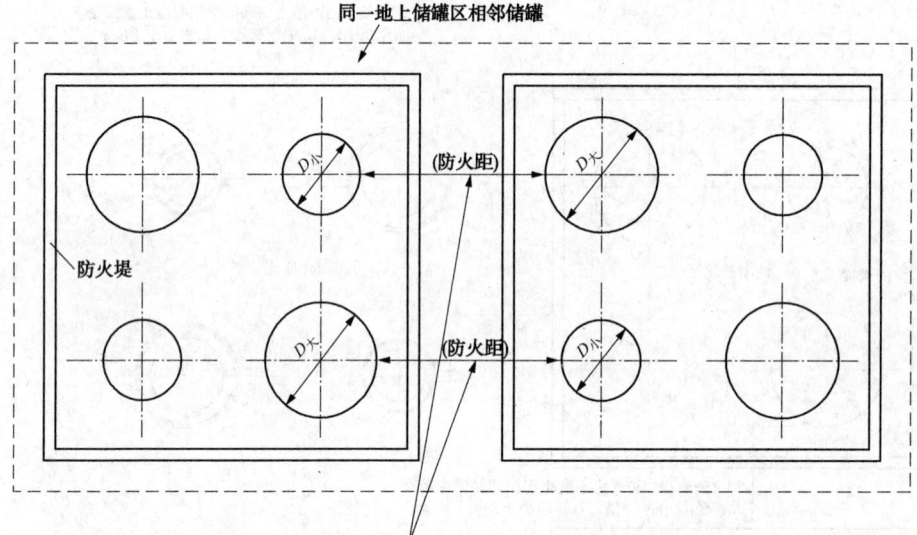

5.1.8条第1款 同一地上储罐区内,储存甲B、乙类液体的固定顶罐和浮顶采用易熔材料制作的内浮顶罐与其他罐组相邻储罐之间,防火距不应小于相邻储罐中较大罐直径的1.0倍。

5.1.8条第2款 同一地上储罐区内,外浮顶罐、采用钢制浮顶的内浮顶罐、储存丙类液体的固定顶罐与其他罐组储罐之间,防火距不应小于相邻罐中较大罐直径的0.8倍。

图5.3 第5.1.8条储罐防火间距示意图

【"总平面布置"5.1.10~5.1.15条原文与解读】

5.1.10~5.1.15条原文与解读见表5.3。

表5.3 "总平面布置"5.1.10~5.1.15条原文与解读

条号	主题	条款内容	条款解读
5.1.10	铁路装卸区布置要求	铁路装卸区宜布置在石油库的边缘地带,铁路线不宜与石油库出入口的道路相交叉	(1)铁路装卸区布置在石油库的边缘地带,不致因铁路罐车进出而影响其他各区的操作管理,也减少铁路与库区道路的交叉,有利于安全和消防。但有可能受地形或其他条件的限制,不能在边缘地带布置时,可全面综合考虑进行合理布置。 (2)铁路线如与石油库出入口处的道路相交叉,常因铁路调车作业影响石油库正常车辆出入,平时也易发生事故,尤其在发生火灾时,可能妨碍外来救护车辆的顺利通过

5 对"库区布置"的解读及应用

续表

条号	主题	条款内容	条款解读
5.1.11	公路装卸区布置要求	公路装卸区应布置在石油库临近库外道路的一侧，并宜设围墙与其他各区隔开	石油库的公路装卸区是外来人员和车辆往来较多的区域，业务比较繁忙。将该区布置在面向公路的一侧，设单独的出入口，外来的车辆可不驶入其他各区，出入方便，比较安全，也不影响其他区的工作。若围墙与其他各区隔开，并设业务室、休息室等，外来人员只限在该区活动，更有利于安全管理。出入口外设停车场，待装车辆在此等候，有秩序地进库装油，不致使库内秩序混乱，也不致由于待装车辆停在公路上影响公共交通
5.1.12	部分建筑要求	消防车库、办公室、控制室等场所，宜布置在储罐区全年最小频率风向的下风侧	储罐区有油蒸汽散发，不但不安全，而且也污染环境。消防车库、办公室、控制室等场所，布置在储罐区全年最小频率风向的下风侧，有利于安全环保，对人员健康有利
5.1.13	罐区泡沫站布置	储罐区泡沫站应布置在罐组防火堤外的非防爆区，与储罐的防火间距不应小于20m	储罐区泡沫站是消防灭火的重要场所，应保证其绝对安全。布置在罐组防火堤外的非防爆区，与储罐的防火间距不应小于20m是相对安全的，也是必要的
5.1.14	泵站布置要求	储罐区易燃和可燃液体泵站布置应符合右列规定：1 甲、乙、丙A类液体泵站应布置在地上立式储罐的防火堤外；2 丙B类液体泵、抽底油泵、卧式储罐输送泵和储罐油品检测用泵，可与储罐露天布置在同一防火堤内；3 当易燃和可燃液体泵站采用棚式或露天式时，其与储罐的间距可不受限制，与其他建(构)筑物或设施的间距，应以泵外缘按本规范表5.1.3中易燃和可燃液体泵房与其他建(构)筑物、设施的间距确定	(1) 本条主要是对储罐区内的易燃和可燃液体泵站布置位置及与储罐间距的规定。该区泵站的其他规定及收发区内的泵站详细规定将在第7章"易燃和可燃液体泵站"中介绍。(2) 储罐区内的易燃和可燃液体泵站究竟布置在防火堤外或内，这主要由泵站所输送液体的危险性确定，并兼顾泵站操作的方便性。丙B类液体的闪点大于120℃，不易着火，相对安全。所以丙B类液体泵、抽底油泵、卧式储罐输送泵和储罐油品检测用泵，可与储罐露天布置在同一防火堤内，既安全又方便操作。甲、乙、丙A类液体相对危险，所以其泵站应布置在地上立式储罐的防火堤外。(3) 当易燃和可燃液体泵站采用棚式或露天式时，油气不容易积聚，相对安全，故其与储罐的间距可不受限制。(4) 泵与其他建(构)筑物或设施的间距，在"新规范"表5.1.3中有具体规定，可遵照执行

续表

条号	主题	条款内容	条款解读
5.1.15	管道、电线布置	与储罐区无关的管道、埋地输电线不穿越防火堤	防火堤是阻止其内油罐发生事故后油品向外流失的屏障，故防火堤必须严密，为此与储罐区无关的管道、埋地输电线不得穿越防火堤

5.1.2 对"库区道路"的解读

【"库区道路"5.2.1条原文】

5.2.1 石油库储罐区应设环行消防车道。位于山区或丘陵地带设置环形消防车道有困难的下列罐区或罐组，可设尽头式消防车道：

1 覆土油罐区；
2 储罐单排布置，且储罐单罐容量不大于5000m³的地上罐组；
3 四、五级石油库储罐区。

【对"库区道路"5.2.1条解读】

石油库内的储罐区是火灾危险性最大的场所，储罐区设环行消防车道，有利于消防作业。有回车场的尽头式道路，车辆行驶及调动均不如环行道路灵活，且尽头式道路只有一个对外路口，不方便消防车进出，一般不宜采用。在山区的储罐区和小型石油库的储罐区火灾风险相对较小，因地形或面积的限制，建环行消防车道确有困难时，允许设置有回车场的尽头式消防车道是可行的。

覆土油罐区相对安全，其罐区因覆土而占地面积又大，若设环行消防车道，不但困难，而且车道很长，投资很大，故允许设尽头式消防车道。

单排布置储罐，便于消防，故单罐容量不大于5000m³的地上罐组也允采用设尽头式消防车道。

四、五级库总容量小，单罐容量也小，发生事故后损失也小，也容易扑救，所以也采用尽头式消防车道。

【"库区道路"5.2.2条原文】

5.2.2 地上储罐组消防车道的设置应符合下列规定：

1 储罐总容量大于或等于120000m³的单个罐组应设环行消防车道。
2 多个罐组共用一个环行消防车道时，环行消防车道内的罐组储罐总容量不应大于120000m³。
3 同一个环行消防车道内相邻罐组防火堤外堤脚线之间应留有宽度不小于7m的消防空地。

4 总容量大于或等于120000m³的罐组,至少应有两个路口能使消防车辆进入环形消防车道,并宜在不同的方位上。

【对"库区道路"5.2.2条解读】

本条是对地上储罐组设置环形消防车道的规定。第1款和第2款规定了环形消防车道内的储罐的总容量;第3款规定的"相邻罐组防火堤外堤脚线之间应留有宽度不小于7m的消防空地",是考虑可以在这一空地内进行消防作业,可以不考虑消防车通行;第4款强调了至少应有两个不同方位的路口与环形消防车道相通,这样可保证消防车辆从火情较小的方位进入施救现场,距离着火罐较近的路口很可能因火势太大而不能通行消防车,其含义详见图5.4。

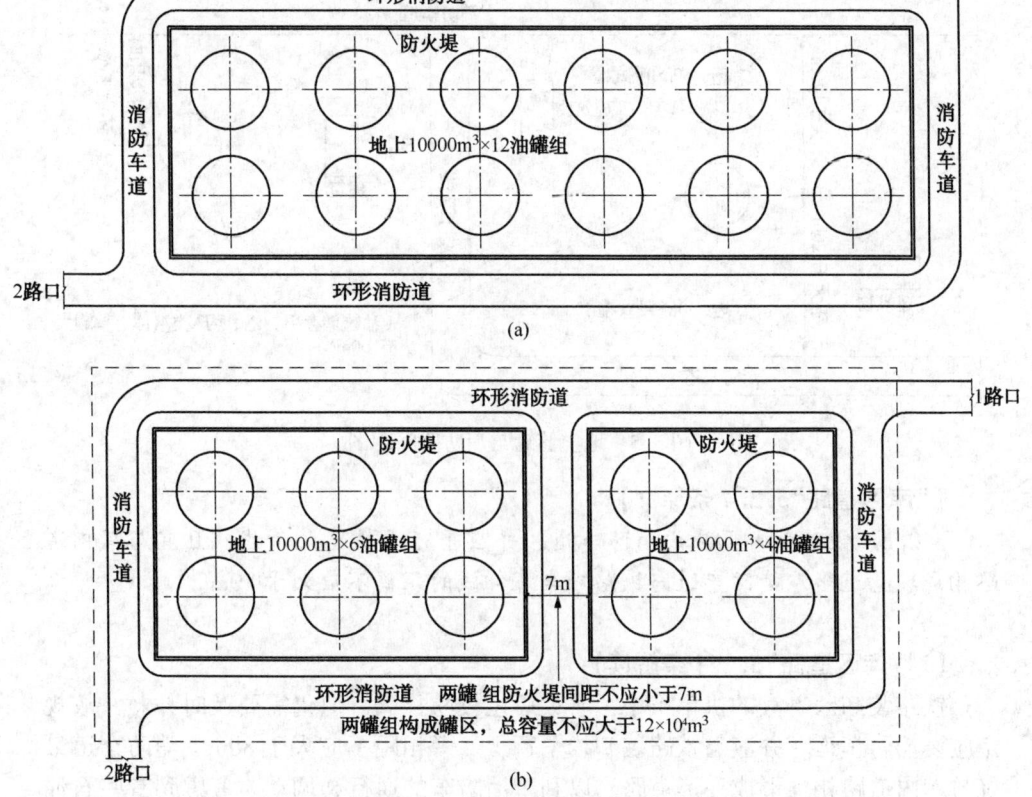

图5.4 地上储罐组消防车道的布置图

【"库区道路"5.2.3条原文】

5.2.3 除丙B类液体储罐和单罐容量小于或等于100m³的储罐外，储罐至少应与一条消防车道相邻。储罐中心与至少与两条消防车道的距离均不应大于120m；条件受限时，储罐中心与最近一条消防车道之间的距离不应大于80m。

【对"库区道路"5.2.3条解读】

（1）储存甲B、乙、丙A类液体储罐和单罐容量大于100m³的储罐至少应与一条消防车道相邻。相邻的意思是，在储罐与消防车道之间无其他储罐。这样规定可保证消防车和消防人员至少可在一个方向近距离对着火储罐进行灭火作业。

（2）消防炮和消防水枪的有效距离一般在120m内，最好能在两个方向进行灭火作业，故要求"储罐中心与至少与两条消防车道的距离均不应大于120m"。

储罐临近消防车道的示意图见图5.5。

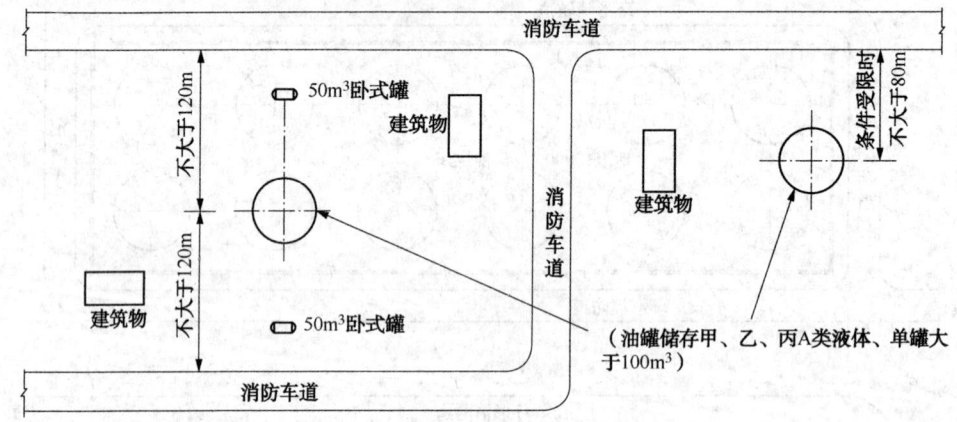

图5.5 地上储罐与消防路间距图

【"库区道路"5.2.4条原文】

5.2.4 铁路装卸区应设消防车道，并应平行于铁路装卸线，且宜与库内道路构成环行道路。消防车道与铁路罐车装卸线的距离不应大于80m。

【对"库区道路"5.2.4条解读】

铁路装卸区着火的机率虽小，着火后也较易扑灭，但仍需要及时扑救，故规定应设消防车道，并应与铁路装卸线平行，二者相距不应大于80m。消防车道最好与库内道路相连形成环形道路，以利于消防车的通行和调动。考虑到有些石油库受地形或面积的限制，消防车道不能与库内道路构成环形道路时，故本规定也隐含着允许设有回车场的尽头式消防车道。铁路装卸区消防车道见图5.6。

5 对"库区布置"的解读及应用

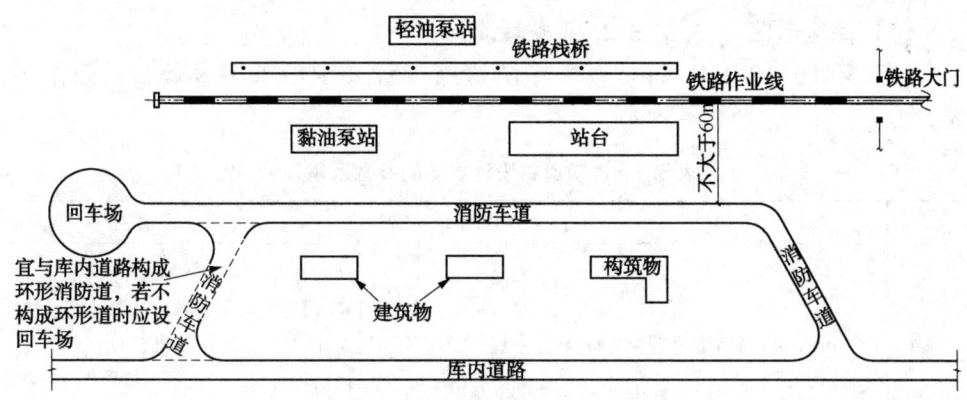

图5.6 铁路装卸区消防道路布置图

【"库区道路"5.2.5条原文】

5.2.5 汽车罐车装卸设施和灌桶设施,应设置能保证消防车辆顺利接近火灾场地的消防车道。

【对"库区道路"5.2.5条解读】

汽车罐车装卸设施和灌桶设施,通常已有汽车通行的环行道路及较宽敞的场地,只要将附近消防车道用消防支道与其连通即可达到要求。

【"库区道路"5.2.6~5.2.10条原文】

5.2.6 储罐组周边的消防车道路面标高,宜高于防火堤外侧地面的设计标高0.5m及以上。位于地势较高处的消防车道的路堤高度可适当降低,但不宜小于0.3m。

5.2.7 消防车道与防火堤外堤脚线之间的距离,不应小于3m。

5.2.8 一级石油库的储罐区和装卸区消防车道的宽度不应小于9m,其中路面宽度不应小于7m;覆土立式油罐和其他级别石油库的储罐区、装卸区消防车道的宽度不应小于6m,其中路面宽度不应小于4m;单罐容积大于或等于100000m³的储罐区消防车道的宽度应按现行国家标准《石油储备库设计规范》GB 50737的有关规定执行。

5.2.9 消防车道的净空高度不应小于5.0m,转弯半径不宜小于12m。

5.2.10 尽头式消防车道应设置回车场。两个路口间的消防车道长度大于300m时,应在该消防车道的中段设置回车场。

【对"库区道路"5.2.6~5.2.10条解读】

(1) 5.2.6~5.2.10条是有关消防道路设计要求的参数及解读,归纳为表5.4。

表5.4 消防道路设计要求的参数及解读

条号	项目		消防车道要求参数	解读
5.2.6	1 储罐组周边的消防车道路面标高		宜高于防火堤外侧地面的设计标高0.5m及以上。位于地势较高处的消防车道的路堤高度可适当降低,但不宜小于0.3m	消防车道路面高于防火堤外侧地面,一者防止防火堤内储罐发生事故后外溢油漫过车道面;二者车道与防火堤外间的低凹部可存部分外溢油
5.2.7	2 消防车道与防火堤外堤脚线之间的距离		不应小于3m	为防止消防车碰上防火堤
5.2.8	3 消防车道的宽度	(1)一级石油库的储罐区和装卸区消防车道的宽度	不应小于9m,其中路面宽度不应小于7m	不同级别库的规模不同,则火灾大小、损失不同,扑救动用消防车数不同,因此消防车道宽度应不同
		(2)覆土立式油罐和其他级别石油库的储罐区、装卸区消防车道的宽度	不应小于6m,其中路面宽度不应小于4m	
		(3)单罐容积大于或等于100000m³的储罐区消防车道	应按现行国家标准《石油储备库设计规范》GB 50737的有关规定执行	
5.2.9	4 消防车道的净空高度		不应小于5.0m	这样在5m以下的净空,消防车可畅通无阻
	5 消防车道的转弯半径		不宜小于12m	转弯半径大,消防车转弯灵活,车速可快一点
5.2.10	6 设置回车场	(1)尽头式消防车道	应设置回车场	回车场供车辆调头,通常设18m×18m的面积
		(2)两个路口间的消防车道长度大于300m时	应在该消防车道的中段设置回车场	两路口间长度大于300m时设回车场,可保证消防车在遇到流淌火时能迅速调头撤离

(2) 为形象、直观,将表5.4的有关参数用图表示,见图5.7。

5 对"库区布置"的解读及应用

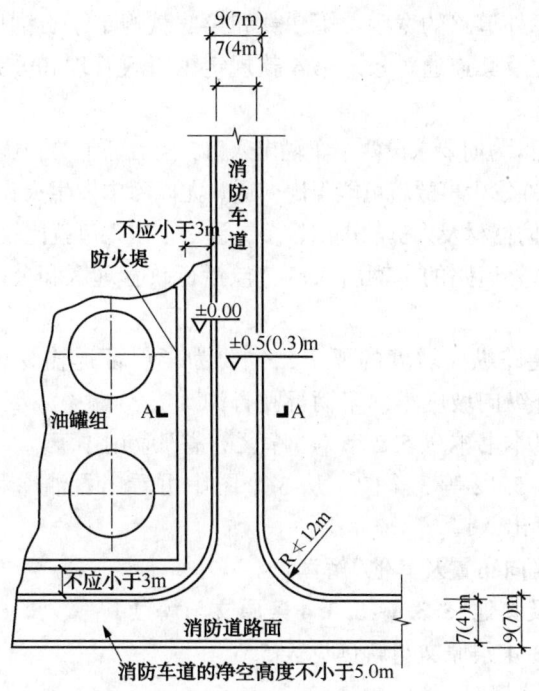

图 5.7 储罐区消防车道标高及路宽图

【"库区道路"5.2.11 条和 5.2.12 条原文】

5.2.11 石油库通向公路的库外道路和车辆出入口的设计应符合下列规定：

1 石油库应设与公路连接的库外道路，其路面宽度不应小于相应级别石油库储罐区的消防车道。

2 石油库通向库外道路的车辆出入口不应少于 2 处，且宜位于不同的方位。受地域、地形等条件限制时，覆土油罐区和四、五级石油库可只设 1 处车辆出入口。

3 储罐区的车辆出入口不应少于 2 处，且应位于不同的方位。受地域、地形等条件限制时，覆土油罐区和四、五级石油库的储罐区可只设 1 处车辆出入口。储罐区的车辆出入口宜直接通向库外道路，也可通向行政管理区或公路装卸区。

4 行政管理区、公路装卸区应设直接通往库外道路的车辆出入口。

5.2.12 运输易燃、可燃液体等危险品的道路，其纵坡不应大于 6%。其他道路纵坡设计应符合现行国家标准《厂矿道路设计规范》GBJ 22 的有关规定。

【对"库区道路"5.2.11 条和 5.2.12 条解读】

5.2.11 条是对石油库设库外道路及车辆出入口的规定。第 1 款规定库外道路应与公路连通及库外道路的宽度。第2款和第3款规定了石油库及储罐区车辆出入口的个数、方位及其连通对象。第4款规定了行政管理和公路装卸区的车辆出入口及其连通对象。

石油库及储罐区为何要求设两个车辆出入口，且在不同方位呢？因为石油库的出入口如只有一个，在发生事故就可能阻碍交通。尤以库内发生火灾时，外界支援的消防车、救护车、消防器材及人员的进出较多，设2个出入口就比较方便。

石油库通向库外道路的车辆出入口，包括行政管理区和公路装卸区直接对外的车辆出入口。

5.2.12是对道路纵向坡度的要求，主要为了保证运输易燃、可燃液体等危险品的安全。另外纵向坡度小，车辆行驶省油。

本规定可参见本书本章5.2节对"库区布置"应用中五、"总平面布置举例"的图5.10、5.11、5.12等3个图。从3个图中可看出石油库和储罐区均设有不同方位的两个车辆出入口。

5.1.3 对"竖向布置及其他"解读

【"竖向布置及其他"5.3.1~5.3.4条原文与解读】

5.3.1条~5.3.4条原文与解读见表5.5。

表5.5 "竖向布置及其他"的条款内容及解读

条号	主题	条款原文	条款解读
5.3.1	石油库场地确定设计标高的规定	1 库区场地应避免洪水、潮水及内涝水的淹没 2 对于受洪水、潮水及内涝水威胁的场地，当靠近江河、湖泊等地段时，库区场地的最低设计标高，应比设计频率计算水位高0.5m及以上；当在海岛、沿海地段或潮汐作用明显的河口段时，库区场地的最低设计标高，应比设计频率计算水位高1.5m及以上。当有波浪侵袭或壅水现象时，尚应加上最大波浪或壅水高度 3 当有可靠的防洪排涝措施，且技术经济合理时，库区场地也可低于计算水位	本条是确定设计标高的规定，重点提出在受到洪水、潮水及内涝水威胁的场地，提出了最低设计标高的要求。据"新规范"条文说明，本条规定了沿海等地段石油库库区场地最低设计标准。但我国沿海各港因潮型和潮差特点不同，南北方港口遭受台风壅水程度差异较大，南方港口特别是汕头、珠江、湛江和海南岛地区直接遭受台风，壅水增高显著，壅水高度在设计水位以上1.5~2.0m，而北方沿海港口受台风风力影响较弱，壅水高度较弱。一般壅水高度在设计水位以上1.0m左右，不超过1.3m。因此，库区场地的最低设计标高要结合当地情况，综合考虑防洪、防潮、防浪及防内涝等因素来确定。 可靠的防洪排涝措施，指设置了满足防洪标准设防要求的防洪堤、防浪堤、截(排)洪沟、强排设施等

5 对"库区布置"的解读及应用

续表

条号	主题	条款原文	条款解读
5.3.2	石油库重要建筑场所的位置选择	行政管理区、消防泵房、专用消防站、总变电所宜位于地势相对较高的场地处,或有防止事故状况下流淌火流向该场地的措施	行政管理区是人员较集中的办公指挥中心,消防泵房、专用消防站是消防灭火保证油库安全的场所,总变电所是生产和生活的核心场所,它们都是石油库的重要建筑场所,位于地势相对较高的场地上有利于避免流淌火的威胁,确保其安全
5.3.3	石油库的围墙设置要求	1 石油库四周应设高度不低于2.5m的实体围墙。企业附属石油库与本企业毗邻一侧的围墙高度可不低于1.8m	石油库应尽可能与火种隔绝,禁止无关人员进入库内,建造一定高度的实体围墙有利于防火和安全管理,也易做好保卫工作。石油库的围墙应比一般围墙高,故规定不应低于2.5m。企业附属石油库与本企业毗邻一侧的围墙属对内的围墙,高度要求低一点,可不低于1.8m
		2 山区或丘陵地带的石油库,四周均设实体围墙有困难时,可只在漏油可能流经的低洼处设实体围墙,在地势较高处可设置镀锌铁丝网等非实体围墙	建在山区或丘陵地带的石油库面积较大,地形复杂,四周都要求建实体围墙的难度较大,且无必要,故允许"可只在漏油可能流经的低洼处设置实体围墙,在地势较高处可设置镀锌铁丝网等非实体围墙"。但对于装卸区、行政管理区等有条件的部位最好还是设置实体围墙,以尽可能地有利于安全与管理。建实体围墙确有困难时,可以设镀锌铁丝围墙。但地形较低的漏油可能流经的低洼处应设实体围墙,阻挡漏油外流装卸区和行政管理区一般均设在平坦地区,有条件时最好设实体围墙
		3 石油库临海、邻水侧的围墙,其1m高度以上可为铁栅栏围墙	石油库临海、邻水侧通常人员车辆流动较少,故围墙对其1m高度以上可为铁栅栏围墙,这样可节省造价,并使视野开阔。1m高度以下仍应为实体围墙,阻挡油流外淌,外水入库
		4 行政管理区与储罐区、易燃和可燃液体装卸区之间应设围墙。当采用非实体围墙时,围墙下部0.5m高度以下范围内应为实体墙	行政管理区通常外来人员较多,为了防止和减少外来人员进入或通过储罐区和装卸区,以利其安全。行政管理区与储罐区、易燃和可燃液体装卸区之间应设围墙分隔,这也是油库总平面布置通常的做法。因为它属油库内部围墙,所以可采用非实体围墙。新规范赋予围墙一项新功能,即阻截泄漏的油品流向库外,故要求在围墙下部0.5m高度以下范围内应为实体墙
		5 围墙不得采用燃烧材料建造。围墙实体部分的下部不应留有孔洞(集中排水口除外)	油库是易引发火灾的危险单位,围墙是油库与相邻单位隔开的重要屏障,所以围墙也不得采用燃烧材料建造。要求"围墙下部不应留有孔洞"是阻止漏油流出库区的最后一道防线

续表

条号	主题	条款原文	条款解读
5.3.4	石油库的绿化	1 防火堤内不应植树 2 消防车道与防火堤之间不宜种树 3 绿化不应妨碍消防作业	创造良好的工作、生活条件，保护环境，以人为本，现已提到重要的议事日程。石油库内进行绿化，可以美化和改善库内环境，故绿化也成石油库建设的一项要求。 但绿化不得影响安全，本条共3款都是对安全的要求。防火堤内若栽树，万一着火对储罐威胁较大，也不利于消防，故规定不应栽树。消防车道与防火堤之间种树妨碍消防作业，故不宜种树。另外油性大的树种易燃烧，与易燃和可燃液体设备需保持一定距离

5.2 对"库区布置"的应用

5.2.1 "库区布置"还应遵循或参考的相关标准、规范

石油库的库区布置主要考虑的三大问题：一是石油库分区及区内应有的建(构)筑物；二是各建(构)筑物之间的防火距离；三是库区内道路(特别是消防道路)、管路、线路等的布设。这三大问题除应执行"新规范"第5章"库区布置"规定外，还应遵循或参考以下相关标准、规范：

(1)《石油储备库设计规范》GB 50737；
(2)《石油化工厂区竖向布置设计规范》；
(3)《建筑设计防火规范》GB 50016；
(4)《厂矿道路设计规范》GBJ 22；
(5)《总图制图标准》GBJ 103；
(6)《石油化工厂区绿化设计规范》；
(7) 各行业石油库还应遵照本行业石油库库区布置的具体要求；
(8) 本石油库设计任务书中有关要求。

5.2.2 总平面布置的原则

总平面布置，应在进行实地勘察，深入调查，充分了解和熟悉现场实际的基础上，根据设计任务书确定的规模、性质和任务进行设计。总平面布置应遵循下列各项原则：

(1) 保证石油库与周围单位的安全距离不小于表4.0.10的规定，避免相互影响。特别是储油区和石油库有爆炸危险的场所，须避开有明火的邻居或重要公共企事业单位。

(2) 分区应明显，划区要合理，避免非生产人员和车辆往返穿行储存和作业区域。石油库分区及各区建(构)筑物见表 5.1.1 规定。

(3) 严格控制油库内各区建(构)筑物的防火安全距离，使其不小于表 5.1.3 的规定，以提高油库安全度。

(4) 油库内的建(构)筑物，在符合生产使用和安全防火的要求下，宜合并建造。

(5) 充分利用地形，造成便于自流收发作业的条件，提高油料供应保障可靠程度，减少经营费用。

(6) 合理利用地形、地貌，尽量利用自然环境，做好库区隐蔽伪装。

(7) 充分利用土地面积和地质条件，尽量不占农田、良地和果园，并使油罐等重型构筑物建在地质良好的场地。

(8) 铁路装卸和汽车灌装区尽可能靠近交通线，使铁路专用线和公路支线尽量减短。

(9) 有密切联系的建(构)筑物(如洗修桶间、堆桶场、灌桶间、桶装库等)，应按生产顺序合理布置流向，避免往返交叉。并在满足防火安全距离的前提下，尽量靠近，缩短运距。

(10) 变配电间及锅炉房等辅助设施，要尽量靠近主要用电、用汽单位，以使节省建设投资和经营费用。

(11) 行政管理和业务用房一般应在出入门口附近，并宜与生产作业区用栏杆墙隔开。

(12) 生活区一般宜布置在库外附近。

(13) 考虑到石油库今后的发展，应适当留有扩建余地。

(14) 库内绿化既考虑美化环境，又不影响安全。除行政管理区外不应栽植油性大的树种。防火堤内严禁植树，但在气温适宜地区可敷设高度不超过 0.15m 的四季常绿草皮。在消防道路与防火堤之间，不宜种树。库内绿化，不应妨碍消防操作。

(15) 石油库应设高度不低于 2.5m 的非燃烧材料的实体围墙。山区或丘陵地带的石油库，四周均设实体围墙有困难时，可只在漏油可能流经的低洼处设实体围墙，在地势较高处可设置镀锌铁丝网等非实体围墙。企业附属石油库与企业毗邻一侧的围墙高度不宜低于 1.8m。

石油库临海、临水侧的围墙，其 1m 高度以上可为铁栅栏围墙，以下设实体围墙。

行政管理区与储罐区、易燃和可燃液体装卸区之间应设围墙。当采用非实体围墙时，围墙下部 0.5m 高度以下范围内应为实体墙。

5.2.3 油库主要建(构)筑物平面布置要点

5.2.3.1 铁路装卸区布置要点

（1）装卸区的方位须与铁路专用线进库方向一致，并尽量布置在库区边缘地带，应避免与库内道路交叉。

（2）装卸区布置应兼顾到油泵房、器材库、桶装库等相关建筑布置的可行性。

（3）装卸区与周围建(构)筑物的安全防火距离应满足表5.1.3的要求。

5.2.3.2 水运装卸区布置要点

（1）内河油码头应建在其他相邻码头或建(构)筑物的下游，如确有困难时，在设有可靠的安全设施条件下，亦可建在上游。

（2）海港(含河口港)装卸油码头，不宜与其他码头建在同一港区水域内。

（3）油码头与其他码头或建(构)筑物的安全距离不小于表8.3.3至表8.3.6的规定。

5.2.3.3 公路装卸区布置要点

（1）装卸区应布置在石油库面向公路的一侧，石油库出入口附近，并尽量靠近公路干线。

（2）人员和车辆来往较多的区域，宜设栏杆墙与其他各区隔开，并应设单独的出入口。

（3）装卸区的场地要根据来车的车型大小和来车量，规划行车路线、倒车和回车面积，出入口外应设停车场。

（4）有拖拉机提运油的石油库，必须设专门的拖拉机灌装场。

5.2.3.4 储油区布置要点

储油区是石油库的核心部位，是石油库平面布置的重点。

（1）须满足设计任务书要求的防护能力。如要求建洞库，应选择高度和宽度能布足够容量的山体；如要求建覆土地下罐，则应选择丘陵或坡地。

（2）须满足与周围建(构)筑物的安全防火距离，见表5.1.3。

（3）应使收发油作业方便、可靠、省动力，既满足泵送能力，又尽量能自流发油，并尽量使输油管路短，管路施工简单。

（4）尽量选择地质条件好的位置。

5.2.3.5 库内道路的布置要点

（1）首先应布置好储油区和装卸区的消防道路，按规定设置环形或尽头式消防路，路面宽度、质量要求、转弯半径、回车场设置等都应符合规范要求。

（2）库区其他道路及人行便道，应按实际情况，并考虑库区美观布置。能与消防道路结合的尽量结合。

（3）油库通向库外道路的车辆出入口不应少于两个，且宜位于不同的方位。受地域、地形等条件限制时，覆土油罐区和四、五级石油库可只设一处车辆出入口。

5.2.3.6 油库内各种管道、线路的布置要点

（1）库内各种管道、线路的布置应综合考虑，由总图设计协调平衡，划定走向与范围，统一布置。

（2）管道、线路尽量平行布置，减少交叉。

（3）管道、线路尽量避免穿跨越建(构)筑物。

（4）管道、线路之间的垂直和平行净距应符合有关规范和规定的要求。

（5）管道、线路布置尽量缩短长度，节省投资。

5.2.4 总立面布置的要点

5.2.4.1 总立面布置的目的

其一合理确定各建(构)筑物和管线的标高，保证石油库有良好的作业条件；

其二合理利用地形地貌，平衡土石方挖、填量，减少工程投资；

其三全面规划库内地势，便于排泄地面水，保证管线及道路坡度均匀，美化库内环境。

5.2.4.2 总立面布置的原则

（1）为了使各建筑物内保持干燥，各建筑物室内的地坪最好高出最高地下水位 $0.3 \sim 0.5 m$；

（2）为了延缓管线的腐蚀和减少散热量，各种埋地管线宜敷设在最高地下水位以上，管顶距地面不应小于 $0.5 \sim 0.8 m$，水管应敷设在冰冻线以下。

（3）铁路作业线专为用来卸油的，最好布置在石油库最高处，专为装油的则最好布置在石油库最低处，以便实现自流作业。

（4）库内铁路作业线应为平坡段，其轨面标高应与库外专用线的技术条件相适应。

（5）公路装卸区的场地标高，应与库外公路专用线的技术条件相适应，并最好低于储油区标高，以便实现自流灌装。

（6）对于铁路或公路运输相联系的建(构)筑物，应根据交通工具及运送的物品来决定其标高。如桶装站台的地坪标高应比轨顶高出 $1.1 m$；桶装库、桶装站台等在竖向布置上，还要照顾到重桶走向，防止出现重桶上坡现象。

（7）地面储油区一般应布置在较高的地方，油罐基础顶面应高出设计地面 $0.5 m$ 以上。

（8）山洞库和覆土隐蔽库的罐区标高，宜高于铁路、水路和公路装卸区，以利实现自流作业和输油管的放空。

（9）要充分利用地形、地势，减少和平衡挖、填方工程量，一般挖方应稍多于填方，力求就近平衡。沿山坡布置建（构）筑物时，要顺着等高线布置。

（10）立面布置需要大开挖、大削坡时，需详细核对地形、地貌和地质资料，注意防止滑坡、塌方等情况发生，尽可能减少挡土墙、护坡等附属工程量。

（11）立面布置应保证场地雨水迅速排除，场地平整应有3‰~5‰的坡度。

（12）运输及消防道路纵高坡度不应大于6%。

5.2.4.3 总立面布置的步骤

石油库内各设备、设施是有机的整体，标高是相互影响、相互制约的，总立面布置的步骤如下：

（1）参照与铁路干线接轨处轨顶的标高、专用线长度和坡度，确定铁路装卸作业线轨顶标高。

（2）确定储油区油罐罐底的标高。

（3）确定作业区泵房的标高。

（4）确定与管线相联系的其他建（构）筑物的标高。

（5）确定与管线无联系的其他建（构）筑物的标高。

确定标高后，须在总平面布置图上每个建（构）筑物标出地坪设计标高，洞口地坪中心线标高，铁路、公路中心线变坡点标高、坡度，排水构筑物的坡度等。

5.2.4.4 总平面布置举例

总平面图布置从方案设计、初步设计到施工图设计，由粗到细、由浅入深，逐渐完善，如下举例，并加以点评。

（1）油库方案设计总图举例。

油库方案设计总图举例，见图5.8。

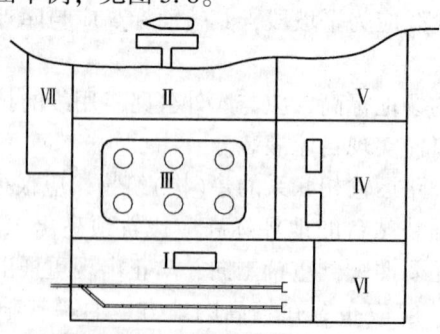

图5.8 油库方案设计总图

Ⅰ—铁路装卸区；Ⅱ—公路装卸区；Ⅲ—储罐区；Ⅳ—行政管理区；
Ⅴ—辅助作业区；Ⅵ—水运装卸区；Ⅶ—油污水处理区

5 对"库区布置"的解读及应用

对图 5-8 的点评：

① 本图特点是分区清楚、合理，可为理想化的分区。

② 1区、2区分别为铁路、公路装卸区，两区同属装卸区相邻，不干扰别的区。公路装卸区在库区边缘，便于车辆出入，不穿越其他区。铁路装卸区靠近储罐区便于收发油料。

③ 水运装卸区临江并靠近储罐区便于收发油料。

④ 行政管理区在库区边缘，便于出入，外来人员办公方便，而且不进库区，有利安全。

⑤ 辅助作业区位于边角，不影响其他区。

（2）施工图设计总图举例。

油库施工图设计总图举例，见图 5.9。

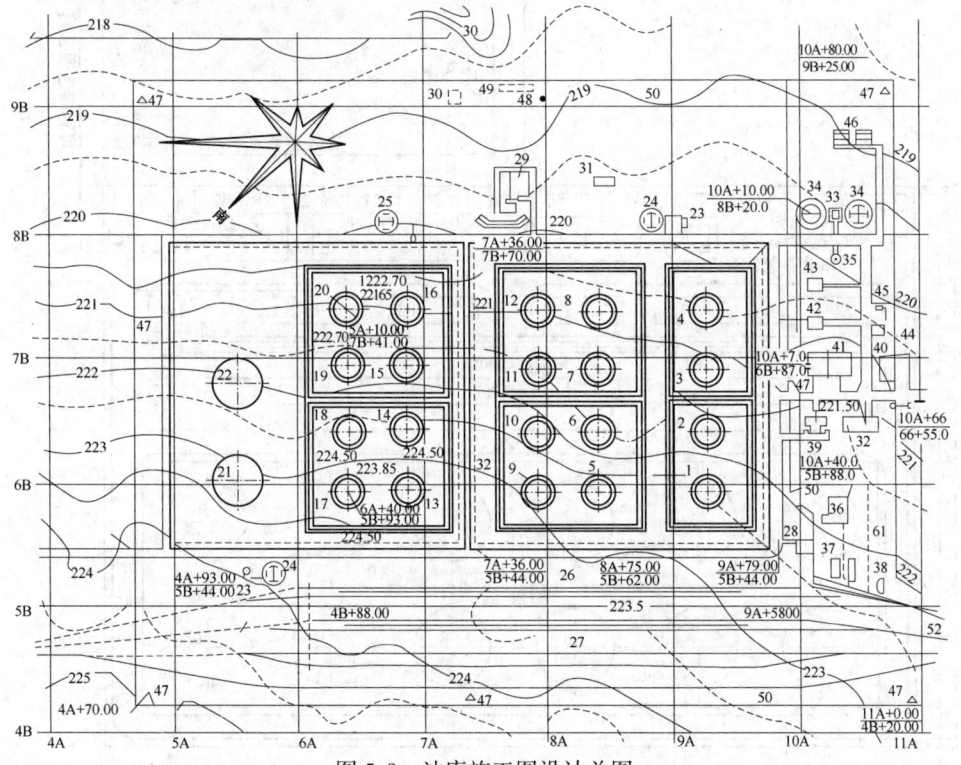

图 5.9 油库施工图设计总图

1~4—柴油罐；5~12—煤油罐；13~20—汽油罐；21，22—集气罐；23，24—泡沫站；25，34—储水池；26，27—铁路装卸栈桥；28—工人休息室；29—油泵站；30—从输油干线接收油的阀井；31—变电所；32—机修厂和汽车库；33—水泵房；35—水塔；36—锅炉房；37—煤场；38—灰场；39—浴室；40—办公室；40a—传达室；41—消防车库；42—警卫宿舍；43—电话室；44—化验室；45—油样库；46—警犬棚；47—警卫室；48—滤砂池；49—隔油池；50—围墙；51—运渣轨道；52—铁路对图 5.9 的点评：

① 本图设计不尽合理，如将铁路专用线与油泵站分隔在储罐区的两侧，操作不便。

② 本图是施工设计阶段，图示内容表示齐全、准确的典型。将石油库全部建构筑物表示在带有方格网、等高线的地形图上，而且对建构筑物的坐标、标高、外形大小等都有表示。

（3）按"新规范"要求布置石油库总平面设计图举例。

按"新规范"要求设计总图举例，见图 5.10、图 5.11 和图 5.12。

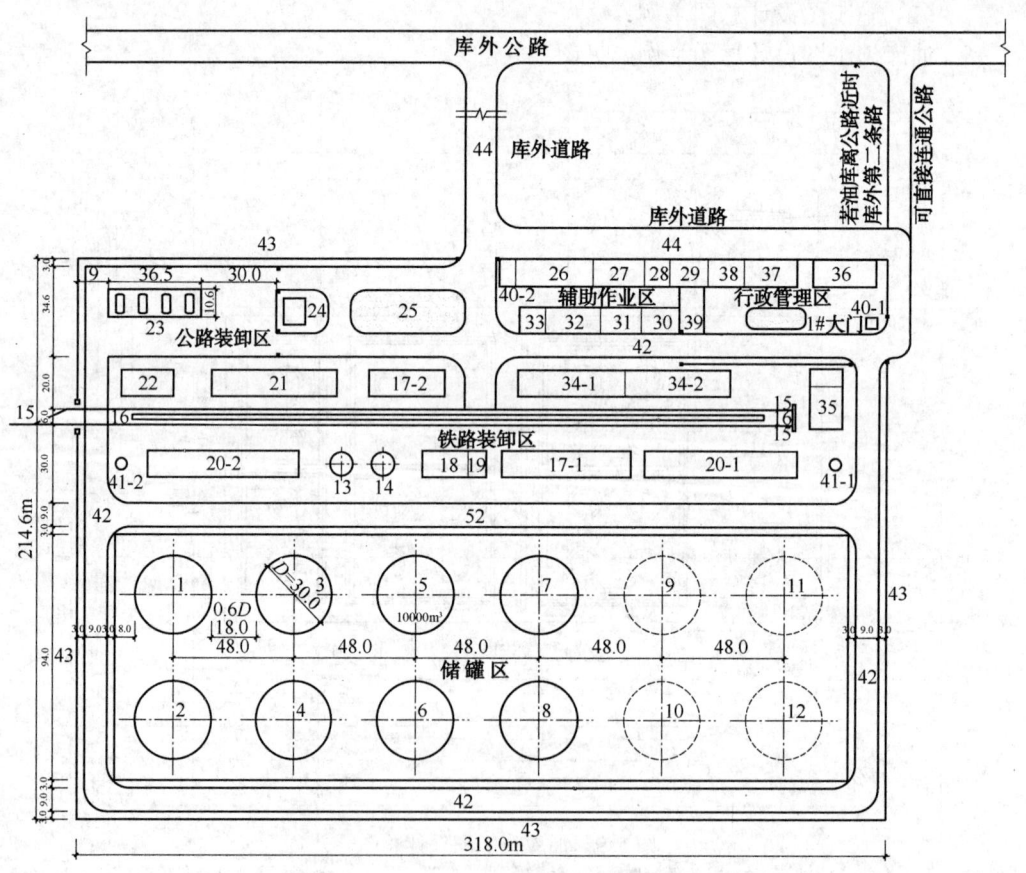

图 5.10　按"新规范"要求设计总图（一）（单位：m）

图 5.10 按"新规范"要求设计总图（一）的说明：

5 对"库区布置"的解读及应用

① 本图是在保证防火安全距离的前提下理想化的平面布置,主库储罐总容量 $12\times10^4m^3$,占地面积 $69860m^2$。此用地与中国石油的油库用地指标参考数(在平原地区建 $12\times10^4m^3$ 的铁路公路型油库占地指标为 7ha)相近,$12\times10^4m^3$ 油库各区占地面积及其百分数见表 5.6。$12\times10^4m^3$ 油库建构筑物明细见表 5.7。

② 图示尺寸单位为 m;

③ 本图仅为理解"新规范"第 5 章"库区布置"的第 5.1 节"总平面布置"和 5.2 节"库区道路"而绘,图示内容并未达到油库总图设计要求。

④ 所选油罐尺寸:$1\times10^4m^3$ 罐直径为 30m,罐壁高 15m;$5000m^3$ 罐直径为 21m,罐壁高 15m。

对图 5.10 的点评:

① 本图无水运装卸区,其平面布置符合"新规范"分区布置的原则,分区比较合理。将储油区布置在远离大门,比较安全;将公路装卸区、辅助作业区、行政管理区布置在靠近大门,接近库外公路,交通方便,便于对外办公联系;将铁路装卸区布置在中间,便于几个区公用,将铁路作业线设在铁路装卸区建(构)筑物的中间,便于装卸,缩短了运距。

② 石油库分区,库区消防道路的布置,石油库的储罐区、公路装卸区出入口的设置及与库外公路连接等均符合"新规范"的要求。

③ 图示内容不全,仅为示意满足"新规范"上述几点要求,不能作为标准总平面图,仅供领会"新规范"上述几点要求时参考。

表 5.6　$12\times10^4m^3$ 油库占地面积分析表

区　域	占地面积			占比例(%)
	m^2	折公顷数	折亩数	
总占地面积	69860	6.99	104.9	100
储罐区	37210	3.72	55.8	53.2
铁路装卸区	16750	1.68	25.2	24.0
公路装卸区	4500	0.45	6.8	6.5
辅助作业区	6800	0.68	10.2	9.7
行政管理区	4600	0.46	6.9	6.6

表 5.7 $12×10^4 m^3$ 油库建构筑物明细表

区域	序号	建（构）筑物名称	数量	单位	备注
储罐区	1~8	10000×8 储油罐	80000	m^3	新建内浮顶罐
	9~12	10000×4 储油罐	40000	m^3	预留待建罐
	13、14	1000×2 零位罐	2000	m^3	地下覆土立式罐
铁路装卸区	15	铁路作业线	295×2	m	双股道
	16	装卸油栈桥	238	m	20×2 车位
	17-1	1# 站台	10×50		
	17-2	2# 站台	8×30	m	
	18	收发油泵站	180	m^2	9×20
	19	配电网	36	m^2	9×4
	20-1	桶装油库房（一）	600	m^2	10×60
	20-2	桶装油库房（二）	600	m^2	10×60
	21	装备器材库房	450	m^2	9×50
	22	油气回收处理站	140	m^2	7×20
公路装卸区	23	8 车道发油亭	386.9	m^2	
	24	值班控制室	18	m^2	
	25	停车场	520	m^2	13×40
辅助作业区	26	洗修桶间	300	m^2	
	27	机修间	200	m^2	
	28	锅炉房	100	m^2	
	29	柴油发电站	150	m^2	
	30	交配电间	150	m^2	
	31	汽车库	160	m^2	
	32	消防车库、消防值班室、宿舍	140×2	m^2	共 2 层，1 层消防车
	33	消防泵房	100		
	34-1	消防水池（一）	800	m^3	10×50×1.6
	34-2	消防水池（二）	700	m^3	10×50×1.4
	35	污水处理站	100	m^2	

5 对"库区布置"的解读及应用

续表

	序号	建(构)筑物名称	数量	单位	备注
行政管理区	36	办公楼	800	m²	共3层
	37	宿舍楼	450	m²	15m²/人 共3层
	38	化验室	200	m²	共3层
	39	食堂、浴室	180	m²	3m²/人
	40-1	门卫传送室(一)	30	m²	
	40-2	门卫传送室(一)	10	m²	
	41-1	观察岗哨(一)	6	m²	
	41-2	观察岗哨(二)	6	m²	
	42	库内消防道路	1200	m	
	43	油库围墙	1065	m	
	44	库外道路			

图 5.11 按"新规范"要求设计总图(二)说明：

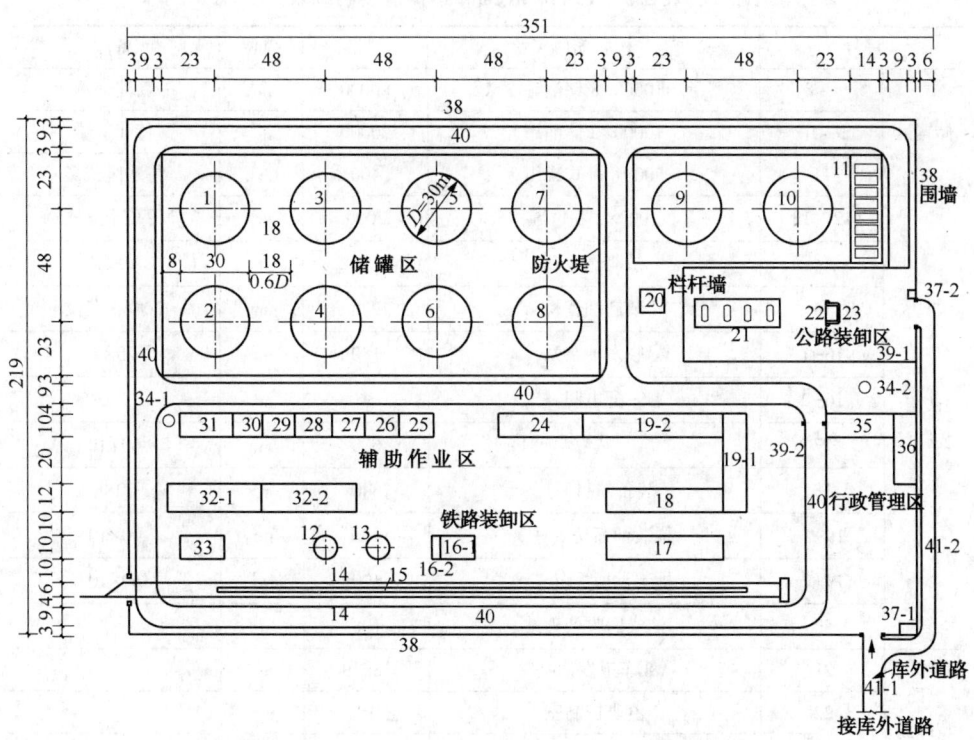

图 5.11 按"新规范"要求设计总图(二)(单位：m)

①本图是在保证防火安全距离的前提下理想化的平面布置，主库储罐总容量 $10×10^4m^3$，占地面积 $75000m^2$。此用地与中国石油的油库用地指标参考数（在平原地区建 $10×10^4m^3$ 的铁路公路型油库占地指标为7ha）稍大一点，$10×10^4m^3$ 油库各区占地面积及其百分数见表5.8。$10×10^4m^3$ 油库建构筑物明细表见表5.9。

表5.8 $10×10^4m^3$ 油库占地面积分析表

区域	占地面积			占比例（%）
	m^2	折公顷数	折亩数	
主库区总占地面积	75000	7.50	112.5	100
储罐区	38600	3.86	57.9	51.5
铁路装卸区	19200	1.92	28.8	25.6
公路装卸区	4100	0.41	6.15	5.5
辅助作业区	8100	0.81	12.2	10.8
行政管理区	5000	0.50	7.5	6.6

表5.9 $10×10^4m^3$ 油库建构筑物明细表

	序号	建（构）筑物名称	数量	单位	备注
储罐区	1~8	10000×8 储油罐	80000	m^3	新建储罐
	9~10	10000×2 储油罐	20000	m^3	待建储罐
	11	500×8 卧式罐组	400	m^3	待建卧式罐
	12、13	1000×2 零位罐	2000	m^3	地下覆土立式罐
铁路装卸区	14	铁路作业线	295×2	m	双股道
	15	装卸油栈桥	238	m	200×2 车位
	16-1	收发油泵站	180	m^2	20×9
	16-2	配电间	36	m^2	4×9
	17	站台	600	m^2	60×10
	18	装备器材库房	540	m^2	60×9
	19-1	桶装油库房（一）	400	m^2	40×10
	19-2	桶装油库房（二）	600	m^2	60×10
	20	油气回收处理站	108	m^2	
公路装卸区	21	8车道发油亭	386.9	m^2	
	22	值班控制室	18	m^2	
	23	停车场	504	m^2	28×18

续表

序号		建（构）筑物名称	数量	单位	备注
辅助作业区	24	洗修桶间	300	m²	
	25	锅炉房	100	m²	
	26	交配电间	150	m²	
	27	柴油发电机间	150	m²	
	28	机修间	200	m²	
	29	消防泵房	100	m²	
	30	消防值班室、宿舍	120	m²	
	31	汽车库、消防车库	300	m²	
	32-1	消防水池（一）	900m³	m³	50×12×1.5
	32-2	消防水池（二）	1200m³	m³	50×12×2
	33	污水处理站	150	m²	
	34-1	观察岗哨（一）	6	m²	
	34-2	观察岗哨（二）	6	m²	
行政管理区	35	办公楼（含化验室200m）	900	m²	3层楼
	36	宿舍、食堂、浴室楼	800	m²	3层楼
	37-1	门卫值班室（一）	15	m²	
	37-2	门卫值班室（二）	10	m²	
其他	38	围墙	1140	m	
	39-1	公路装卸区栏杆墙	240	m	
	39-2	行政管理区栏杆墙	100	m	
	40	库内消防道	1380	m	
	41-1	接公路的库外道路		m	路宽9m(与消防道同宽)
	41-2	库外道路	170	m	路宽6m

②图示尺寸单位为 m；

③本图仅为理解"新规范"第 5 章"库区布置"的 5.1 节"总平面布置"和 5.2 节"库区道路"而绘，图示内容并未达到油库总图设计要求。

④所选油罐尺寸：$1×10^4 m^3$ 罐直径为 30m，罐壁高 15m；$5000m^3$ 罐直径为 21m，罐壁高 15m。

对图 5.11 的点评：

①本图点评基本同于图 5.10。

②将新建罐组与待建罐组分为两个储罐区，便于分期施工时安全管理。

③将铁路作业线设在铁路装卸区的一侧，优点是作业中相互干扰少，较安全；但装卸不便，运距远，与图 5.10 比较，此方案欠佳。

图 5.12 按"新规范"要求设计总图（三）说明：

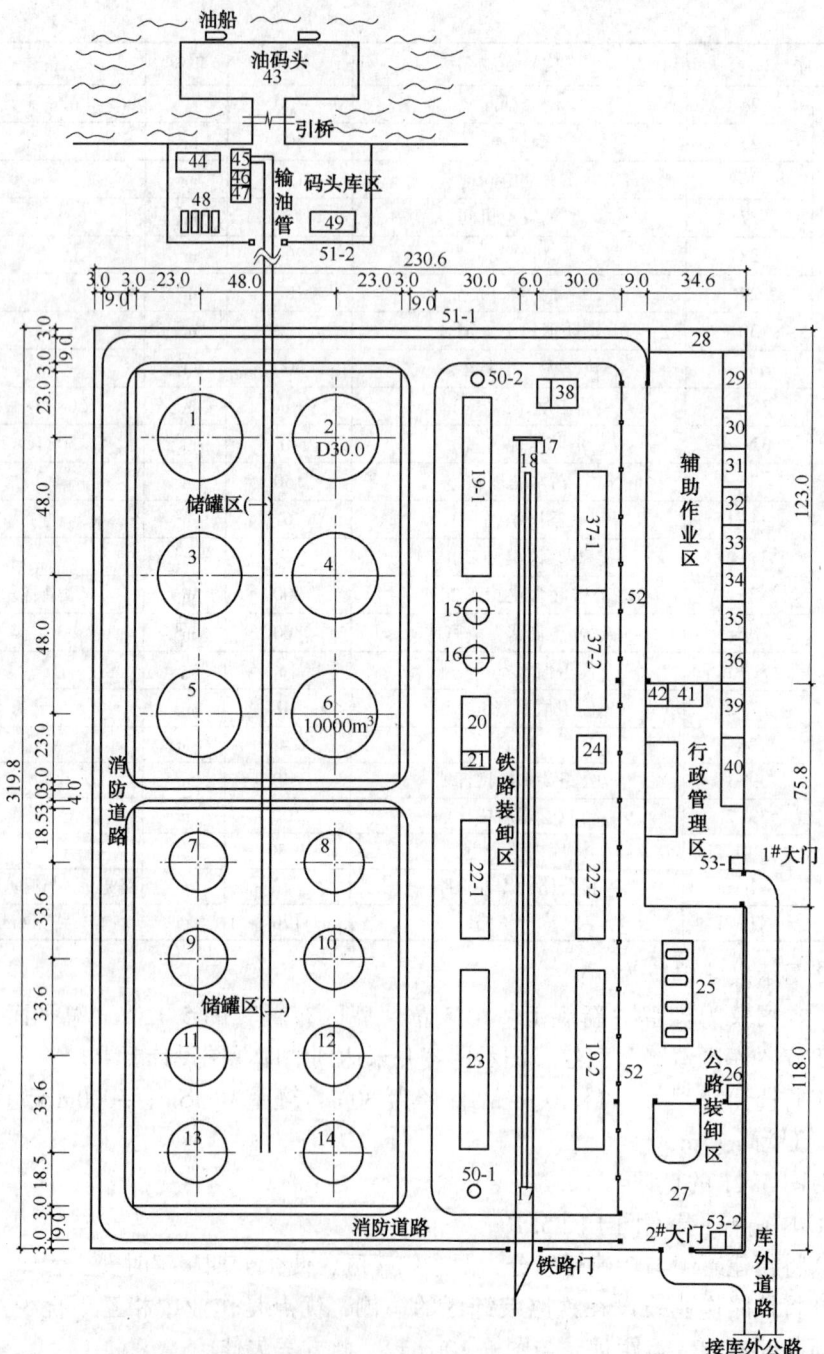

图 5.12 按"新规范"要求设计总图（三）（单位：m）

5 对"库区布置"的解读及应用

①本图是在保证防火安全距离的前提下理想化的平面布置，主库储罐总容量 $10×10^4m^3$，占地面积 $74420m^2$。此用地与中国石油的油库用地指标参考数（在平原地区建 $10×10^4m^3$ 的铁路公路型油库占地指标为7ha）略大一点，$10×10^4m^3$ 油库各区占地面积及其百分数见表5.10。$10×10^4m^3$ 油库建构筑物明细表见表5.11。

表 5.10 $10×10^4m^3$ 油库占地面积分析表

区 域	占地面积			占比例（%）
	m^2	折公顷数	折亩数	
主库区总占地面积	74420	7.442	111.6	100
储罐区	38236	3.8236	57.4	51.4
铁路装卸区	19784	1.9784	29.6	26.6
公路装卸区	5145	0.5145	7.7	6.9
辅助作业区	7950	0.795	11.9	10.7
行政管理区	3305	0.3305	5	4.4

表 5.11 $10×10^4m^3$ 油库建构筑物明细表

	序号	建（构）筑物名称	数量	单位	备注
储罐区	1~6	10000×6 储油罐	60000	m^3	
	7~14	5000×8 储油罐	40000	m^3	
	15、16	1000×2 零位罐	2000	m^3	地下覆土立式罐
铁路装卸区	17	铁路作业线	295×2	m	平直线，双股道
	18	装卸油栈桥	238	m	20×2 车位
	19-1	1# 站台	10×60	m	
	19-2	2# 站台	10×60	m	
	20	收发油泵站	180	m^2	
	21	配电间	30	m^2	
	22-1	桶装油库房（一）	500	m^2	
	22-2	桶装油库房（二）	500	m^2	
	23	装备器材库房	500	m^2	
	24	油气回收处理站	140	m^2	
公路装卸区	25	8 车道发油亭	386.9	m^2	
	26	值班控制室	20	m^2	
	27	停车场			

续表

	序号	建（构）筑物名称	数量	单位	备注
辅助作业区	28	洗修桶间	324	m^2	
	29	机修间	200	m^2	
	30	柴油发电机间	150	m^2	
	31	锅炉房	100	m^2	
	32	汽车库、消防车库	160	m^2	
	33	消防值班室、宿舍	260	m^2	2层楼
	34	消防泵房	100	m^2	
	35	变配电间	150	m^2	
	36	油料化验室	200	m^2	2层楼
	37-1	消防水池（一）	50×15×1.6	m^3	1200m^3
	37-2	消防水池（二）	50×15×1.6	m^3	1200m^3
	38	污水处理站	150	m^2	
行政管理区	39	宿舍楼	600	m^2	3层楼
	40	办公楼	900	m^2	3层楼
	41	食堂	150	m^2	
	42	浴室	40	m^2	
水运装卸区	43	装卸油码头			
	44	库房	140	m^2	
	45	油泵站	40	m^2	
	46	配电间	20	m^2	
	47	油气回收处理间	20	m^2	
	48	退油卧式罐组	50×4	m^3	
	49	办公生活房及消防器材间	180	m^2	
其他	50-1	观察岗哨（一）	6	m^2	
	50-2	观察岗哨（二）	6	m^2	
	51-1	主库围墙	1095	m	
	51-2	码头库区围墙	280	m	
	52	库内分区栏杆墙	~280	m	
	53-1	门卫值班室（一）	15	m^2	
	53-2	门卫值班室（二）	10	m^2	

②图示尺寸单位为 m；

③本图仅为理解"新规范"第 5 章"库区布置"的 5.1 总平面布置和 5.2 库区道路而绘，图示内容并未达到油库总图设计要求。

④所选油罐尺寸：$1\times10^4 m^3$ 罐直径为 30m，罐壁高 15m；5000m 罐直径为 21m，罐壁高 15m。

对图 5.12 的点评：

①本图点评基本同于图 5.10，完全具有图 5.10 的分区布置优点。

②将新建罐组与待建罐组分为两个储罐区，便于分期施工时安全管理。

③本图增加了水运装卸区，使规范所述区都齐全，使其具有典型性。

6 对"储罐区"的解读及应用

6.1 对"储罐区"的解读

6.1.1 对"地上储罐"的解读

【"地上储罐"6.1.1~6.1.14条原文与解读】

6.1.1~6.1.14条是对地上储罐选择材料、罐型、结构、罐径、罐组设置的要求，同一罐组内的总容量、储罐个数、排数、罐基础标高等的规定。为便于查看，将这些规定连同解读列于表6.1。

表6.1 "地上储罐"6.1.1~6.1.14条原文与解读

条号	主题	条款原文	条款解读
6.1.1	储罐材质	地上储罐应采用钢制储罐	国内过去曾采用过非金属储罐，或非金属储罐内贴丁腈橡胶等衬里。实践证明，钢制储罐比非金属储罐具有防渗漏性好、防火性能强、油品不易变质等优点，故要求地上储罐采用钢制储罐
6.1.2	储罐压力选择	储存沸点低于45℃或37.8℃的饱和蒸气压大于88kPa的甲B类液体，应采用压力储罐、低压储罐或低温常压储罐，并应符合右列规定： 1 选用压力储罐或低压储罐时，应采取防止空气进入罐内的措施，并应密闭回收处理罐内排出的气体 2 选用低温常压罐时，应采取下列措施之一： (1) 选用内浮顶储罐，设置氮气密封保护系统，并应控制储存温度使液体蒸气压不大于88kPa； (2) 选用固定顶储罐，应设置氮气密封保护系统，并应控制储存温度低于液体闪点5℃及以下	沸点低于45℃或37.8℃的饱和蒸气压大于88kPa的甲B类液体在常温常压下极易挥发，采用内浮顶罐已不能抑制其挥发和控制油气扩散，所以需要采用压力储罐、低压储罐或低温常压储罐来抑制其挥发。据"新规范"条文说明，对第1、第2款具体要求说明如下： (1) 用压力储罐或低压储罐储存甲B类液体，罐内易燃气体浓度较高，要求"防止空气进入罐"是为了消除储罐爆炸危险，常见的措施是向储罐内充氮，保持储罐在一定正压范围内；要求"密闭回收处理罐内排出的气体"是为了避免有害气体污染大气环境。 (2) 对沸点低于45℃或37.8℃的饱和蒸气压大于88kPa的甲B类液体，采取低温存储方式也是一种可以抑制挥发的有效措施。"控制储存温度使液体蒸气压不大于88kPa。"可以避免沸腾性挥发，但仍有较强的挥发性，所以要求"选用内浮顶储罐"来抑制其挥发。"控制储存温度低于液体闪点5℃及以下"，气体挥发量就很少了，基本处于安全区域。要求"设置氮封保护系统"，是为了防止控制措施不到位或失效的安全保护措施

6 对"储罐区"的解读及应用

续表

条号	主题	条款原文	条款解读
6.1.3	储存油品对储罐型式选择的要求	储存沸点不低于 45℃ 或在 37.8℃ 时的饱和蒸气压不大于 88kPa 的甲 B、乙 A 类液体化工品和轻石脑油,应采用外浮顶储罐或内浮顶储罐。有特殊储存需要时,可采用容量小于或等于 10000m³ 的固定顶储罐、低压罐或容量不大于 100m³ 的卧式储罐,但应采取下列措施之一: 1 应设置氮气密封保护系统,并应密闭回收处理罐内排出的气体。 2 应设置氮气密封保护系统,并应控制储存温度低于液体闪点 5℃ 及以下	据"新规范"的条文说明,储存沸点不低于 45℃ 或 37.8℃ 的饱和蒸气压不大于 88kPa 的甲 B、乙 A 类液体可以常温常压下储存,但仍有较强的挥发性,所以规定"应选用外浮顶储罐或内浮顶储罐"来抑制其挥发。采用外浮顶或内浮顶储罐储存甲 B 类和乙 A 易燃液体可以减少易燃液体蒸发损耗 90% 以上,从而减少烃类气体对空气的污染,还减少了空气对物料的氧化,保证物料质量,此外对保证安全也非常有利
6.1.4		储存甲 B、乙 A 类原油和成品油,应采用外浮顶、内浮顶和卧式储罐。 3 号喷气燃料的最高储存温度低于油品闪点 5℃ 及以下时,可采用容量小于或等于 10000m³ 的固定顶储罐。 当采用卧式储罐储存甲 B、乙 A 类油品时,储存甲 B 类油品储罐的单罐容量不应大于 100m³,储存乙 A 类油品卧式储罐的单罐容量不应大于 200m³	甲 B、乙 A 类液体蒸发损耗大,而外浮顶、内浮顶及卧式罐蒸发损耗相对固定顶立式罐小,故为减耗而规定本款。为保证 3 号喷气燃料的质量,机场油库 3 号喷气燃料储罐内需安装浮动发油装置,从油位上部发油。而安装了浮动发油装置的储罐,采用内浮顶罐有诸多不便。根据中国航空油料集团提供的实测数据,全国绝大多数民用机场油库 3 号喷气燃料储罐最高储存温度低于油品闪点 5℃ 以下,罐内气体浓度达不到爆炸下限,基本处于安全状态,在这种情况下,3 号喷气燃料采用固定顶储罐是可行的。 储存甲 B、乙 A 类油品的卧式储罐大多用于加油站,在油库的卧式储罐多数用于储存润滑油,其单罐容量通常均不超过 200m³。再考虑其结构和造价及占地面积,目前国内卧式储罐系列最大通常为 200m³。甲 B 比乙 A 油品危险一点,因此要求单罐容量更小点
6.1.5		储乙 B 和丙类液体,可采用固定顶储罐和卧式储罐	乙 B 和丙类液体危险性较低,可以根据实际需要或选用固定顶储罐和卧式储罐
6.1.6	外浮顶储罐浮顶材料及结构	外浮顶储罐应采用钢制单盘式或钢制双盘式浮顶	钢制单盘式或双盘式浮顶结构强度高、密封效果好、耐火性能强,外浮顶储罐一般都是大型储罐,为安全起见,所以规定本条

续表

条号	主题	条款原文	条款解读
6.1.7	内浮顶储罐的结构选用要求	1 内浮顶储罐应采用金属内浮顶，且不得采用浅盘式或敞口隔舱式内浮顶	浅盘式或敞口隔舱式内浮顶安全性能差，所以限制其使用
		2 储存Ⅰ、Ⅱ级毒性液体的内浮顶储罐和直径大于40m的储存甲B、乙A类液体内浮顶储罐，不得采用易熔材料制作的内浮顶	甲B、乙A类液体火灾危险性较大，所发生的储罐火灾事故绝大多数是甲B、乙A类液体储罐，加强其安全可靠性是必要的；目前广泛采用的组装式铝质内浮顶属于"用易熔材料制作的内浮顶"，其安全性相对钢质内浮顶要差，所以规定本款
		3 直径大于48m的内浮顶储罐，应选用钢制单盘或双盘式内浮顶	根据《泡沫灭火系统设计规范》GB 50151—2010第4.4.1条的规定，采用钢制单盘式或双盘式的内浮顶储罐，泡沫的保护面积应按罐壁与泡沫堰板间的环形面积确定；其他内浮顶储罐应按固定顶储罐对待（即泡沫需要覆盖全部液面）。安装在储罐罐壁上的泡沫发生器发生的泡沫最大流淌长度为25m，为保证泡沫能够有效覆盖保护面积，故规定本款
		4 新结构内浮顶的采用应通过安全性评估	"新结构内浮顶"是指国家或行业标准没有对其进行技术要求的内浮顶，故应通过安全性评估
6.1.9	固定顶储罐直径要求	固定顶储罐的直径不应大于48m	地上立式固定顶储罐直径的选择，应考虑结构安全可靠，技术经济合理，油罐安装地区的地质条件良好，并应经不同高、径比的多方案比较后确定。固定顶直径太大，会使罐顶复杂，加大造价，因此目前国内固定顶储罐的系列，通常最大容量为30000m³，罐直径有选用44m和46m左右，可见此款规定符合目前国内实际
6.1.10	地上储罐成组布置的要求	1 甲B、乙和丙A类液体储罐可布置在同一罐组内；丙B类液体储罐宜独立设置罐组	甲B、乙和丙A类油品的火灾危险性相同或相近，布置在一个储罐组内有利于储罐之间互相调配和统一考虑消防设施，既可节省输油管道和消防管道，也便于管理。而丙B类油品性质与它们相差较大，消防要求不同，所以不宜建在同一个储罐组内
		2 沸溢性液体储罐不应与非沸溢性液体储罐同组布置	沸溢性油品在发生火灾等事故时容易从储罐中溢出，导致火灾流散，影响非沸溢性油品安全，故沸溢性油品储罐不应与非沸溢性油品储罐布置在同一个储罐组内
		3 立式储罐不宜与卧式储罐布置在同一个储罐组内	地上储罐与卧式储罐的罐底标高、管道标高等各不相同，消防要求也不相同，布置在一起对操作、管理、设计和施工等均不方便，故规定本款
		4 储存Ⅰ、Ⅱ级毒性液体的储罐不应与其他易燃和可燃液体储罐布置在同一个罐组内	Ⅰ、Ⅱ级毒性液体比其他易燃和可燃液体对人危害更大，故定此条

6 对"储罐区"的解读及应用

续表

条号	主题	条款原文	条款解读
6.1.11	同一罐组内储罐总容量要求	1 固定顶储罐组及固定顶储罐和外浮顶、内浮顶储罐的混合罐组的容量不应大于120000m^3，其中内浮顶用钢质材料制作的外浮顶储罐、内浮顶储罐的容量可按50%计入混合罐组的总容量 2 浮顶为钢质材料制作的内浮顶储罐组的容量不应大于360000m^3。浮顶用易熔材料制作的内浮顶储罐组的容量不应大于240000m^3 3 外浮顶储罐组的容量不应大于600000m^3	同一罐组内储罐总容量的限制，主要是从安全角度考虑。同一罐组内总容量越大，一旦事故发生，损失就越大。外浮顶储罐基本不会发生全液面火灾，发生过的火灾都是因雷击引起一、二次密封之间油气爆炸起火，火灾规模不大，容易扑救；内浮顶储罐在浮盘与罐顶间虽有气体空间，但浮盘与油面相贴，抑制了油气蒸发，如果浮盘质量优良，密封性能好，在浮盘与罐顶之间不会形成爆炸性气体；固定顶罐存在气体空间，一旦发生爆炸事故，易将罐体撕裂，安全度小。因此同一罐组内油罐总容量固定顶罐应最小，外浮顶罐最大，内浮顶罐居中。内浮顶罐中又按浮顶的材质安全性有所区分，钢质比易熔材料安全一点，故钢质浮顶的内浮顶罐总容量大一点。在老板规范中，同一罐组内储罐最大总容量内浮顶罐与外浮顶罐同是600000m^3，考虑到内浮顶罐的浮盘与罐顶之间存在一个封闭的空间，如果浮盘质量低劣，密封性能不好，在浮盘与罐顶之间的封闭空间可能会形成爆炸性气体，遇到雷电火花、静电火花或明火就会发生爆炸事故，所以新版规范缩减了内浮顶罐组允许最大储罐最大总容量
6.1.12	同一罐组内储罐数量要求	1 当最大单罐容量≥10000m^3时，储罐数量不应多于12座 2 当最大单罐容量≥1000m^3时，储罐数量不应多于16座 3 当单罐容量小于1000m^3或仅储存丙B类液体的罐组，可不限储罐数量	一个储罐组内储罐座数越多，发生火灾事故的机会就越多，单体储罐容量越大，火灾损失及危害就越大，为了控制一定的火灾范围和火灾损失，故根据储罐容量大小规定了最多储罐数量 由于丙B类油品储罐不易发生火灾，而储罐容量小于1000m^3时，发生火灾容易扑救，故对这两种情况不加限制
6.1.13	罐组内储罐排数的要求	地上储罐组内，单罐容量小于1000m^3的储罐，储存丙B类液体的储罐不应超过四排；其他储罐不应超过两排	储罐布置不允许超过两排，主要是考虑储罐失火时便于扑救。如果布置超过两排，当中间一排储罐发生火灾时，因四周都有储罐会给扑救工作带来一些困难，也可能会导致火灾的扩大 储存丙B类油品的储罐（尤其是储存润滑油的储罐），在独立石油库中发生火灾事故的机率极小，至今没有发生过这样火事故；且单罐容量小的罐，事故损失也小。所以规定满足这两个条件的储罐可以布置成4排，以节约用地和投资

续表

条号	主题	条款原文	条款解读
6.1.14	储罐基础标高要求	地上立式储罐的基础面标高,应高于储罐周围设计地坪0.5m及以上	地上立式储罐的基础比周围地坪高0.5m以上,这已是石油罐设计的常规做法。在国内大多数石油库大多数地上储罐都可达到这个要求。这一方面是从安全考虑;另一方面是从油罐防腐考虑,金属储罐抬高0.5m不会被雨水浸泡,相对干燥,不易腐蚀;再者储罐抬高,便于连接罐底排水装置等其他管道系统,也便于操作管理

【"地上储罐"6.1.15条原文】

6.1.15 地上储罐组内相邻储罐之间的防火距离不应小于表6.1.15的规定。

表6.1.15 地上储罐组内相邻储罐之间的防火距离

储存液体类别	单罐容量不大于300m³,且总容量不大于1500m³的立式储罐组	固定顶储罐(单罐容量)			外浮顶、内浮顶储罐	卧式储罐
		≤1000m³	>1000m³	≥5000m³		
甲B、乙类	2m	0.75D	0.6D		0.4D	0.8m
丙A类	2m	0.4D			0.4D	0.8m
丙B类	2m	2m	5m	0.4D	0.4D与15m的较小值	0.8m

注:1 表中D为相邻储罐中较大储罐的直径。
　　2 储存不同类别液体的储罐、不同型式的储罐之间的防火距离,应采用较大值。

【"地上储罐"6.1.15条解读】

储罐间距是关乎储罐区安全的一个重要因素,也是影响石油库占地面积的一个重要因素。

间距定小了,会使火情扩大,造成更大损失。间距定大了,会多占土地、增加投资。油罐区约占石油库总面积的1/3~1/2。缩小油罐间距,可以有效地缩小石油库的占地面积。

节约用地是我国的基本国策之一,因此在保证操作方便和生产安全的前提下应尽量减少储罐间距,以达到减少占地和减少工程投资的目的。

储罐间距的规定,应有充分的依据。阅读"新规范"条文说明可知,本条

6 对"储罐区"的解读及应用

储罐间距的规定是参照美国国家防火协会安全防火标准《易燃和可燃液体规范》（NFPA30 2003 版）、英国石油学会《石油工业安全操作标准规范》第二部分《销售安全规范》（第三版）、法国石油企业安全委员会编制的石油库管理规则、日本东京消防厅1976年颁布的消防法规等国外标准，并运用国际上比较权威的 DNV Technical 公司的安全计算软件（PHAST Professional 5.2 版），对储罐火灾辐射热影响做模拟计算，再根据油库火灾实例及实践经验制定的。

当然储罐间距，随着科学的发展、消防水平的提高可以减少一点。不同国家、同一国家的不同时期也有所差异。本新规范 GB 50074—2014 与 GB 50074—2002 的版本就有所调整，但调整不大。

本条是强制性条文，必须严格执行。

6.1.2 对"覆土立式油罐"的解读

【"覆土立式油罐" 6.2.1~6.2.10 条原文与解读】

6.2.1~6.2.10 条原文与解读见表6.2。

表6.2 "覆土立式油罐" 6.2.1~6.2.10 条原文与解读

条号	主题	条款原文	条款解读
6.2.1	罐型、径高与地形环境协调	覆土立式油罐应采用固定顶储罐，其设计应根据储罐的容量及地形条件等合理地确定其直径和高度，使覆土立式油罐建成后与周围地形和环境相协调	(1) 覆土立式罐罐室内温度变化小，蒸发损耗小，选固定顶罐即可。固定顶罐比浮顶罐结构简单，投资省。 (2) 此罐多建在山区、丘陵地带，建成后与周围地形环境协调时，不但美观，而且可达到隐蔽伪装的要求。 (3) 合适的高、径比，可以少挖土石方，节省投资。这种罐通常比同容量的地面罐"矮胖"，这样容易适应地形条件
6.2.2	单罐单道及隔离墙	覆土立式油罐应采用独立的罐室及出入通道。与管沟连接处必须设置防火、防渗密闭隔离墙	(1) 此条是要求一个罐室只能布设一个罐；几个罐室的出入通道应单独引出，不得连通。这样做主要是从安全考虑，一罐发生事故不连带影响相邻罐。 (2) 单罐单出入口，也不会影响人员出入罐室。因为覆土立式罐不像洞库罐，这种罐罐室顶设有采光通风孔。人员出入罐室可由出入通道，也可由罐室顶采光通风孔，这比洞库罐多一个出入口。 (3) 与管沟连接处设防火、防渗密闭墙，是防止一罐出事串通到与管沟想通的罐也出事

续表

条号	主题	条款原文	条款解读
6.2.3	防火距离的规定	覆土立式油罐之间的防火距离，应符合右列规定 1 甲B、乙、丙A类油品覆土立式油罐之间的防火距离，不应小于相邻两罐罐室直径之和的1/2。当按相邻两罐罐室直径之和的1/2计算超过30m时，可取30m 2 丙B类油品覆土立式油罐之间的防火距离，不应小于相邻较大罐室直径的0.4倍 3 当丙B类油品覆土立式油罐与甲B、乙、丙A类油品覆土立式油罐相邻时，两者之间的防火距离应按本条第1款执行	"新规范"与旧规范2002年版相比，主要是加大了覆土立式油罐的安全力度。因为近些年来我国利用山区或丘陵地带建覆土立式油罐的越来越多，而且单罐容量也由以前的多为5000m³以下达到了10000m³，由此可能出现的事故几率和可能造成的损失不得不考虑。加上覆土立式油罐多建于山区，交通不便，远离城市，借助外部消防力量较难，一旦着火爆炸扑救难度大。故本次修订参照2006年后我国有关标准，重点加大了甲B、乙、丙A类油品覆土立式油罐的安全力度。目的是为了尽量避免一座油罐着火牵连相邻油罐。其中6.2.3条第1款规定"当按相邻两罐罐室直径之和的1/2计算超过30m时，可取30m"，是参照多数规范对易燃、可燃液体设备设施与有明火地点的防火距离一般为30m而规定的
6.2.4	罐基础选地	覆土立式油罐的基础应设在稳定的岩石层或满足地基承载力的均匀土层上	罐座在地基稳定、均匀、满足承载力才能保证油罐安全
6.2.5	罐室设计规定	覆土立式油罐的罐室设计应符合右列规定 1 罐室应采用圆筒形直墙与钢筋混凝土球壳顶的结构形式。罐室及出入通道的墙体，应采用密实性材料构筑，并应保证在油罐出现泄漏事故时不泄漏	目前国内覆土立式储罐罐室墙和罐顶的结构形式基本都是这种统一做法。采用"密实性材料构筑"主要是指用现浇混凝土浇筑或混凝土预制块砌筑。用这些材料构筑不仅墙体规整美观，而且能够达到良好的防水效果。 这种选材，也是过去和现在多采用的，是经过实践考验的，是安全可靠的。 过去个别的也有用块石砌筑罐室墙的，不但费工、费时，而且强度不高，又不美观、严密，容易向外渗油、向内渗水，所以现不允许采用
		2 罐室球壳顶内表面与金属油罐顶的距离不应小于1.2m，罐室壁与金属罐壁之间的环形走道宽度不应小于0.8m	本款规定是为满足储罐制作安装和管理维修的基本空间要求。 这两个数据是实践的总结，基本可满足安装、管理、维修的要求，同时也控制了工程投资。有的库加大了这两个数据，虽然感觉宽敞一点，但加大了投资，降低了空间利用率，得不偿失

6 对"储罐区"的解读及应用

续表

条号	主题	条款原文	条款解读
6.2.5	罐室设计规定	覆土立式油罐的罐室设计应符合右列规定	
		3 罐室顶部周边应均布设置采光通风孔。直径小于或等于12m的罐室,采光通风孔不应少于2个;直径大于12m的罐室,至少应设4个采光通风孔。采光通风孔的直径或任意边长不应小于0.6m,其口部高出覆土面层不宜小于0.3m,并应装设带锁的孔盖	(1) 罐室顶设采光通风孔,不但起到采光和自然通风的作用,而且也可供人员出入罐室用。 (2) 采光通风孔的数量应与罐室直径大小相适应。 (3) 圆孔的直径和方孔的边长尺寸不小于0.6m的规定,就是为方便人员出入和罐室通风的要求,这与立式油罐罐壁人孔和卧式油罐罐体人孔的规格要求一致。 (4) 孔口高出覆土面层的要求,是为防止罐室顶雨水由此孔流入罐室。 (5) 采光通风孔直接暴露在罐室顶外,为防止无关人员入罐,故应装带锁的孔盖
		4 罐室出入通道宽度不宜小于1.5m,高度不宜小于2.2m	这条规定是便于人员在通道内同行
		5 储存甲B、乙、丙A类油品的覆土立式油罐,其罐室通道出入口高于罐室地坪不应小于2.0m	这两款规定的目的是尽量利用罐室自身拦油,防备储罐发生跑油或着火事故时,不使油品或流淌火灾很快温漫出罐室,为紧急时刻采取口部封堵和外输等抢救措施留有一定的时间余地。这也是我国近十几年来在油库改、扩建中摸索出来的实践经验。不过,通道的口部也不是越高越好,设置高一点,固然对利用罐室自身拦油有利,但同时也带来了通道两侧墙体的加高加厚、土方量加大、外观比例失调,以及罐室自然通风困难和人员进出作业不便等问题。特别是部分地带建罐还要受到地形等条件的限制,实际执行很困难,势必还会造成外部道路等辅助工程投资的相对增大。因此,设计上不仅要满足规范的基本要求,还要根据地形等实际情况,经济合理地综合考虑其口部的设置高度。 已有的这种油罐,有水平通道、斜通道、竖直通道3种,而且不少是水平通道,这种通道人员进出方便,管道敷设、检查、维修方便。但唯一的安全隐患就是油罐发生事故后怕流淌油品漫出罐室,扩大事故损失,所以新建这种罐时,不再允许建水平通道了
		6 罐室的出入通道口,应设向外开启的并满足口部紧急时刻封堵强度要求的防火密闭门,其耐火极限不得低于1.5h。通道口部的设计,应有利于在紧急时刻采取封堵措施	
		7 罐室及出入通道应有防水措施。阀门操作间应设积水坑	过去搞的覆土立式罐室和通道,不少未做防水,致使雨水渗入罐室、通道,造成积水或潮湿。这不但造成人员进罐检查操作不便,而且也加快金属油罐、管路、管件的腐蚀。一次投资虽省一点,但管理费用增加了,因此提出本款规定

续表

条号	主题	条款原文		条款解读
6.2.6	事故外输管道系统要求	覆土立式油罐应按右列要求设置事故外输管道	1 事故外输管道的公称直径,宜与油罐进出油管道相一致,但不得小于100mm	（1）设置事故外输管道的目的是为了在覆土立式油罐出现跑油事故时,能够及时将跑在罐室的油品外输,以避免油品自罐室出入通道口漫出或发生流淌火灾 （2）事故外输管道的管径要求是为控制外输事故油的时间 （3）为安全起见,事故外输管道应设控制阀门和隔离装置,且设在罐室外较安全的地方
			2 事故外输管道应由罐室阀门操作间处的积水坑处引出罐室外,并宜满足在事故时能与输油干管相连通	
			3 事故外输管道应设控制阀门和隔离装置。控制阀门和隔离装置不应设在罐室内和事故时容易遭受危及的部位	
6.2.7	附件和通气管设置	覆土立式油罐的基本附件和通气管的设置,应符合本规范第6.4节的有关规定		见第6.4节的解读
6.2.8	罐室顶部覆土	罐室顶部的覆土厚度不应小于0.5m,周围覆土坡度应满足回填土的稳固要求		该种罐无防护要求,覆土厚度和回填土的稳固要求主要为有效地隐蔽伪装,覆土厚度大于0.5m即可,不必太厚。 当然罐室顶及周围的覆土,也使罐室内温度更加稳定少变,对减少油罐蒸发损耗有利
6.2.9	事故导流沟及存油坑（池）	储存甲B类、乙类和丙A类液体的覆土立式油罐区,应按不小于区内储罐可能发生油品泄漏事故时,油品蔓出罐室部分最多一个油罐的泄漏油品设置区域导流沟及事故存油坑（池）		覆土立式罐通常建在山坡丘陵地带,地势较高,一旦发生事故,油易流向地势低的建筑区域,蔓延事故。设置储油区事故导流沟及存油坑（池）的目的就是防止事故扩大
6.2.10	深管道敷设方式	覆土立式油罐与罐区主管道连接的支管道敷设深度大于2.5m时,可采用非充沙封闭管沟方式敷设		深埋管道不便检修、管理,所以可采用非充沙封闭管沟方式敷设

6 对"储罐区"的解读及应用

为了更全面、系统、形象、直观地理解"新规范"对"覆土立式油罐"建造的要求,绘制了图6.1~图6.4,供参考。

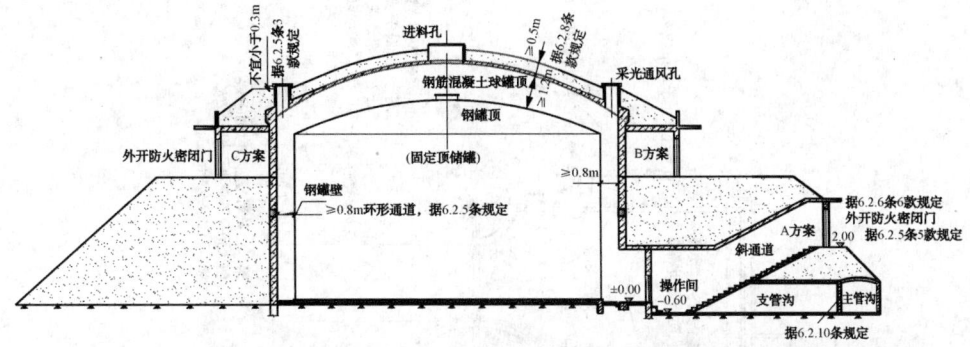

图6.1 单个覆土立式油罐规范条文解读示意图

图6.2 覆土立式油罐组规范条文解读示意图说明:

(1)图6.2与图6.3、图6.4等3张图为覆土立式油罐工艺设计配套图。其中图6.2为油罐组平面图,主要表示油罐之间的防火距离及起算点;罐室及通道口的独立设置;罐顶采光通风孔的设置;支管道不同埋深的敷设方式;主、支管沟的相邻隔离;事故导流沟与存油坑(池)的示意。这些都是对"新规范"6.2节"覆土立式油罐"条文的形象解读。

(2)为了解读不同储油类别油罐之间的防火距离,所以罐内只表示了油品的类别,而不是实际储油品种。

(3)图中表示了人行踏步和人行便道,未表示消防车道及其他消防设施。

(4)出入通道的设置方位,图中仅表示两种形式。实际设计时,应根据地形情况、罐体几何尺寸设置不同方位,这一点在本书本章后面的应用部分有所介绍,可供参考。

(5)图示尺寸单位以"米"计。

图6.3 覆土立式油罐局部平面大样图说明:

(1)图6.3为局部平面大样,与图6.2及图6.4组成覆土立式油罐工艺设计配套图。

本图主要表示罐室墙体结构、环形通道、排水边沟、盘梯、斜梯、积水坑、集污集水井、隔离墙上设向内开门、操作间、通道口、支主管沟。

工艺系统表示有输油管系统、油罐排污排水系统、事故外输管道系统、罐室内排水系统。事故外输与罐室内排水实是先合后分的管道系统,从罐室内积水坑到操作间内的2#阀门两个系统是合用的,2#阀门为分界,事故时关闭2#阀、打开1#、3#朝天阀门并用临时连接胶管连通1#、3#阀门所连的管道,构成事故外

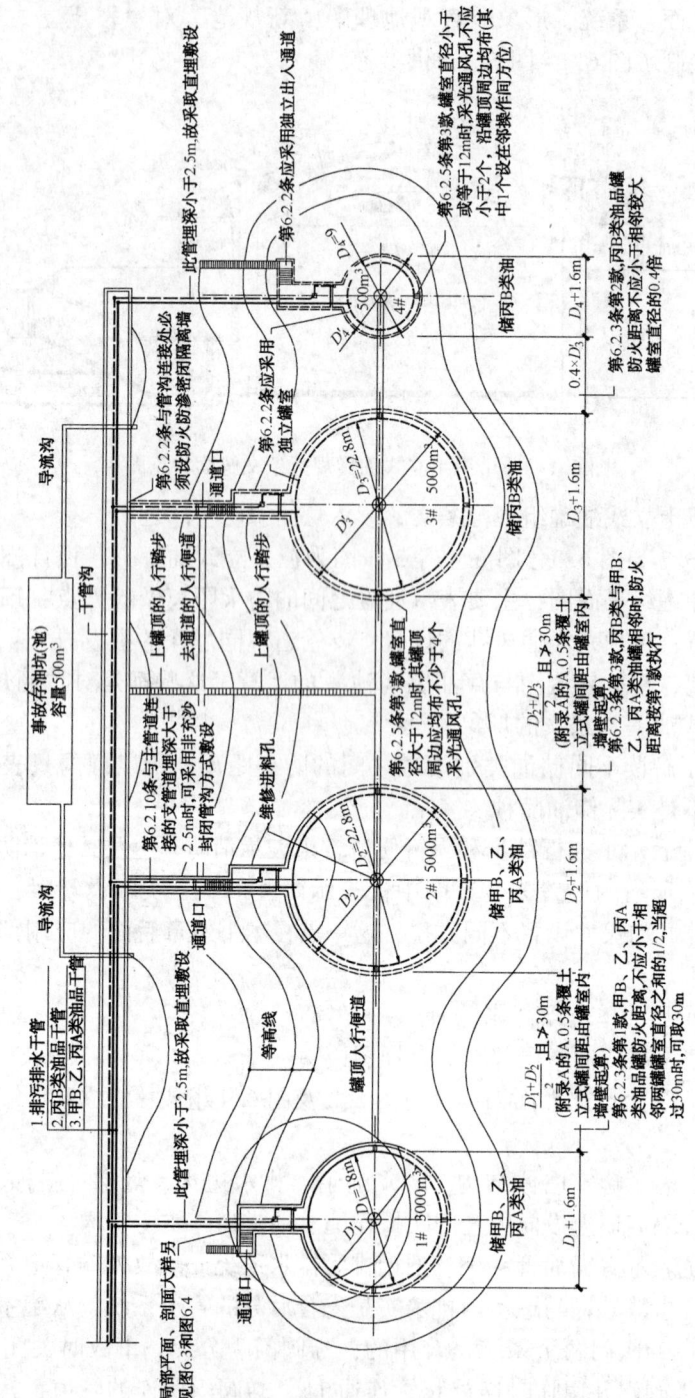

图 6.2 覆土立式油罐组规范条文解读示意图

6 对"储罐区"的解读及应用

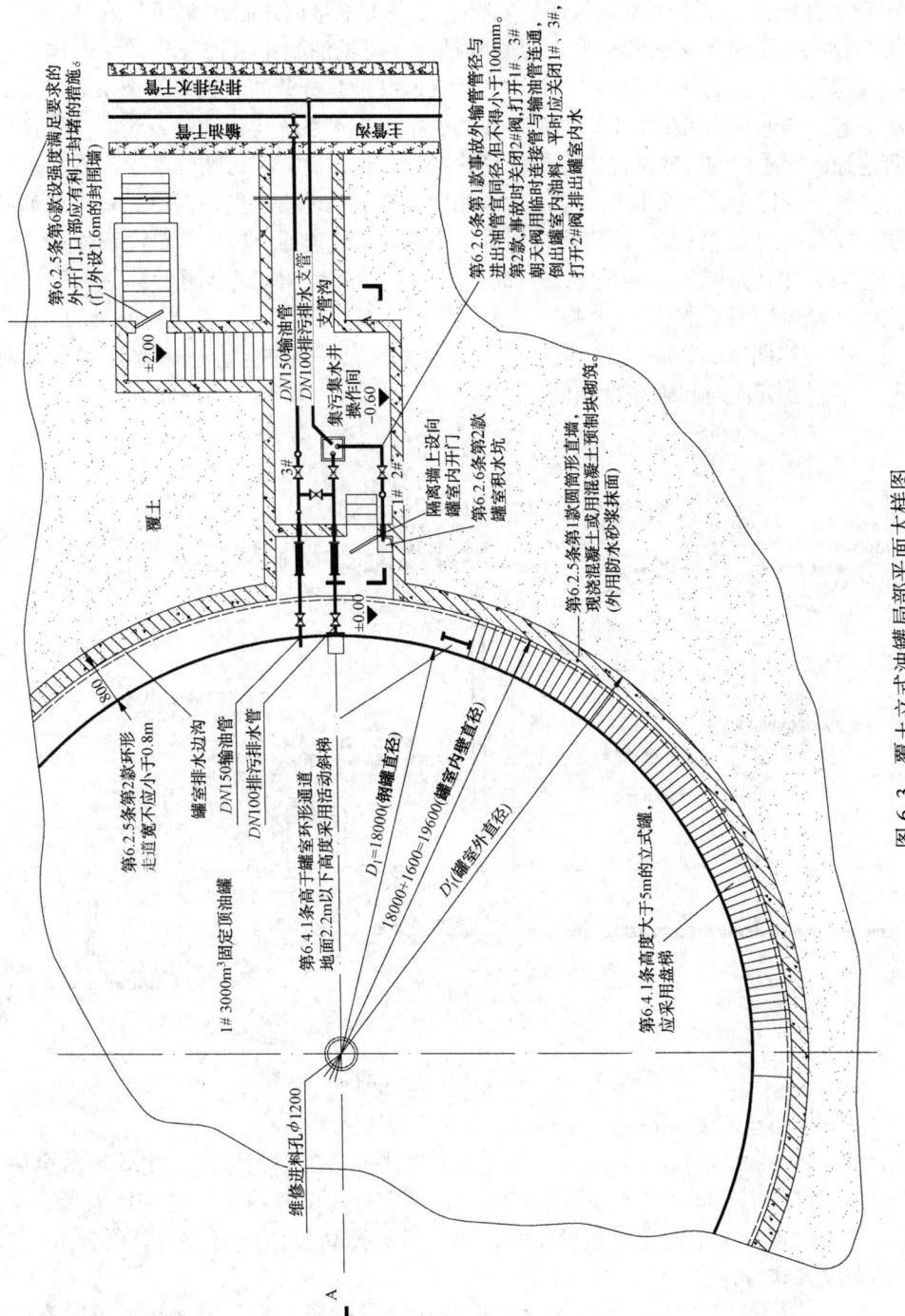

图6.3 覆土立式油罐局部平面大样图

输管道系统；平常1#、3#阀常闭，2#阀常开，将罐室内水排至集污集水井，再经排污排水支管将罐室内的渗水、冷凝水排走。可见油罐排污排水与罐室内排水系统又是先分后合的管道系统，二者在集污集水井前是分开的，到集污集水井二者合在一起，均通过排污排水支管排走。在油罐排污排水系统与输油管系统间，用连通管连通，即罐内的好底油可由连接管到输油管倒走，而罐底污油、洗罐污水才由排污排水支管排走，到油水分离和油污水处理设施去处理。这里须提出的是，对油品质量要求高的航空油料，不得将排污排水与输油系统连通，应各自单设系统。

（2）本图应与图6.4覆土立式油罐A—A剖面大样图配合阅示，图示尺寸单位以"毫米"计，标高以"米"计。

（3）本图以3000m³罐为例示意，其他容量的罐只是与金属罐体及罐室几何尺寸不同，其他与此罐完全相同。

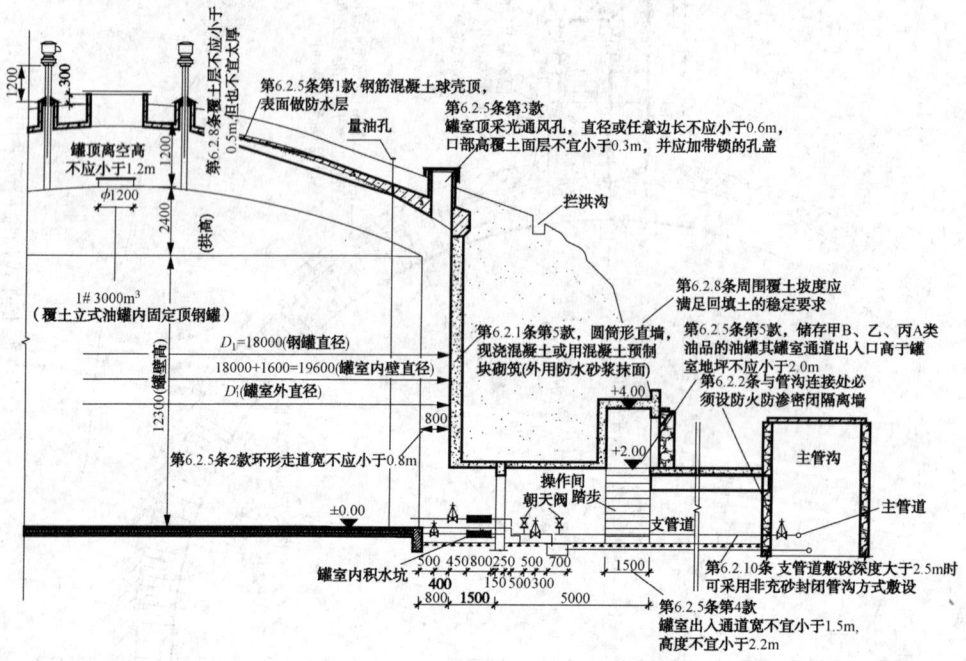

图6.4 覆土立式油罐A—A剖面大样图

图6.4覆土立式油罐A—A剖面大样图说明：

（1）图6.4与图6.2、图6.3组成覆土立式油罐工艺配套图。主要表示金属油罐与罐室的离空间距；罐室顶、壁结构；罐室顶及壁外覆土；罐室顶采光通风孔尺寸及设置；罐室内地坪与操作间、通道口的标高关系；支管道埋深2.5m以上的敷设方式等内容。

（2）本图虽以3000m³为例表示，但其他容量的罐，只是金属罐体及罐室的几何尺寸不同,其他完全相同。

(3) 图中尺寸单位以"毫米"计,标高以"米"计。

6.1.3 对"覆土卧式油罐"的解读

【"覆土卧式油罐"6.3.1~6.3.10条的原文与解读】

本节"覆土卧式油罐"共10条,条款原文与解读,见表6.3。

表6.3 "覆土卧式油罐"6.3.1~6.3.10条原文与解读

条号	主题	条款原文	条款解读
6.3.1	油罐钢板公称厚度	覆土卧式油罐设计应满足其设置条件下的强度要求,当采用钢制油罐时,其罐壁钢板的公称厚度应满足右列要求 (1) 直径小于或等于2500mm的油罐,其壁厚不得小于6mm (2) 直径为2501mm~3000mm的油罐,其壁厚不得小于7mm (3) 直径大于3000mm的油罐,其壁厚不得小于8mm	油罐钢板公称厚度的确定,应考虑其结构的安全和金属腐蚀余量。特别是覆土卧式油罐,这两项尤其重要。据"新规范"条文说明知,本条是参照国家现行行业标准《钢制常压储罐 第1部分:储存对水有污染的易燃和不易燃液体的埋地卧式圆筒形单层和双层储罐》AQ 3020制定的
6.3.2	防渗检漏措施	储存对水和土壤有污染液体的覆土卧式油罐,应按国家有关环境保护标准或政府有关环境保护法令、法规要求采取防渗漏措施,并应具备检漏功能	国家标准及地方政府的法令、法规都是对社会与人民有益的,油库设计当然应执行。防止渗漏可减少损失,防止污染环境。具备检漏功能,可及时发生渗漏,及时进行抢修
6.3.3	双层油罐或单层钢储罐设置防渗罐池	有防渗漏要求的覆土卧式油罐应采用双层油罐或单层钢罐设置防渗罐池的方式;单罐容量大于100m³的覆土卧式油罐和既有单层覆土卧式油罐的防渗,可采用油罐内衬防渗层的方式	双层油罐从罐体材料上分,主要有双层钢罐、内钢外玻璃纤维增强塑料双层油罐和双层玻璃纤维增强塑料油罐。玻璃纤维增强塑料通常也称为玻璃钢。由于双层油罐有两层罐壁,在防止油罐出现渗(泄)漏方面具有双保险作用,无论是内层罐发生渗漏还是外层罐发生渗漏,都能从贯通间隙内发现渗漏,如果设置渗漏在线监测系统,还能及时发现渗漏,从而可有效地防止渗漏液体进入环境。因此,采用双层油罐是最理想的防渗措施,已成为各国加油站等地下油罐的主推产品。由于双层油罐一般都在工厂制作,受控于运输条件限制,单罐容量很难做到超过50m³,故"新规范"允许单罐容量大于50m³的覆土卧式油罐采用单层钢油罐设置防渗罐池方式,或单罐容量大于100m³的和既有单层覆土卧式油罐的防渗采用油罐内衬防渗层的方式

续表

条号	主题	条款原文	条款解读
6.3.4	双层油罐	采用双层油罐时，双层油罐的结构及检漏要求，应符合现行国家标准《汽车加油加气站设计与施工规范》GB 50156 的有关规定	双层油罐在 GB 50156 标准首先提出，并有明确要求，应遵照执行
6.3.5	防渗罐池设计要求	采用单层油罐设置防渗罐池时，应符合右列规定 1 防渗罐池应采用防渗钢筋混凝土整体浇注，池底表面及低于储罐2/3以下的内墙面应做防渗处理	这样做，防渗效果才好。池底表面及低于储罐直径2/3以下的内墙面做防渗处理，油罐内渗油才不会渗到池外
		2 埋地油罐的防渗罐池设计，应符合现行国家标准《汽车加油加气站设计与施工规范》GB 50156 有关规定	防渗罐池设计要求，在 GB 50156 规范的 6.5 节中有详细规定，可遵照执行。允许采用单层油罐设置防渗罐池做法，主要是由于我国在采用双层油罐技术方面还属刚起步，相关标准不健全，而且自 20 世纪 90 年代初就一直沿用防渗罐池做法。但这种做法只是将渗漏控制在池内范围，仍会污染池内土壤，如果池子做的不严密，还存在着渗漏污染扩散问题，再加上其建设造价并不比采用双层油罐省，油罐相对使用寿命短，因此，这种防渗方式也只是一种过渡期间的措施，终究会被双层油罐技术所代替。对于罐顶高于周围地坪、罐底低于周围地坪、罐底高于周围地坪等 3 种不同情况的具体做法在后边应用中有设计图例，可供参考。防渗罐池内设检漏管，是为监测油罐是否有渗油入池的情况。地下水浸泡埋地卧式油罐，可能将罐上浮；同样雨水或地表水流入防渗罐池，也有可能使池内罐上浮，所以应采取措施，防止雨水、地表水入池
		3 罐顶高于周围地坪的储罐，防渗罐池的池顶应高于周围地坪 0.2m 以上	
		4 罐底低于周围地坪的油罐，应按现行国家标准《汽车加油加气站设计与施工规范》GB 50156 有关规定设置检漏立管。检漏立管宜沿油罐纵向合理布置，每罐至少应设 2 根检漏立管。相邻油罐可共用检漏立管	

6 对"储罐区"的解读及应用

续表

条号	主题	条款原文		条款解读
6.3.5	防渗罐池设计要求	采用单层油罐设置防渗罐池时,应符合右列规定	5 罐底高于周围地坪的油罐可设检漏横管。检漏横管的直径不得小于50mm,每罐至少应设1根检漏横管,且防渗罐池的池底或油罐基础应有不小于5‰的坡度坡向检漏横管	
			6 油罐基础和罐体周围的回填料,应保证储罐任何部位的渗漏均能在检漏管处被发现	
			7 防渗罐池以上的覆土,应有防止雨水、地表水渗入池内的措施	
6.3.6	单层钢罐内衬防渗层	采用单层钢罐内衬防渗层时,内衬层应采用短纤维喷射技术做玻璃纤维增强塑料防渗层,其厚度不应小于0.8mm,并应通过相应电压等级的电火花检测合格		玻璃纤维增强塑料,是一种由高强度的玻璃纤维和树脂基体复合而成的兼具结构性和功能性的新型复合材料,其英文全称为 Fibergass Reinforced Plastics,简称为FRP。FRP 最早于20世纪30年代在美国研究、开发成功,40年代广泛用于军事领域,如空军海军武器装备,自50年代初并在其后的半个多世纪,FRP 技术在全球范围内得到了快速发展和广泛应用。因部分的 FRP 制品具有类似玻璃的观感和钢的力学性能,国内俗称玻璃钢。其中,玻璃纤维提供 FRP 的强度和刚性,树脂基体提供 FRP 的耐化学性(抗腐蚀性能)和韧性。FRP 作为一种可设计的复合材料,通过选用适当的纤维和树脂,经过优化设计,和先进制作、成型工艺的采用,可获得具有优异耐腐蚀性能的 FRP 制品,在防腐蚀工业领域成为事实上的最佳选择。这种优质材料加上先进的短纤维喷射技术,将使储罐的防腐蚀性能大大提高

续表

条号	主题	条款原文	条款解读
6.3.7	液位监测系统	卧式油罐应设带有高液位报警功能的液位监测系统。单层油罐的液位检测系统尚应具备渗漏检测功能	高液位报警是为了防止溢油。单层油罐渗漏的几率大，所以要具备渗漏检测功能
6.3.8	罐间距及覆土厚度	覆土卧式油罐的间距不应小于0.5m，覆土厚度不应小于0.5m	地上卧式油罐的间距是0.8m，覆土卧式油罐改为不应小于0.5m是考虑埋地后不会有人在罐间再来往检查。 覆土厚度不应小于0.5m，是对罐的最小保护层，但太厚也没有必要
6.3.9	抗浮要求	当埋地油罐受地下水或雨水作用有上浮的可能时，应对油罐采取抗浮措施	已有上浮的教训，所以应对有上浮可能的油罐采取抗浮措施。 抗浮的设计计算，在本书本章的第二部分对"储罐区"的应用中有详细介绍
6.3.10	油罐外表面，防腐设计	与土壤接触的钢制油罐外表面，其防腐设计应符合现行行业标准《石油化工设备和管道涂料防腐蚀设计规范》SH/T 3022的有关规定，且防腐等级不应低于加强级。覆土不应损坏防腐层	覆土卧式油罐施工完毕后再难以检修防腐，因此防腐等级不应低于加强级。 SH/T 3022有相关规定，应遵照执行

为了对6.3.5条防渗池设计加深理解，对卧式罐埋地所处3种不同位置绘制了例图，见图6.5~图6.7。

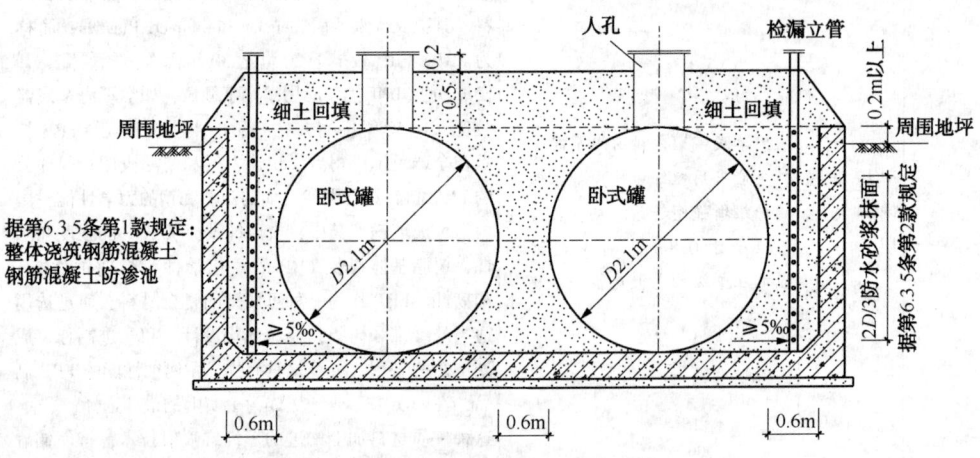

图6.5 罐顶高于周围地坪的防渗池剖面图

6 对"储罐区"的解读及应用

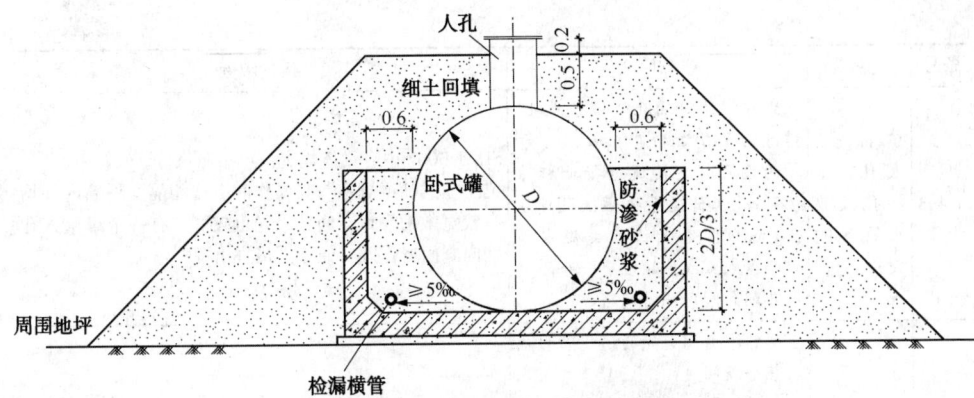

图 6.6 罐底高于周围地坪的防渗池剖面图

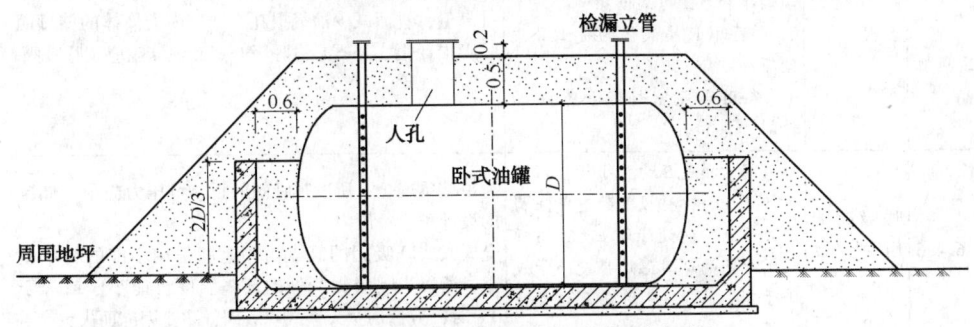

图 6.7 罐底低于周围地坪的防渗池剖面图

6.1.4 对"储罐附件"的解读

【"储罐附件"6.4.1~6.4.12 条原文与解读】

"储罐附件"6.4.1~6.4.12 条原文与解读见表 6.4。

表 6.4 "储罐附件"6.4.1~6.4.12 条原文与解读

条号	主题	条款原文	条款解读
6.4.1	立式罐梯子、平台和栏杆的设置	立式储罐应设上罐的梯子、平台和栏杆。高度大于 5m 的立式储罐,应采用盘梯。覆土立式油罐高于罐室环形通道地面 2.2m 以下的高度应采用活动斜梯,并应有防止磕碰发生火花的措施	梯子、平台和栏杆是供人员上罐的罐体附件。从人员上下罐方便和安全考虑,高度大于 5m 的立式储罐,应采用盘梯。覆土立式油罐罐室环形通道经常有人检查通行,所以高于地面 2.2m 以下的高度应采用活动斜梯。人不上下罐时,可翻转贴于罐壁,便于人员通过。活动斜梯经常翻动,所以应有防止磕碰发生火花的措施
6.4.2	罐顶防滑踏步和护栏、平台	储罐罐顶上经常走人的地方,应设防滑踏步和护栏;测量孔处应设测量平台	这些都是从人员安全考虑而设置。设置测量平台,是为给测量人员提供安全、准确测量的工作条件

续表

条号	主题	条款原文	条款解读
6.4.3	量油孔、人孔、排污孔及放水管等的设置	立式储罐的量油孔、罐壁人孔、排污孔（或清扫孔）及放水管等的设置，宜按现行行业标准《石油化工储运系统罐区设计规范》SH/T 3007 的有关规定执行。覆土立式油罐应有一个罐壁人孔朝向阀门操作间	SH/T 3007 中有具体规定，可参照执行。覆土立式油罐罐室与其操作间有墙相隔，隔墙内外均有较宽敞的操作空间，采光也较好。有一个罐壁人孔朝向阀门操作间，便于人员进出罐
6.4.4	呼吸阀的设置	下列储罐通向大气的通气管管口应装呼吸阀： 1 储存甲B、乙类液体的固定顶储罐和地上卧式储罐； 2 储存甲B类液体的覆土卧式储罐； 3 采用氮气密封保护系统的储罐	储罐通向大气的通气管上装设呼吸阀是为了减少储罐排气量，进而减少油气损耗。储存丙类液体的储罐因呼吸损耗很小，不必设呼吸阀。其他储罐应装呼吸阀
6.4.5	呼吸阀的压力及选型	呼吸阀的排气压力应小于储罐的设计正压力，呼吸阀的进气压力应大于储罐的设计负压力。当呼吸阀所处的环境温度可能小于或等于0℃时，应选用全天候式呼吸阀	为了储罐安全，所以呼吸阀的正、负压力应小于储罐的设计正、负压力。全天候式呼吸阀的阀盘与阀座间采用不冻的材质垫圈，所以当呼吸阀所处的环境温度可能小于或等于0℃时，应选用全天候式呼吸阀，防止因冻而失灵
6.4.6	事故泄压设备	采用氮气密封保护系统的储罐应设事故泄压设备，并应符合下列规定： 1 事故泄压设备的开启压力应大于呼吸阀的排气压力，并应小于或等于储罐的设计正压力。 2 事故泄压设备的吸气压力应小于呼吸阀的进气压力，并应大于或等于储罐的设计负压力。 3 事故泄压设备应满足氮气管道系统和呼吸阀出现故障时保障储罐安全通气的需要。 4 事故泄压设备可直接通向大气。 5 事故泄压设备宜选用公称直径不小于 500mm 的呼吸人孔。如储罐设置有备用呼吸阀，事故泄压设备也可选用公称直径不小于 500mm 的紧急放空人孔盖	储罐密封储油，且采用氮气保护，可减少蒸发损耗。但必须控制好罐压力，防止超出储罐设计压力。为安全起见，所以应设置事故泄压设备

6 对"储罐区"的解读及应用

续表

条号	主题	条款原文	条款解读
6.4.7	阻火器的设置	下列储罐的通气管上必须装设阻火器： 1 储存甲B类、乙类、丙A类液体的固定顶储罐和地上卧式储罐； 2 储存甲B类和乙类液体的覆土卧式储罐； 3 储存甲B类、乙类、丙A类液体并采用氮气密封保护系统的内浮顶储罐	阻火器是阻止罐外火种入罐内的油罐附件，所以凡是罐内有气体空间，有火种入罐会造成着火的储罐，即须在通气管上装设阻火器。 呼吸阀只能控制罐内压力，减少损耗；不能阻止罐外火源入罐，所以安装有呼吸阀的储罐，还必须装
6.4.8	通气管管口设置	覆土立式油罐的通气管管口应引出罐室外，管口宜高出覆土面1.0~1.5m	因为这种罐的罐室较密闭，油气不易散发，所以通气管管口绝对不得设在罐室内。 管口抬高1.0~1.5m便于散发油气，防止油气由罐顶采光通风口等回流入罐室内
6.4.9	储罐进液管的设置	储罐进液不得采用喷溅方式。甲B、乙、丙A类液体储罐的进液管从储罐上部接入时，进液管应延伸到储罐的底部	油品从上部进入储罐，如不采取有效措施，就会使油品喷溅，这样除增加油品大呼吸损耗外，同时还增加了油品因与罐内气体摩擦产生大量静电，达到一定电位，就会在气相空间放电而引发爆炸的危险。当工艺安装需要从上部接入时，就应将其延伸到储罐下部
6.4.10	脱水器的设置	有脱水操作要求的储罐宜装设自动脱水器	自动脱水器相对方便
6.4.11		储存Ⅰ、Ⅱ级毒性液体的储罐，应采用密闭采样器。储罐的凝液或残液应密闭排入专用收集系统或设备	
6.4.12	常压卧式储罐的基本附件设置	常压卧式储罐的基本附件设置，应符合右列规定 1 卧式储罐的人孔公称直径不应小于600mm。筒体长度大于6m的卧式储罐，至少应设2个人孔	只有大于600mm直径的人孔，才便于人员出入油罐。筒体长度大于6m的卧式储罐，至少应设2个人孔，是进罐维修时通风采光的需要
		2 卧式储罐的接合管及人孔盖应采用钢质材料	这是经验的总结，已是常规做法
		3 液位测量装置和测量孔的检尺槽，应位于储罐正顶部的纵向轴线上，并宜设在人孔盖上	位于储罐正顶部的纵向轴线上，才能测量准确。设在人孔盖上可不在罐体上开孔，现在有的加长人孔颈并直接伸出覆土，则覆土卧式罐也可不另设阀门井
		4 储罐排水管的公称直径不应小于40mm。排水管上的阀门应采用钢制闸阀或球阀	这也是经验的总结，已是常规做法

【"储罐附件"6.4.13条原文】
6.4.13 常压卧式储罐的通气管设置，应符合下列规定：
1 卧式储罐通气管的公称直径应按储罐的最大进出流量确定，但不应小于50mm；当同种液体的多个储罐共用一根通气干管时，其通气干管的公称直径不应小于80mm。
2 通气管横管应坡向储罐，坡度应大于或等于5‰。
3 通气管管口的最小设置高度，应符合表6.4.13的规定。

表6.4.13 卧式储罐通气管管口的最小设置高度

储罐设置形式	通气管管口最小设置高度	
	甲、乙类液体	丙类液体
地上露天式	高于储罐周围地面4m，且高于罐顶1.5m	高于罐顶0.5m
覆土式	高于储罐周围地面4m，且高于覆土面层1.5m	高于覆土面层1.5m

【对"储罐附件"6.4.13条的解读】
本条常压卧式储罐的通气管设置规定，在《汽车加油加气站设计与施工规范》GB 50156—2012中也有类似的规定，已成常规做法，符合目前国内实际。

甲类和乙类液体容易挥发，不但易爆炸着火，而且会污染环境。通气管口设高一点，便于油气向高处散发。

6.1.5 对"防火堤"的解读
【"防火堤"6.5.1~6.5.7条原文与解读】
"防火堤"6.5.1~6.5.7条原文与解读见表6.5。

表6.5 "防火堤"6.5.1~6.5.7条原文与解读

条号	主题	条款原文	条款解读
6.5.1	防火堤内的有效容量的规定	地上储罐组应设防火堤。防火堤内的有效容量，不应小于罐组内一个最大储罐的容量	地上储罐一旦发生爆炸破裂事故，油品会流出储罐外，如果没有防火堤，油品就会到处流淌，如果发生火灾会形成大面积流淌火。为避免此类事故，特规定地上储罐应设防火堤。防火堤内的有效容量的规定，据"新规范"条文说明，考虑了下述各种类型储罐漏油的可能性： (1) 装满半罐以上油品的固定顶储罐如果发生爆炸，大部分只是炸开罐顶。如1981年上海某厂一个固定顶储罐在满罐时爆炸，只把罐顶炸开2m长的一个裂口。1978年大连某厂一个固定顶储罐爆炸，也是罐顶被炸开，油品未流出储罐。

6 对"储罐区"的解读及应用

续表

条号	主题	条款原文	条款解读
6.5.1	防火堤内的有效容量的规定	地上储罐组应设防火堤。防火堤内的有效容量，不应小于罐组内一个最大储罐的容量	(2) 固定顶储罐油位低时发生爆炸，有的将罐底炸裂，如 2008 年内蒙某煤液化厂一个污油储罐发生爆炸起火事故，事故时罐内油位不到 2m，爆炸把罐底撕开两个 20~30cm 裂口。 (3) 火灾案例显示，内浮顶储罐如果发生爆炸，无论液位高低均只是炸开罐顶。如 2009 年上海某厂一个 5000m³ 内浮顶罐发生爆炸时，罐内液位只有 5~6m，爆炸把罐顶掀开约 1/4，罐底未破裂。2007 年镇海某厂一个 5000m³ 内浮顶罐爆炸，当时罐内液位在 2/3 高度处，也是罐顶被炸开，罐底未破裂。 (4) 对于浮顶储罐，因为是敞口形式，不易发生整体爆炸。即使爆炸，也只是发生在密封圈局部处，不会炸破储罐下部，所以油品流出储罐的可能性很小。 (5) 储罐冒罐或漏失的油量都不会大于一个罐的容量。 (6) 为防范罐体在特殊情况下破裂，造成油品全部流出这种极端事故，参照国外标准，本条规定防火堤内有效容量不应小于最大储罐的容量
6.5.2	罐壁至防火堤内堤脚线的距离规定	地上立式储罐的罐壁至防火堤内堤脚线的距离，不应小于罐壁高度的一半。卧式储罐的罐壁至防火堤内堤脚线的距离，不应小于 3m。依山建设的储罐，可利用山体兼作防火堤，储罐的罐壁至山体的距离最小可为 1.5m	根据国外资料，常压储罐罐壁任何一点漏油，其最大喷射距离都不会超过罐壁高度的一半，这是因为高液位处喷射压力小，低液位处喷射角度小。计算罐壁至防火堤内堤脚线的距离时，不用考虑储罐基础高度，因为一般罐壁顶与储罐最高液位的高差都会略大于罐基础高度
6.5.3	防火堤的高度规定	地上储罐组的防火堤实高应高于计算高度 0.2m，防火堤高于堤内设计地坪不应小于 1.0m，高于堤外设计地坪或消防车道路面（按较低者计）不应大于 3.2m。地上卧式储罐的防火堤应高于堤内设计地坪不小于 0.5m	按防火堤内规定的有效容积计算而对应的防火堤高度刚好与油罐破裂后油位高相等，没有安全系数，容易使油品漫溢，故防火堤实际高度应高出计算高度 0.2m。考虑防火堤内油品着火时用泡沫枪灭火易冲击造成喷洒，故防火堤最好不低于 1m。最低高度限制主要是为了防范泡沫喷洒，故从防火堤内侧设计地坪起算。防火堤最低限高与 2002 年、1984 年版相同。为了消防方便，又不应高于 3.2m。最高高度的限制主要是为了方便消防操作，故从防火堤外侧地坪或消防道路路面起算。随着消防技术及设备的提高，"新规范"防火堤的最高限高比 2002 年、1984 年版有所提高，由 2.2m 提高到 3.2m

续表

条号	主题	条款原文	条款解读
6.5.4	防火堤的材质推荐	防火堤宜采用土筑防火堤，其顶宽度不应小于0.5m。不具备采用土筑防火堤的地区，可选用其他结构形式的防火堤	土筑防火堤施工简便、投资省，而且不易被火烧裂。但不美观，占地面积也较大。目前国内用土筑防火堤的还不多。多数用两面砌砖、中间夹土的复合结构。过去有的用石块砌筑，据了解这种材质容易烧裂，应慎重选用
6.5.5	防火堤的抗静压力和耐火极限的要求	防火堤应能承受在计算高度范围内所容纳液体的静压力且不应泄漏；防火堤的耐火极限不应低于5.5h	据"新规范"条文说明，本条规定的防火堤耐火极限是考虑了火灾持续时间和设计方便等因素确定的。根据现行国家标准《建筑设计防火规范》GB 50016—2006的有关规定，结构厚度为240mm的普通黏土砖、钢筋混凝土等实体墙的耐火极限即可达到5.5h。防火堤为能承受在计算高度范围内所容纳液体的静压力且不应泄漏的规定。只要防火堤自身结构能满足此要求，可以不再采取在堤内侧培土或喷涂隔热防火涂料等保护措施
6.5.6	管道穿越防火堤的要求	管道穿越防火堤处应采用不燃烧材料严密填实。在雨水沟（管）穿越防火堤处，应采取排水控制措施	管道穿越防火堤必须要保证严密，以防事故状态下油品到处散流。防火堤内雨水可以排出堤外，但事故溢出的油不应排走，故要采取排水阻油措施。可以采用安装有切断阀的排水井，也可采用自动排水阻油装置。现在国内已有成品，可供选用
6.5.7	防火堤人行台阶或坡道要求	防火堤每一个隔堤区域内均应设置对外人行台阶或坡道，相邻台阶或坡道之间的距离不宜大于60m	防火堤内人行台阶和坡道供工作人员和检修车辆进出防火堤之用，考虑平时工作方便和事故时及时逃生，故规定每一个隔堤区域内均应设置对外人行台阶或坡道。旧规范GB 50074—2002中规定："油罐组防火堤人行踏步不应少于两处，且应处于不同的方位上"。而"新规范"改为相邻台阶或坡道之间的距离不宜大于60m，这要求更加具体

【"防火堤" 6.58条原文】

6.5.8 立式储罐罐组内应按下列规定设置隔堤：

1 多品种的罐组内下列储罐之间应设置隔堤：

1）甲B、乙A类液体储罐与其他类可燃液体储罐之间；

2）水溶性可燃液体储罐与非水溶性可燃液体储罐之间；

3）相互接触能引起化学反应的可燃液体储罐之间；

4）助燃剂、强氧化剂及具有腐蚀性液体储罐与可燃液体储罐之间。

6 对"储罐区"的解读及应用

2 非沸溢性甲B、乙、丙A储罐组隔堤内的储罐数量，不应超过表6.5.8的规定。

表 6.5.8 非沸溢性甲B、乙、丙A储罐组隔堤内的储罐数量

单罐公称容量 V（m³）	一个隔堤内的储罐数量（座）
$V<5000$	6
$5000 \leqslant V<20000$	4
$20000 \leqslant V<50000$	2
$V \geqslant 50000$	1

注：当隔堤内的储罐公称容量不等时，隔堤内的储罐数量按其中一个较大储罐公称容量计。

3 隔堤内沸溢性液体储罐的数量不应多于2座。
4 非沸溢性的丙B类液体储罐之间，可不设置隔堤。
5 隔堤应是采用不燃烧材料建造的实体墙，隔堤高度宜为0.5~0.8m。

【"防火堤"6.5.8条解读】

储罐在使用过程中，冒罐、漏油等事故时有发生。为了把储罐事故控制在最小范围内，把一定数量的储罐用隔堤分开是非常必要的。沸溢性油品储罐在着火时易于向罐外沸溢出泡沫状的油品，为了限制其影响范围，不管储罐容量大小，规定其两个罐一隔。

另外，这条规定，"新规范"与2002年版比较有所变化。本条第1款是新增加的内容；第2款明确了单罐容量不小于5000m³时，隔堤内只能有1座罐；第5款还规定隔堤高度宜为0.5~0.8m，这更加定量化，2002年版只规定隔堤顶面标高应比防火堤顶面标高低0.2~0.3m。

6.2 对"储罐区"的应用

6.2.1 "储罐区"设计还应遵循或参考的相关标准、规范

"储罐区"设计除执行本"新规范"外，还应遵循或参考的相关标准、规范如下：

（1）《立式圆筒形钢制焊接油罐设计规范》GB 50341；
（2）《立式圆筒形钢制焊接储罐施工规范》GB 50128；
（3）《常压立式圆筒形钢制焊接储罐维护检修规程》SHS 01012；
（4）《石油化工立式圆筒形钢制储罐施工技术规程》SH/T 3530；
（5）《石油化工储运系统罐区设计规范》SH/T 3007；
（6）《钢制常压储罐 第1部分：储存对水有污染的易燃和不易燃液体的埋地卧式圆筒形单层和双层储罐》AQ 3020；

(7)《压力容器》GB 150；

(8)《钢制焊接常压容器》NB/T 47003.1；

(9)《钢制储罐地基基础设计规范》GB 50473；

(10)《石油化工钢储罐地基处理技术规范》SHT 3083；

(11)《石油化工钢储罐地基与基础施工验收规范》SH 3528；

(12)《储罐区防火堤设计规范》GB 50351；

(13)《石油化工防火堤设计规范》SH 3125；

(14)《钢质石油储罐防腐蚀工程技术规范》GB 50393；

(15)《钢质储罐腐蚀控制标准》SY/T 6784；

(16)《钢质储罐罐底外壁阴极保护技术标准》SY/T 0088；

(17)《钢质管道及储罐腐蚀评价标准》SY 0087。

6.2.2 地上储罐区储罐的布置

6.2.2.1 地上储罐区储罐的布置要求

地上储罐区储罐的布置要求见表6.6。

表6.6 地上储罐区储罐的布置要求

设施设备		布置要求
同一储罐组的组合规定		(1) 甲B、乙和丙A类油品储罐可布置在同一储罐组内；丙B类油品储罐宜独立布置罐组。 (2) 沸溢性油品储罐不应与非沸溢性油品储罐同组布置。 (3) 地上立式储罐不宜与卧式储罐布置在同一罐组
同一储罐组内的储油总容量（m^3）	固定顶储罐组	不应大于 $12×10^4 m^3$
	固定顶储罐和外浮顶、内浮顶储罐的混合罐组	不应大于 $12×10^4 m^3$ （其中浮顶为钢质材料制作的外浮顶储罐、内浮顶储罐的容量可按50%计入混合罐组的总容量）
	内浮顶储罐组	(1) 浮顶用钢质材料制作的内浮顶储罐组不应大于 $36×10^4 m^3$ (2) 浮顶用易熔材料制作的内浮顶储罐组不应大于 $24×10^4 m^3$
	外浮顶储罐组	不应大于 $60×10^4 m^3$

6 对"储罐区"的解读及应用

续表

设施设备		布置要求
同一储罐组内的储罐个数（个）	当最大单罐容量不小于 10000m³	储罐数量不应多于 12 座
	当最大单罐容量不小于 1000m³	储罐数量不应多于 16 座
	单罐容量小于 1000m³ 或仅储存丙 B 类油品的储罐	储罐数量不限
储罐组的布置排数	单罐容量小于 1000m³ 储存丙 B 类油品的储罐	不应超过 4 排
	其他储罐	不应超过 2 排

注：本表根据《石油库设计规范》GB 50074—2014 版 6.1.10~6.1.13 条整理。

6.2.2.2 防火堤内储罐组的布置

防火堤内储罐组的布置，应按规范要求保证储罐之间及储罐壁与防火堤的防火距离，储罐壁与防火堤的距离见表 6.7。

表 6.7 储罐壁与防火堤的距离

储罐与防火堤的形式	储罐壁与防火堤的距离
地面立式储罐壁与防火堤内堤脚线	不应小于罐壁高度的 1/2
地面卧式储罐壁与防火堤内堤脚线	不应小于 3.0m
山体兼作防火堤时，罐壁至山体	不得小于 1.5m

注：本表根据《石油库设计规范》GB 50074—2014 版 6.5.2 条整理。

6.2.2.3 地上立式油罐组平面布置举例

地上立式油罐组平面布置举例，见图 6.8、图 6.9 和图 6.10。其区别和要求如下：

（1）图 6.8、图 6.9 和图 6.10 为储存甲 B、乙类油品的地上立式固定顶油罐的布置。图 6.8 为同容量、同直径的油罐在狭长地带成单排布置，图 6.9 为双排布置；图 6.10 为不同容量的油罐双排混合布置。

（2）若油罐选用浮顶时，则油罐间距可为 $0.4D$，则 $L_1 = D(1.4n - 0.4)$。

（3）若油罐设在油库区域内时，则可不设罐区边界。

（4）图中 D 为油罐直径，H 为油罐壁高，n 为油罐个数，S 为油罐区边界（例如围墙）至油罐壁的距离，可按"新规范"表 5.1.3 中不同结构、不同容量的油罐查得。

6.2.2.4 地面立式油罐附件的安装例图

地面立式油罐罐体的基本附件有人孔、采光孔、量油孔、旋梯（或爬梯）、

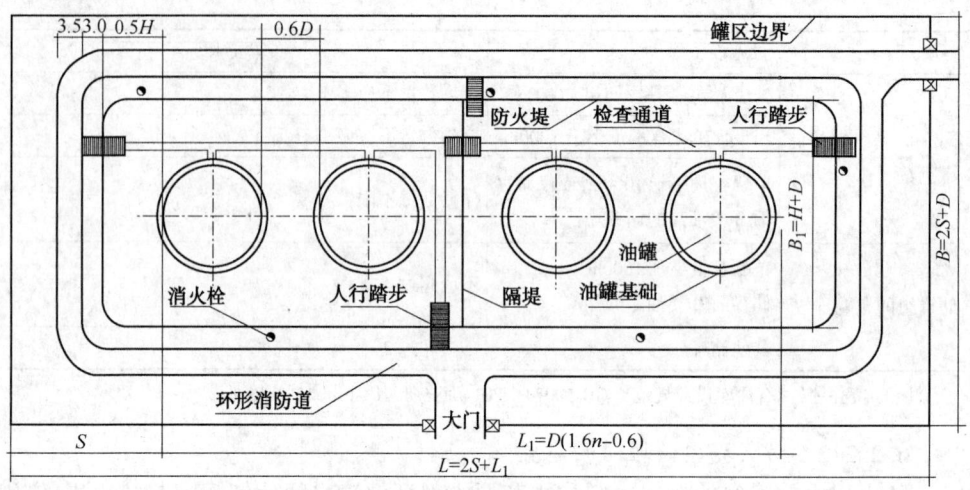

图 6.8　同容量油罐单排布置

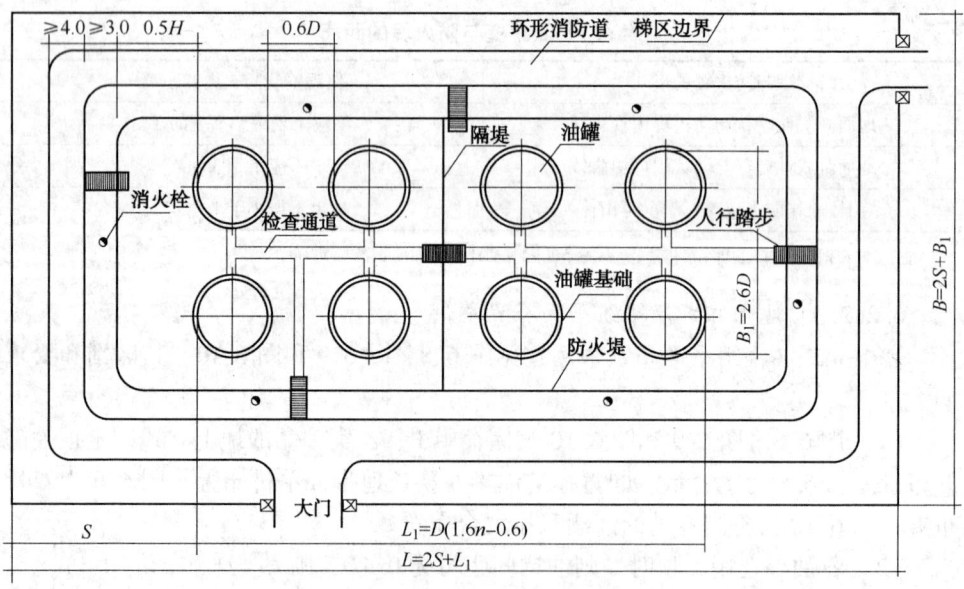

图 6.9　同容量油罐双排布置

栏杆等。工艺系统有输油系统、排污系统、涨油补气系统、呼吸系统等。黏油罐尚有加热用的蒸汽、回水系统。此外还有防雷防静电系统和消防系统，这些分别由供电和给排水专业设计。有的单位在罐顶上还装了液面测量装置；在采光孔上装了 U 形管压力计；在罐内最高液位装了最高液位报警控制器。

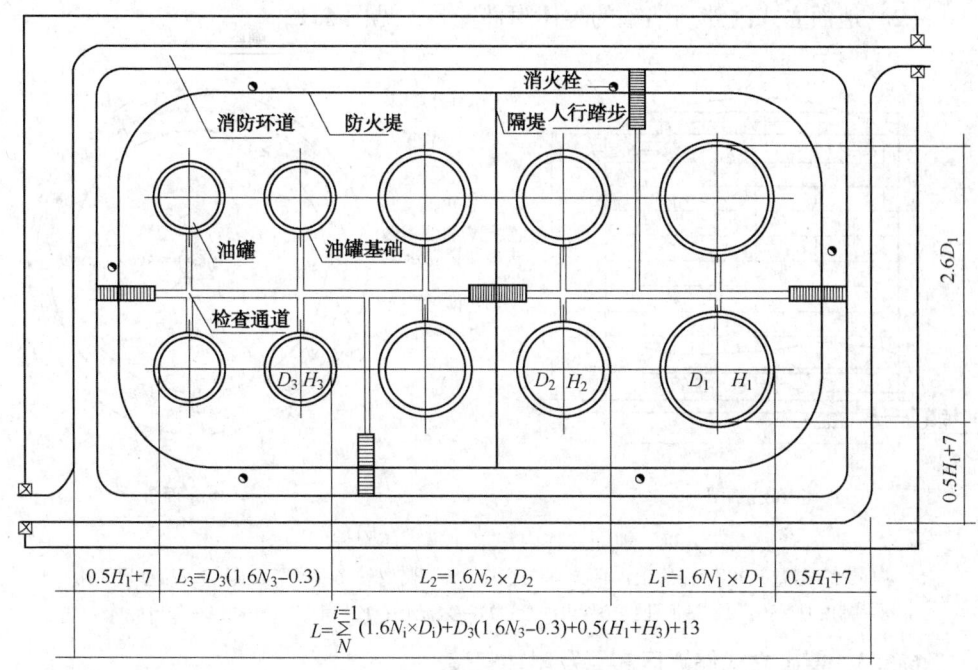

图 6.10 不同容量油罐双排混合布置

（1）地面立式固定顶油罐的罐体附件安装，见图 6.11。

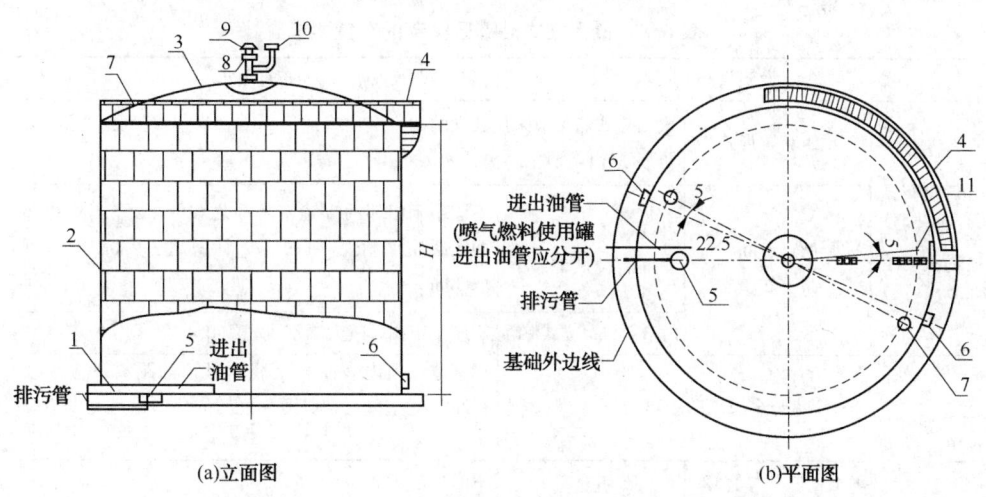

图 6.11 地面立式固定顶油罐罐体附件安装图样
1—罐底；2—罐壁；3—罐顶；4—旋梯与栏杆；5—排污槽；6—罐壁人孔；
7—采光孔；8—阻火器；9—机械呼吸阀；10—液压安全阀；11—量油孔

（2）地面立式内浮顶油罐的罐体附件安装，见图6.12。

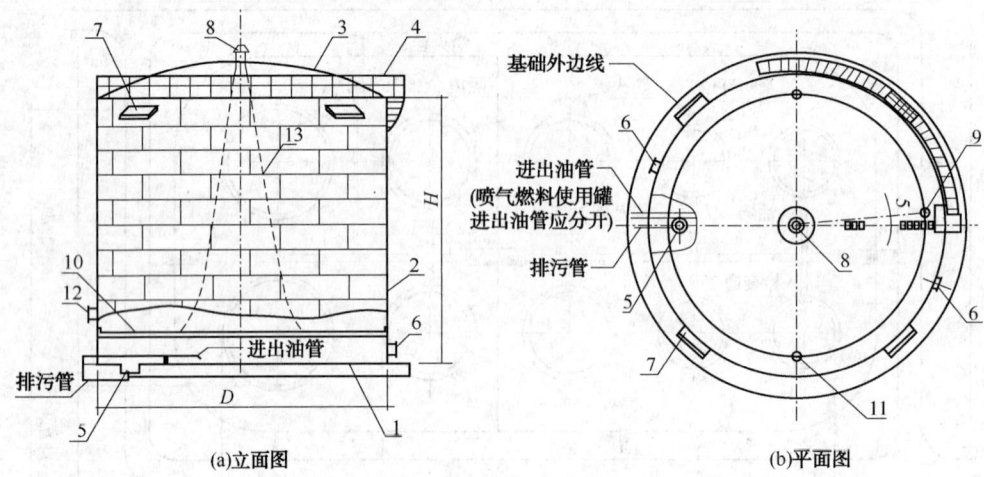

图6.12 地面立式内浮顶油罐罐体附件安装图

1—罐底；2—罐壁；3—固定罐顶；4—旋梯与栏杆；5—排污槽；6—罐壁人孔；7—罐壁通气孔；
8—罐顶通气孔；9—量油孔；10—内浮盘；11—采光孔；12—带芯人孔；13—静电导线

6.2.3 覆土立式储罐区布置及附件安装

6.2.3.1 覆土立式储罐区储罐的布置要求

覆土立式储罐区储罐的布置要求，见表6.8。

表6.8 覆土立式储罐区储罐的布置要求

设施设备			布置要求
罐组布置形式及防火间距	罐组布置形式		覆土立式储罐应采用独立的罐室及出入通道。与管沟连接处必须设防火防渗密闭隔离墙
	储罐之间防火间距	甲B、乙、丙A类油品立式储罐	不应小于相邻两罐罐室直径之和的1/2。当按相邻两罐罐室直径之和的1/2计算超过30m时，可取30m
		丙B类油品立式储罐	不应小于相邻较大罐室直径的0.4倍
罐室与金属罐的距离			罐室球壳顶内表面与金属油罐顶的距离不应小于1.2m，罐室壁与金属罐壁之间的环形走道宽度不应小于0.8m
罐室顶部周边应均布采光通风孔	罐室直径不大于12m	孔的个数	不应少于2个
	罐室直径大于12m		应设4个
	孔的直径或任意边长		不应小于0.6m
	其口部高出覆土面层		不宜小于0.3m，并应装设带锁的孔盖

6 对"储罐区"的解读及应用

续表

设施设备			布置要求
罐室出入通道	断面	宽度	不宜小于 1.5m
		高度	不宜小于 2.2m
	通道形式		储存甲 B、乙、丙 A 类油品的覆土立式油罐,其罐室通道出入口高于罐室地坪不应小于 2.0m
	门的设置		罐室的出入通道口,应设向外开启的并满足口部紧急时刻封堵强度要求的防火密闭门,其耐火极限不得低于 1.5h。通道口部的设计,应有利于在紧急时刻采取封堵措施
罐室顶部的覆土厚度			不应小于 0.5m;周围覆土坡度应满足回填土稳固要求
事故外输管道			(1) 事故外输管道的公称直径,宜与油罐进出油管道相一致,但不得小于 100mm。 (2) 事故外输管道应由罐室阀门操作间处的积水坑处引出罐室外,并宜满足在事故时能与输油干管相连通。 (3) 事故外输管道应设控制阀门和隔离装置。控制阀门和隔离装置不应设在罐室内和事故时容易遭受危及的部位
事故存油坑(池)设置			应按不小于区内储罐可能发生油品泄漏事故时(丙 B 类油罐除外),油品漫出罐室部分最多的一个油罐设置区域导流沟及事故存油坑(池)
引出管道敷设			引出罐室操作间的管道,敷设深度大于 2.5m 时,可采用非充沙封闭管沟敷设

注:本表根据《石油库设计规范》GB 50074—2014 版 6.2.2~6.2.10 条整理。

6.2.3.2 覆土立式油罐组平面布置举例

覆土立式油罐应沿等高线走向随地势排列,见图 6.13 和图 6.14。检查道和消防道应沿山形走势设置,道面可简易硬化。尽端式消防车道应设回车场。油罐间距应符合"新规范"6.2.3 条要求。

6.2.3.3 覆土立式油罐通道结构形式

覆土立式油罐通道形式过去有水平通道、斜通道、竖直通道 3 种,见图 6.15~图 6.17。"新规范"规定选用斜通道。原为水平通道时,应有可靠的防跑油措施。竖直通道进出罐室不便,很少采用,只有地形、位置受限时采用。

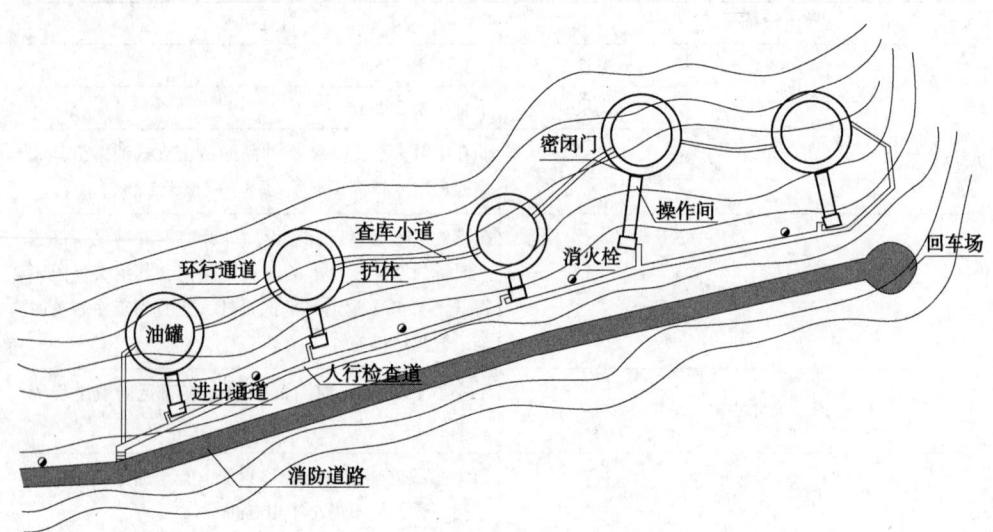

图 6.13 覆土立式油罐沿独立山脚单排布置

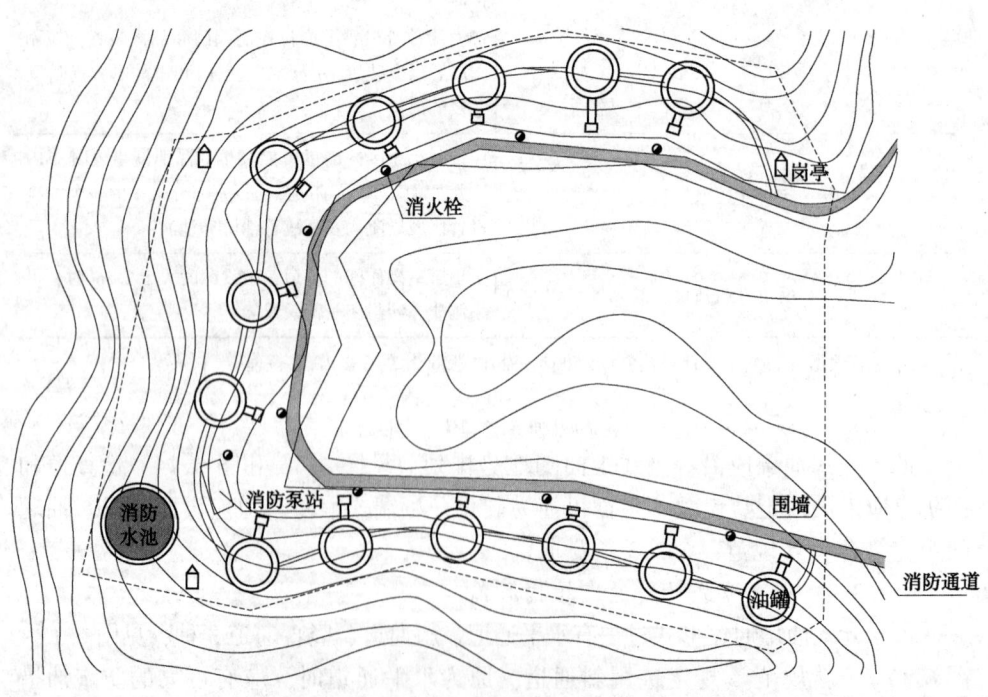

图 6.14 覆土立式油罐沿多座山脚单排布置

6 对"储罐区"的解读及应用

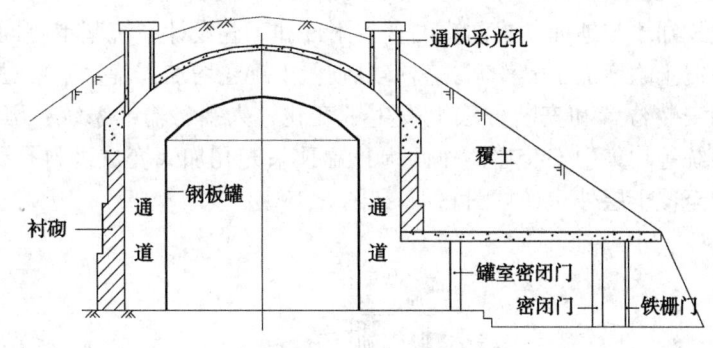

图 6.15 水平通道

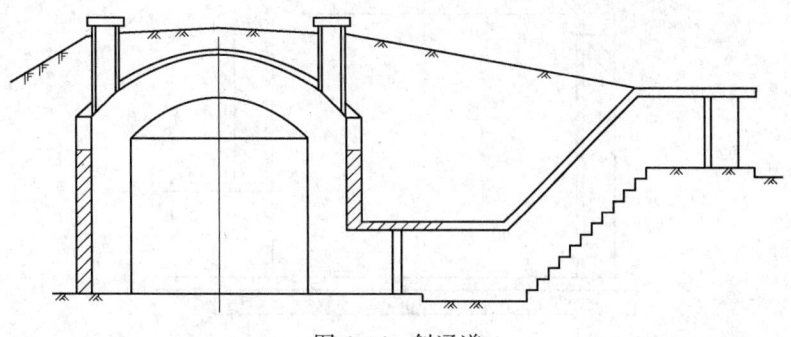

图 6.16 斜通道

图 6.17 竖直通道

6.2.3.4 覆土立式油罐附件的安装例图

覆土立式油罐与地面立式油罐的基本附件和工艺设计系统基本相同，所不同的就是因为覆土罐增加了操作间，离壁衬砌覆土罐还增加了罐室，使罐体附件和工艺系统的安装位置和安装方法上发生了变化。人孔、输油系统、涨油补气系统、排污系统等均集中安装在操作间内，罐顶采光孔加大变成进料孔及量油孔，呼吸系统伸至覆土层外，详见图6.18和图6.19。

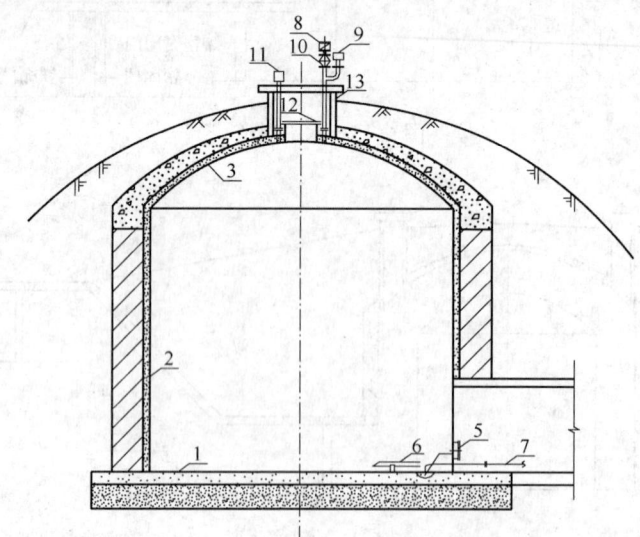

图6.18 贴壁衬砌掩体罐附件安装图
1—钢罐底板；2—钢罐壁板；3—钢罐顶板；4—排污槽；5—罐壁人孔；
6—进出油管；7—排污管；8—机械呼吸阀；9—液压安全阀；
10—阻火器；11—量油孔；12—采光孔；13—进料孔

6.2.4 覆土卧式油罐组布置及附件安装

6.2.4.1 覆土卧式油罐组平面布置举例

覆土卧式油罐组平面布置通常有两种形式，其一是有操作间的，见图6.20（a）；其二是无操作间直接掩埋的，见图6.20（b）。

6.2.4.2 覆土卧式油罐埋设及附件管路的安装剖面

覆土卧式油罐埋设形式，应根据卧式油罐的不同用途选择不同的安装方案。覆土卧式油罐埋设形式大体有：单排布置的其安装形式有地上式、露头式、阀井式、操作间式，见图6.21。双排布置的其安装形式有露天双排式、房间双排式，见图6.22。

6.2.4.3 埋地卧式罐的抗浮设计计算

当埋地卧式油罐被地下水浸泡时，应考虑校核空罐时的抗浮问题。

6 对"储罐区"的解读及应用

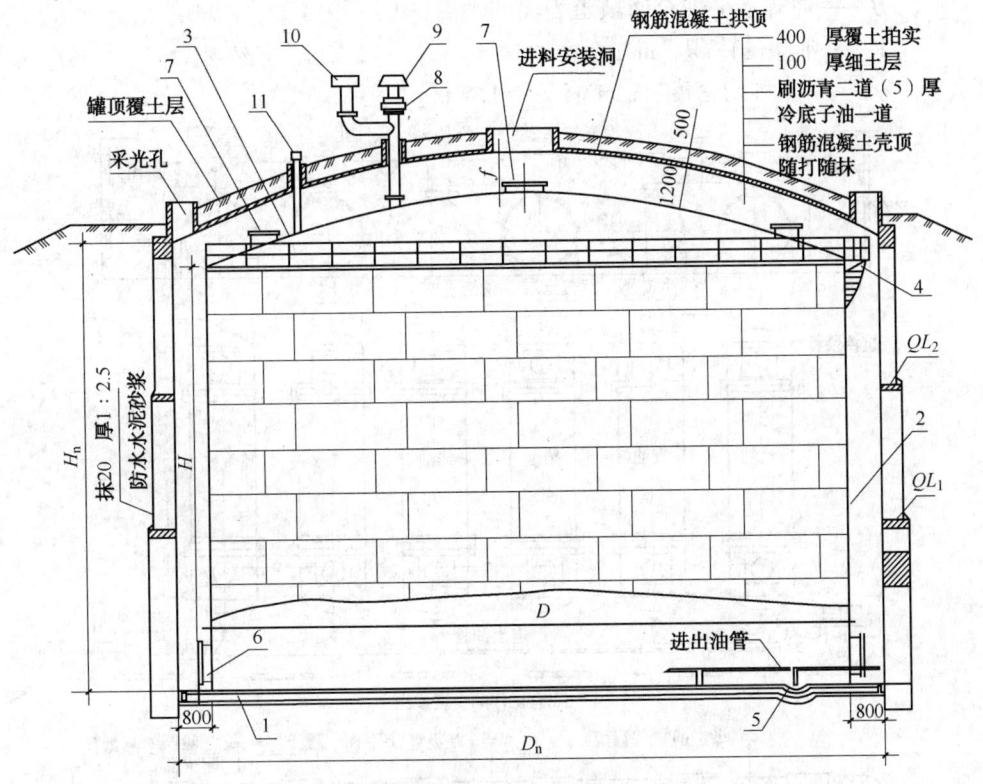

图 6.19 离壁衬砌掩体罐附件安装图

1—罐底；2—罐壁；3—罐顶；4—旋梯与栏杆；5—排污槽；6—罐壁人孔；
7—采光孔；8—阻火器；9—机械呼吸阀；10—液压安全阀；11—量油孔

（1）无混凝土支墩或无梁板式钢筋混凝土基础锚固时的抗浮校核，见图 6.23。

按无混凝土支墩或无梁板式钢筋混凝土基础锚固时的抗浮校核，其抗浮条件为：

$$G_Z + G_± \geq V_S \gamma_S K \tag{6.1}$$

其中

$$G_± = (DLH - V/2)\gamma_± \tag{6.2}$$

式中 G_Z——油罐的总自重，t；

V_S——油罐埋入地下水部分的体积，m³；

γ_S——水的密度（$\gamma_S = 1$ t/m³）；

K——安全系数（$K = 1.1 \sim 1.5$）；

$G_±$——油罐水平直径以上覆土总质量；

D——油罐的外直径，m；

L——油罐的总长度，m；

H——油罐水平轴至回填土表面的距离，m；
V——油罐的体积，m^3；
$\gamma_\pm$——土壤的密度，t/m^3（$\gamma_\pm = 1.5\ t/m^3$）。

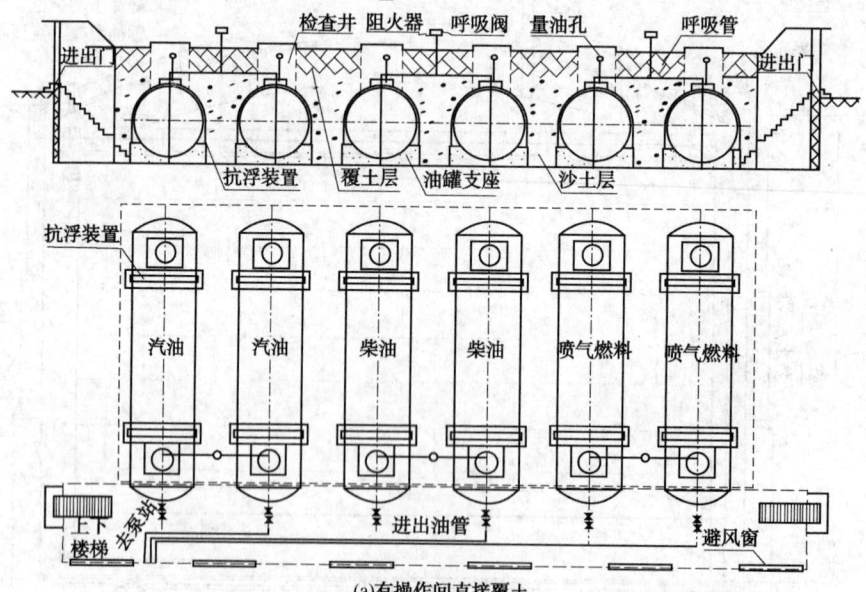

图 6.20 覆土卧式油罐组平面布置

6 对"储罐区"的解读及应用

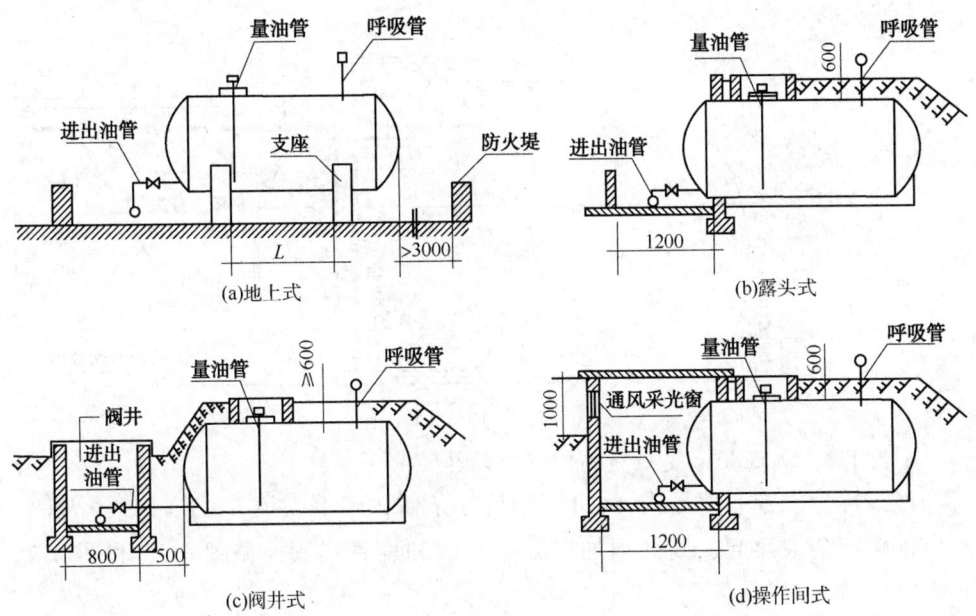

图6.21 覆土卧式油罐埋没形式单排布置

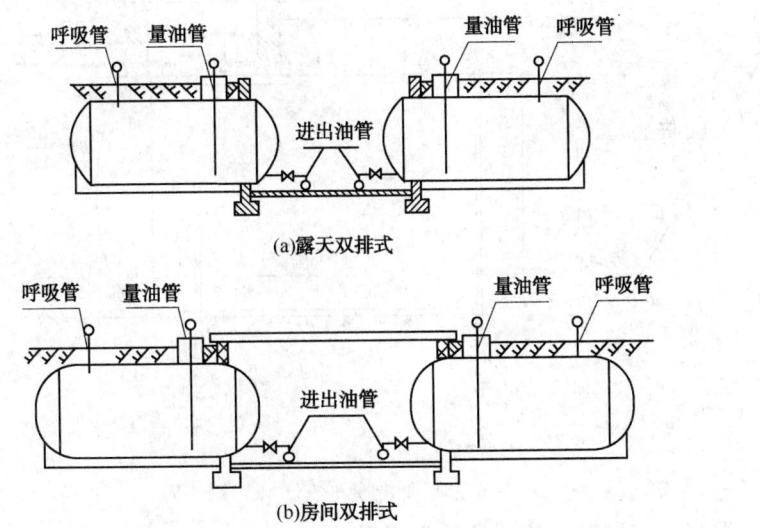

图6.22 覆土卧式油罐埋没形式双排布置

由式(6.1)和式(6.2)按地下卧式油罐的几何尺寸,分别对$10m^3$、$25m^3$和$50m^3$卧式油罐进行计算,可得出如下结论:

油罐顶覆土0.6m,不加抗浮锚固,而空罐不被浮起的最高地下水位,对于$10m^3$罐应低于1m,$25m^3$与$50m^3$罐应低于1.5m。

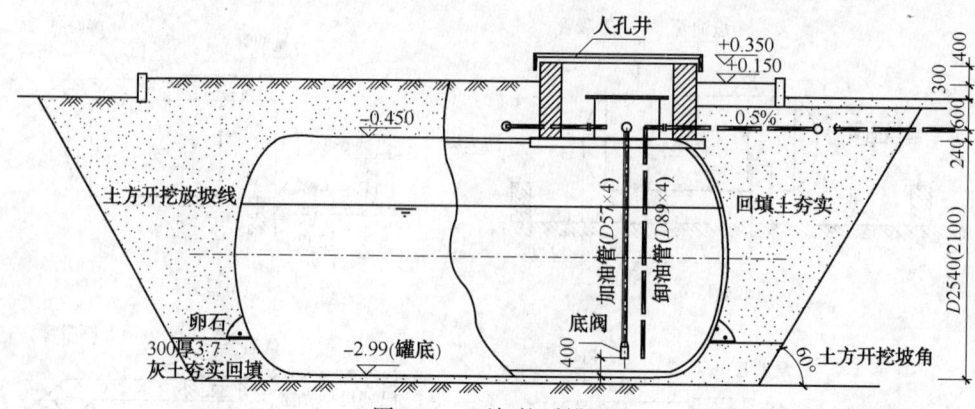

图 6.23 不加抗浮锚固

6.2.4.2 加混凝土支墩和扁钢锚固计算

经过计算，若不满足式（6.1）的抗浮条件，即不满足 $G_Z + G_± \geq V_S \gamma_S K$ 时，则空油罐即会被浮起，则必须加混凝土支墩和扁钢锚固，见图 6.24 和图 6.25（A—A 剖面）。

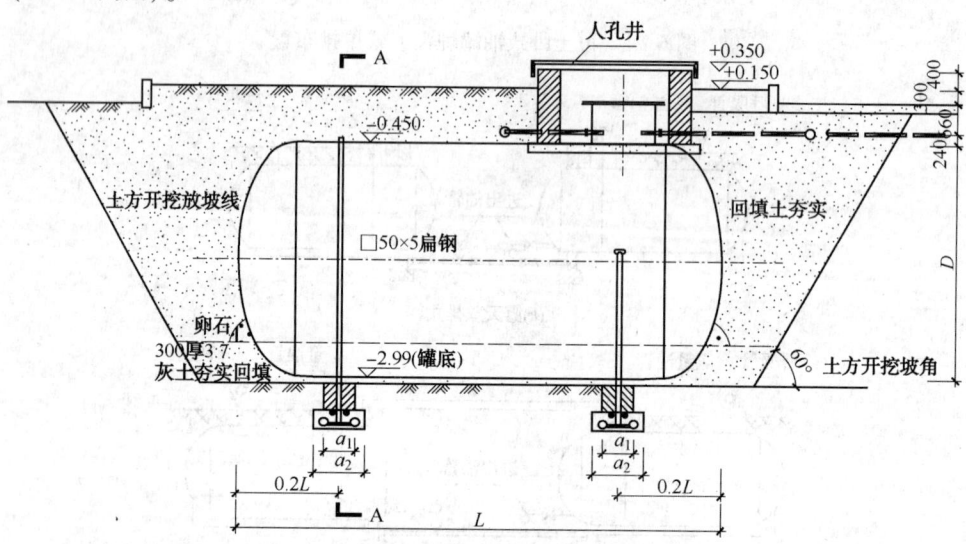

图 6.24 加混凝土支墩和扁钢锚固

有混凝土支墩时的抗浮条件为：

$$G_Z + G_± + V_m \cdot \gamma_m \geq (V_S + V_m)\gamma_S K \tag{6.3}$$

由式（6.3）可推得锚块的体积为：

$$V_m \geq \frac{KV_S\gamma_S - G_Z - G_±}{\gamma_m - K\gamma_S} \tag{6.4}$$

6 对"储罐区"的解读及应用

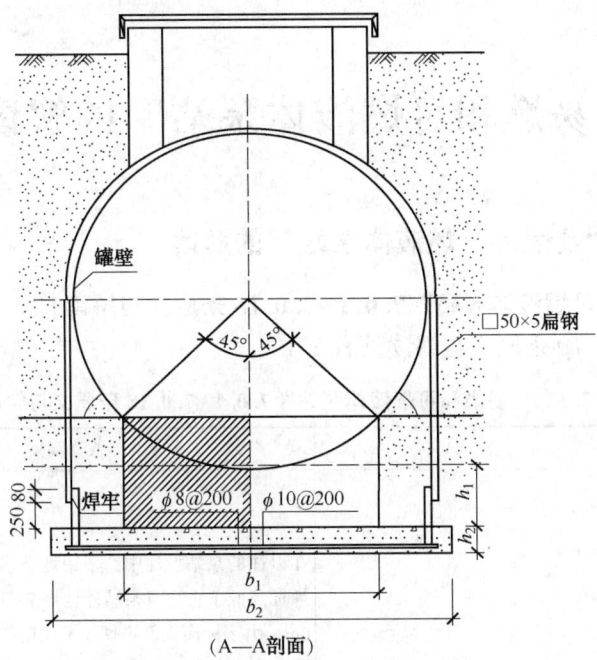

图 6.25 混凝土支墩和扁钢锚固剖面（单位：mm）

式中 V_m——锚块的全部体积，m^3；

γ_m——锚块的密度，t/m^3。

砖的密度 $\gamma_m = 1.7 t/m^3$，混凝土的密度 $\gamma_m = 2.2 \sim 2.4 t/m^3$，钢筋混凝土的密度 $\gamma_m = 2.4 \sim 2.5 t/m^3$；

按照计算得锚块总体积 V_m，再根据土建结构的一般做法设计中各部尺寸。一般要求砖支座厚度 α_1 不小于370mm（即1砖半厚），砖支座包角 α 一般为90°~120°，混凝土支座宽度 b_2 一般应比罐直径至少大15%。根据式（6.4）及常规做法，对 $10m^3$、$25m^3$ 和 $50m^3$ 卧式油罐的抗浮锚块做了设计计算，列于表6.9。

表 6.9 埋地卧式罐抗浮锚块尺寸

罐容（m^3）	D	L	α_1	α_2	b_1	b_2	h_1	h_2	支墩个数
10	2100	3614	500	800	1500	2500	500	300	2
25	2540	5114	600	1000	1800	3000	500	300	2
50	2540	10574	1000	1500	1800	3000	500	800	4

油罐常用□50×5扁钢带（或角钢∠50×5）锚箍，与固定在锚块内的螺栓（$\phi20 \sim \phi22$）连接，螺栓的埋深为30~40倍的螺栓直径。

7 对"易燃和可燃液体泵站"的解读及应用

7.1 对"易燃和可燃液体泵站"的解读

【"易燃和可燃液体泵站"7.0.1~7.0.18条原文与解读】

7.0.1~7.0.18条原文与解读见表7.1。

表7.1 "易燃和可燃液体泵站"7.0.1~7.0.18条原文与解读

条号	主题	条款原文	条款解读
7.0.1	泵站建筑形式	易燃和可燃液体泵站宜采用地上式。其建筑形式应根据输送介质的特点、运行工况及当地气象条件等综合考虑确定,可采用房间式(泵房)、棚式(泵棚)或露天式	在以往的泵站设计中,采用地下泵房相当普遍,其地坪标高低于轨顶或泵站外地坪2~3m,也有的深达5~6m。由于标高太低不便于解决防排水问题,同时增加了土方工程量,也容易积聚油气,给建筑施工、设备安装、操作使用,特别是安全管理带来很多问题,所以推荐油泵站建成地上式。从建筑形式看,泵房虽有利于设备和操作环境,但一方面增大了建房、通风等的投资,另一方面容易积聚油气,于安全不利;露天泵站造价低、设备简单、油气不容易积聚,但设备和操作人员易受环境气候影响;泵棚则介于泵房与露天泵站之间,应当说是一种较好的泵站形式。油泵站建筑形式的选择,在《石油化工储运系统泵区设计规范》SH/T 3014中有较具体的规定: (1)极端最低气温低于-30℃或风沙较大的地区宜设泵房; (2)极端最低气温高于-20℃的地区,不宜设泵房; (3)按(2)确定不设泵房的下列地区宜设泵棚: ①历年平均最热月的月平均温度高于32℃的地区; ②历年年平均降水量在1000mm以上的地区; (4)除按(3)的要求设泵棚外的其他地区,宜采用露天泵站。 在选择时可根据当地情况考虑

7 对"易燃和可燃液体泵站"的解读及应用

续表

条号	主题	条款原文	条款解读
7.0.2	泵站的建筑设计要求	易燃和可燃液体泵站的建筑设计，应符合右列规定：（1）泵房或泵棚的净空应满足设备安装、检修和操作的要求，且不应低于3.5m	泵房和泵棚净空不低于3.5m，主要考虑设备竖向布置和有利于油气扩散
		（2）泵房的门应向外开，且不应少于两个，其中一个应能满足泵房内最大设备的进出需要。建筑面积小于100m²时可设一个外开门	规定油泵房设两个向外开的门，主要是考虑发生火灾、爆炸事故时便于操作人员安全逃生。小于100 m²（GB 50074—2002版为小于60m²）的油泵房，因泵的台数少，发生事故的机会也少，即使发生事故也易于逃生，故允许设一个外开门
		（3）泵房（间）的门、窗采光面积，不宜小于其建筑面积的15%	泵房（间）比泵棚或露天泵站采光较差，故应利用门、窗进行采光。采光面积相关标准规定都差不多。另外，门、窗也有利于自然通风
		（4）泵棚或露天泵站的设备平台，应高于其周围地坪不小于0.15m	本条是为防止雨水流入泵站，腐蚀、损坏设备
		（5）与甲B、乙类液体泵房（间）相毗邻建设的变配电间的设置，应符合本规范第14.1.4条的规定	参见本规范第14.1.4条的规定
		（6）腐蚀性介质泵站的地面、泵基础等其他可能接触到腐蚀性液体的部位，应采取防腐措施	本条是为防止泵站受到损坏，延长泵站的使用寿命
		（7）输送液化石油气等甲A类液体的泵站，应采用不发生火花的地面	为了安全而规定本条

续表

条号	主题	条款原文		条款解读
7.0.3	有毒泵的设置	输送Ⅰ、Ⅱ级毒性液体的泵，宜独立设置泵站		输送毒性大的泵，对人体危害大应采取特殊的措施，故宜独立设置泵站
7.0.4	输送液体对泵房的要求	输送加热液体的泵，不应与输送闪点低于45℃液体的泵设在同一个房间内		这一条是从安全考虑而定。因为这两类泵若放在同一泵房内加大了着火爆炸的危险度
7.0.5	泵不设在同一房间	输送液化烃等甲A类液体的泵，不应与输送其他易燃和可燃液体的泵设在同一个房间内		两者火灾危险性不同，安全度不同，故规定本条
7.0.6	输毒性液体泵的选择	Ⅰ、Ⅱ级毒性液体的输送泵应采用屏蔽泵或磁力泵		这两类泵密封性能好，减少了毒气的散发，提高了安全度
7.0.7	泵站内备用泵的设置规定	易燃和可燃液体输送泵的设置，应符合右列规定	（1）输送有特殊要求的液体，应设专用泵和备用泵	为保证特殊油品（如航空喷气燃料等）的质量，规定了专泵专用，且专设备用泵，不得与其他油品油泵共用
			（2）连续输送同一种液体的泵，当同时操作的泵不多于3台时，宜设一台备用泵；当同时操作的泵多于3台时，备用泵不宜多于2台	连续输送的油泵是指生产装置或工厂开工周期内不能停用的泵，如长距离输油管道的输油泵、发电厂锅炉的供油泵等。这些油泵在发生故障时，如没有备用泵，则无法保证连续供油，必然造成各种事故或较大的经济损失。所以规定连续输送的油泵宜设备用油泵
			（3）经常操作但不连续运转的泵不宜单独设置备用泵，可与输送性质相近液体的泵互为备用或共设一台备用泵	经常操作但不连续运转的油泵，根据生产需要时开、时停，作业时间长短不一，石油库的输油泵大多属于此类，如油品装卸和输转等作业所用的泵。这些油泵发生故障时，一般不致造成重大的损失，客观上也有一定检修时间，各种类型的油泵采用互为备用或共设一台备用油泵是可以满足生产需要的。泵长期不运转也会降低寿命，真需要运转时却可能不正常，所以多设备用泵并不会成倍增加连续生产的可能性，反而会增加一次性投资和管理费用
			（4）不经常操作的泵，不宜设置备用油泵	不经常操作的油泵是指平时操作次数很少且不属于关键性生产的泵，如油泵房的排污泵、抽罐底残油的泵等。这种泵停运的时间比较长，有足够的时间进行检修，即使在运行时损坏，对生产影响也不大。故这种泵没有必要设备用油泵

7 对"易燃和可燃液体泵站"的解读及应用

续表

条号	主题	条款原文	条款解读
7.0.8	泵的布置	泵的布置应满足操作、安装及检修的要求,并应排列有序	满足操作、安装及检修的要求,这是泵站内泵和管组布置的首要和基本要求,是生产的需要。排列有序既美观,又节省材料、省占地,对满足基本要求也有利
7.0.9	偏心接头的设置	离心泵水平进口管需要变径时,应采用异径偏心接头。异径偏心接头应靠近泵入口安装,当泵的进口管道内的液体从下向上或水平进泵时,应采用顶平安装;当泵的进口管道内的液体从上向下进泵时,应采用底平安装	离心泵进口通常较小,一般均需变径加大吸入管。为防止气阻断流,所以规定本条。在本章的图7.3、图7.4可形象地看出离心泵吸入管安装的正确与不正确的图示
7.0.10	泵的进口管道设置	输送在操作温度下容易处于泡点(或平衡)状态下的液体,泵的进口管道宜步步低的坡向机泵	这也为了防止泵进口处产生气阻断流而规定
7.0.11	泵进口管道上设过滤器的要求	泵的进口管道上应设过滤器。磁力泵进口管道应设磁性复合过滤器。过滤器的选用应符合现行业标准《石油化工泵用过滤器选用、检验及验收》SH/T 3411的规定。过滤器应安装在泵进口管道的阀门与泵入口法兰之间的管段上	为了防止泵被吸入的杂物损坏,所以在泵进口处装过滤器。SH/T 3411标准对过滤器选用有明确要求,可供参照。过滤器安装在泵进口管道的阀门与泵入口法兰之间的管段上,是为了维护检修过滤器时便于拆卸
7.0.12	泵出口管道设止回阀的要求	泵的出口管道宜设止回阀。止回阀应安装在泵出口管道的阀门与泵出口法兰之间的管段上	泵排出管道压力较高,所以在泵出口管道上要装阀门,防止高压液体反向压回,使泵反转而损坏。经止回阀的液体只能向一个方向流动,自动起到防止高压液体反回的作用,所以规定本条
7.0.13	液化石油气泵的要求	液化石油气进泵管道宜采用隔热措施	为防止液化石油气受热膨胀而损坏泵
7.0.14	设高点排气阀	在泵进、出口之间的管道上宜设高点排气阀。当输送液化烃、液氨、有毒液体时,排气阀出口接至密闭放空系统	这也为了防止泵进口处产生气阻断流而规定

续表

条号	主题	条款原文	条款解读
7.0.15	排放管口的设置要求	易燃和可燃气体排放管口的设置，应符合右列规定： (1) 排放管口应设在泵房(棚)外，并应高出周围地坪4m及以上 (2) 排放管口设在泵房(棚)顶面上方时，应高出泵房(棚)顶面1.5m及以上 (3) 排放管口与泵房门、窗等孔洞的水平路径不应小于3.5m；与配电间门、窗及非防爆电气设备的水平路径不应小于5m (4) 排放管口应装设阻火器	易燃和可燃气体排放管口排出的气体易着火，所以一定要排出泵房外，而且应送至4m以上，若设在泵房(棚)顶面上方时，也应高出泵房(棚)顶面1.5m以上，才较安全。排放管口与泵房门、窗与配电间门、窗及非防爆电气设备等孔洞的水平路径设最短距离要求，也是防止排出的气体返回。这些最短距离的数值，"新规范"与GB 50047—2002版一致，"新规范"只加了与泵房门、窗等孔洞的水平路径不应小于3.5m。 为防止管口着火引回到泵房内，所以排放管口应装设阻火器
7.0.16	泵的排出口的设置	当选用容积泵作为离心泵灌泵和抽吸油罐车底油的泵时，该泵排出口应就近接至相应的管道放空设施	容积泵排出口就近与相应管道连接，并排到同一放空设施内是可以的。这样简化了管道系统，又不用专设容积泵的排放设施，这在技术经济上是合理的
7.0.17	设安全阀要求	无内置安全阀的容积泵的出口管道上应设安全阀	容积泵不得超压，所以无内置安全阀的容积泵的出口管道上应设安全阀
7.0.18	装卸栈桥或汽车罐车装卸站台下设泵	易燃和可燃液体装卸区不设集中泵站时，泵可设置于铁路罐车装卸栈桥或汽车罐车装卸站台之下，但应满足自然通风条件，且泵基础顶面应高于周围地坪和可能出现的最大积水高度	泵站多实行集中布置，但由于集中泵站造成管道多、阀门多、泵吸程大等问题，旧规范GB 50074—2002和"新规范"允许将泵设置在铁路装卸栈桥或汽车储罐车装卸站台下，直接将泵分散布置在栈桥或站台下，节省建站费用，同时减小了泵吸程。这就相当于将泵设在泵棚内一样安全。但规定应满足自然通风条件，且泵基础顶面应高于周围地坪和可能出现的最大积水高度。这是为了使油气能迅速扩散，增强安全可靠性。需要注意的是，设置在栈桥或站台下的泵要满足防爆要求和铁路装卸区安全限界的要求

7.2 对"易燃和可燃液体泵站"的应用

7.2.1 油泵站设计还应遵循或参考的其他标准、规范

油泵站设计除执行本"新规范"外，还应遵循或参考的其他标准、规范如下：

7 对"易燃和可燃液体泵站"的解读及应用

(1)《泵站设计规范》GB 50265；

(2)《石油化工储运系统泵区设计规范》SH/T 3014；

(3)《石油化工泵组施工与验收规范》SH 3541；

(4)《风机、压缩机、泵安装工程施工及验收规范》等。

7.2.2 油泵站设备管组布置举例

【例1】 油泵房设备管组布置，见图7.1。

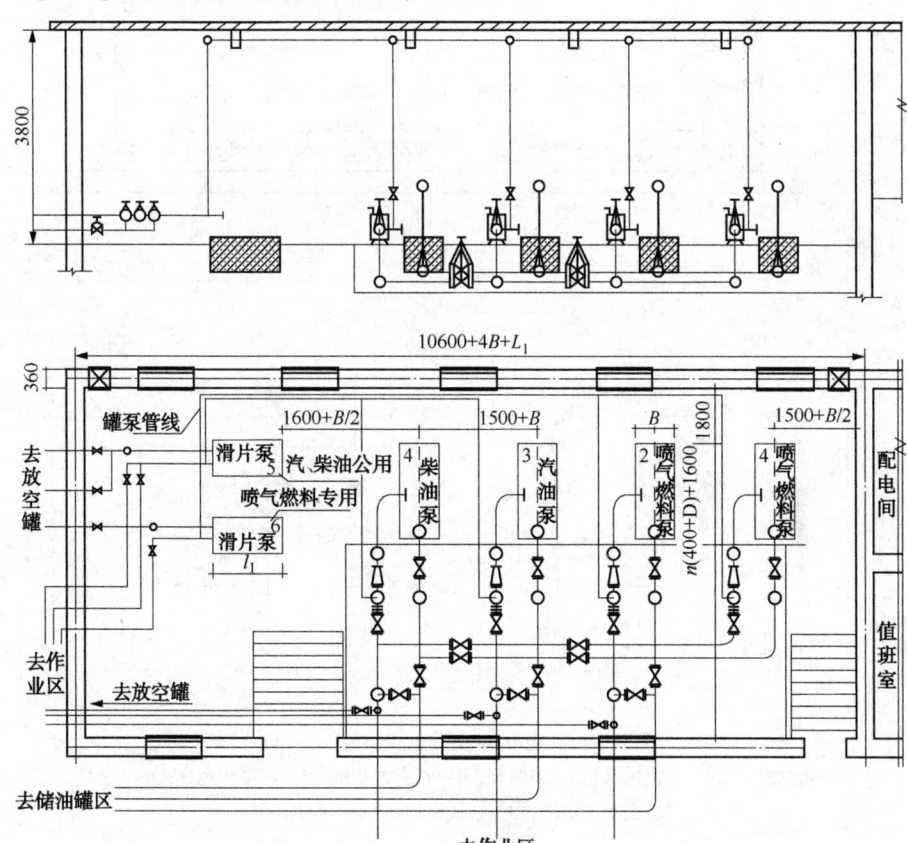

图7.1 油泵房设备管组布置（单位：mm）

(1) 本方案用4台离心泵，收3种油品，可完成泵收油、自流发油、并联输送、自流放空、泵抽送放空罐中油品的流程，同种油品的泵可互为备用。另2台滑片泵为离心泵灌泵和给铁路罐车扫舱。

(2) 土建为一层砖混结构，窗采用铝塑材料，外墙可做水刷石或贴瓷砖，颜色自定。室内窗台板为磨石面，墙面不宜做高档装修。门应有两个。

标高经计算后确定。L，B，L_1，B_1 分别表示输油泵、滑片泵基础的长度和宽度，n 为输油管的根数，D 为输油管直径。

电压为 10kV 及以下的变配电间可与泵站相毗邻，但应符合防爆设计要求。

【例2】　油泵棚设备管组布置，见图 7.2。

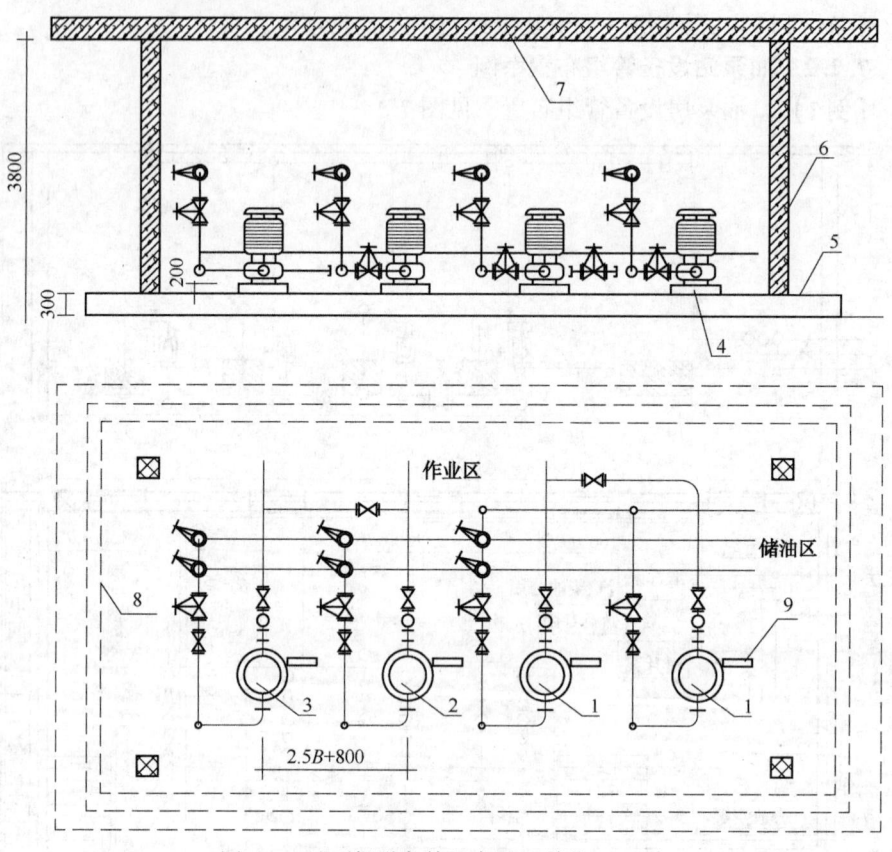

图 7.2　油泵棚设备管组布置（单位：mm）

1—喷气燃料泵；2—汽油泵；3—柴油泵；4—管道泵基础；5—混凝土地坪；6—立柱；
7—混凝土雨棚；8—金属围栏；9—防爆启动器

（1）本方案用 4 台管道离心泵，收 3 种油品，喷气燃料设 2 台，并可互为备用；汽油和柴油各设 1 台泵，可互为备用。图中 B 为油泵基础宽度。

（2）本方案土建采用混凝土顶棚，顶棚也可采用组装式金属结构，则可工厂预制后运至现场组装。雨棚立柱可为金属或混凝土，依据雨棚尺寸大小设 4~6 个立柱。

地坪应采用不燃且金属撞击不产生火花的材料，比周围地坪标高高出 0.3m。

围栏应采用金属等不燃材料，高度应根据需要确定，依据泵棚面积大小设 1~2 个门。

泵基础应高出地坪0.15~0.2m,管道泵为圆形基础,卧式泵的巨型基础应平行排布,大小不一时应外端对齐。

7.2.3 油泵吸入和排出管路的配置要求

7.2.3.1 油泵的吸入和排出管路配置通常要求

(1) 所有与泵连接的管路应具有独立、牢固的支承,以消减管路的振动和防止管路的重量压在泵上。

(2) 吸入和排出管路的直径不应小于泵的入口和出口直径。

(3) 吸入管路宜短且宜减少弯头。

(4) 当采用变径管时,变径管的长度不应小于大小管直径差的5~7倍。

(5) 吸入管路内不应有积存气体的地方,见图7.3。当泵的安装位置高于吸入液面时,吸入管路的任何部分都不应高于泵的入口;水平直管段应有倾斜度(泵的入口处高),并不宜小于5‰~20‰。

(6) 工艺流程和检修所需阀门按需要设置。

(7) 两台及以上的泵并联时,每台泵的出口均应装设止回阀。

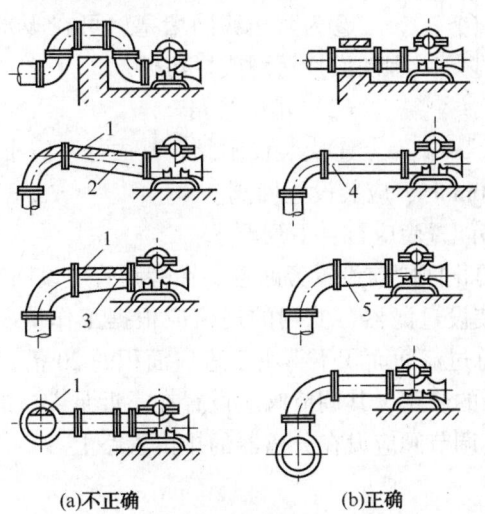

(a)不正确　　　　　　(b)正确

图7.3 吸入管路正确与不正确安装

1—空气团;2—向水泵下降;3—同心变径管;4—向水泵上升;5—偏心变径管

7.2.3.2 离心泵的管路配置尚应符合下列要求

(1) 吸入管路。

①泵入口前的直管段长度不应小于入口直径 D 的3倍,见图7.4。

②当泵的安装位置高于吸入液面,泵的入口直径小于350mm时,应设置底阀;入口直径大于或等于350mm时,应设置真空引水装置。

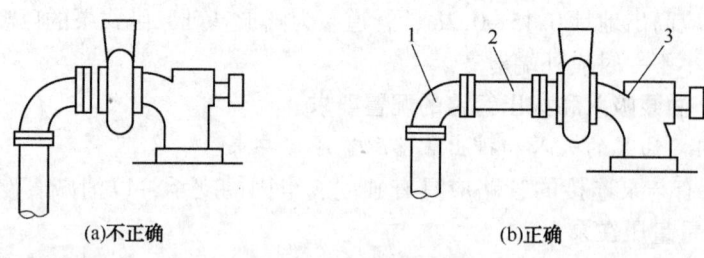

(a)不正确　　　　　　　　(b)正确

图 7.4　吸入管路安装

1—弯管；2—直管段；3—泵

③吸入管口浸入水面下的深度 a 不应小于入口直径 d 的 1.5~2 倍，且不应小于 500mm；吸入管口距池底的距离 b 不应小于入口直径 d 的 1~1.5 倍，且不应小于 500mm；吸入管口中心距池壁的距离 c 不应小于入口直径 d 的 1.25~1.5 倍；相邻两泵吸入口中心间的距离 d 不应小于入口直径 d 的 2.5~3 倍，见图 7.5。

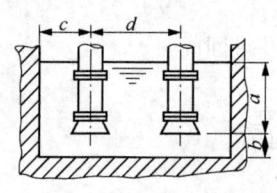

图 7.5　吸入池尺寸

④当吸入管路装置滤网时，滤网的总过流面面积不应小于吸入管口面积的 2~3 倍。

⑤为防止滤网堵塞，可在吸水池进口或吸入管周围加设拦污网或拦污栅。

（2）排出管路。

①应装设闸阀，其内径不应小于管子内径。

②当扬程大于 20m 时，应装设止回阀。

③螺杆泵的管路配置尚应符合下列要求：

a. 宜在每台泵的止回阀前设置旁路管，在旁路管上设回流阀或安全阀。

b. 吸入管口应装设过滤器，滤网的规格应根据工作情况和介质确定，可采用 40~80 目。滤网总过流面面积不得小于进口面积的 20 倍。

④水环式真空泵的管路，其调节阀应设置在靠近泵入口的吸入管路上；当采用水环压缩机时，其调节阀应设在分离器的排出管路上。

8 对"易燃和可燃液体装卸设施"的解读及应用

8.1 对"铁路罐车装卸设施"的解读及应用

8.1.1 对"铁路罐车装卸设施"的解读

【"铁路罐车装卸设施"8.1.1~8.1.16条原文与解读】

8.1.1~8.1.16条原文与解读见表8.1。

表8.1 "铁路罐车装卸设施"8.1.1~8.1.16条原文与解读

条号	主题	条款原文	条款解读
8.1.1	铁路罐车装卸线设置要求	1 铁路罐车装卸线的车位数，应按液体运输量确定	按照油品运输量确定装卸线的车位数，以使装卸油品设施能力与石油库的周转、储存油品能力相匹配，从而提高油品装卸设施的利用率，发挥其效益
		2 铁路罐车装卸线应为尽头式	由于油品装卸区属于爆炸和火灾危险场所，为了安全防火，送取储罐车的机车应采取推车进库、拉车出库的作业方式，即机车一般不需进入装卸区内。所以，无须将油品装卸线建成贯通式，建尽头式既满足需要，也防止机车进入库内。在调查中发现，有部分石油库将油品装卸线建成贯通式。虽然采取了安全防范措施，增加了严格的油品装卸安全规定和操作规程。但是，装卸设施工程和送取机车走行距离的增加，使石油库的建设资金和日常运营费用均有所增加。而且，油品装卸操作的复杂化，也增加了不安全因素
		3 铁路罐车装卸线应为平直线，股道直线段的始端至装卸栈桥第一鹤管的距离，不应小于进库罐车长度的1/2。装卸线设在平直线上确有困难时，可设在半径不小于600m的曲线上	油品装卸线为平直线，既便于装卸油品栈桥的修建和输油管道的敷设与维修，又便于储罐车的安全停放，防止溜车事故的发生，以及油品的准确计量和装卸干净。装卸线设在平直线上确有困难时，设在半径不小于600m的曲线上也能进行作业。但这样设置，由于车辆距栈桥的空隙较大，使油品装卸作业既不方便，又不很安全；同时，储罐车列相邻的车钩中心线相互错开，车辆的摘挂作业困难。而且，也不便于装卸栈桥的修建和输油管道的敷设与维修

续表

条号	主题	条款原文		条款解读
8.1.1	铁路罐车装卸线设置要求	4 装卸线上罐车车列的始端车位车钩中心线至前方铁路道岔警冲标的安全距离,不应小于31m;终端车位车钩中心线至装卸线车挡的安全距离不应小于20m		如果装卸线直线段始端至栈桥第一鹤位的距离小于储罐车长度的1/2时,由于第一鹤位的储罐车部分停在曲线上,不利于此储罐车的对位和插取鹤管操作 对于有一条以上装卸线的油库装卸区,机车在送取、摘挂储罐车后,其前端与前方警冲标应留有供机车司机向前方及邻线瞭望的9m距离,以保证机车安全地退出。 终端车位车钩中心线至装卸线车挡间20m的安全距离,是考虑在装卸过程中发生储罐车着火时,为规避着火储罐车,将其后部的储罐车后移所必须的安全距离。同时有此段缓冲距离,也利于储罐车列的调车对位,以及避免发生储罐车冲出车挡的事故
8.1.2	装卸线中心线的安全距离规定	罐车装卸线中心线至石油库内非罐车铁路装卸线中心线的安全距离,应符合右列规定	1 装甲B、乙类液体的不应小于20m	装甲B、乙类油品的股道中心线两侧各15m(见附录B的B.0.15条)范围内为爆炸危险区域2区,一切可能产生火花的操作均不得侵入该区域。所以,规定其距非罐车装卸线中心线不应小于20m
			2 卸甲B、乙类液体的不应小于15m	卸甲B、乙类油品的股道中心线两侧各3m(见附录B的B.0.14条)范围内为爆炸和火灾危险区域2区,一切可能产生火花的操作均不得侵入该区域。所以,规定其距非罐车装卸线中心线不应小于15m
			3 装卸丙类液体的不应小于10m	丙类油品的火灾危险性等级较低,而且在常温下无爆炸危险,所以,规定其装卸线中心线距非罐车装卸线中心线不应小于7m
8.1.3	单独设置铁路罐车装卸线的要求	下列易燃和可燃液体宜单独设置铁路罐车装卸线: 1 甲A类液体; 2 甲B类液体、乙类液体、丙A类液体; 3 丙B类液体。 当以上液体合用一条装卸线,且同时作业时,两类液体鹤管之间的距离,不应小于24m;不同时作业时,鹤管间距可不限制		不同的易燃和可燃液体,其防火防爆等级不同,若合用一条装卸线,且同时作业时,则应按防火防爆等级高的设防,或者两类液体鹤管之间的距离,不小于24m,才会安全。可见单独设置铁路罐车装卸线,主要是从安全考虑
8.1.4	合用装卸线要求	桶装液体装卸车与罐车装卸车合用一条装卸线时,桶装液体车位至相邻罐车车位的净距,不应小于10m。不同时作业时可不限制		这样规定既安全又不相互干扰作业

8 对"易燃和可燃液体装卸设施"的解读及应用

续表

条号	主题	条款原文		条款解读
8.1.5	间距规定	罐车装卸线中心线与无装卸栈桥一侧其他建(构)筑物的距离,在露天场所不应小于3.5m,在非露天场所不应小于2.44m		
8.1.6	间距规定	铁路中心线至石油库铁路大门边缘的距离,有附挂调车作业时,不应小于3.2m;无附挂调车作业时不应小于2.44m		8.1.5条、8.1.6条和8.1.7条是铁路中心线与相邻建(构)筑物的距离。其规定的内容及数值与旧规范 GB 50074—2002 完全一致。可见这些数值在实践中是合理的、可行的
8.1.7	间距规定	铁路中心线至装卸暖库大门边缘的距离,不应小于2m。暖库大门的净空高度(自轨面算起)不应小于5m		
8.1.8	站台边缘至装卸线中心线的距离	桶装液体装卸站台的顶面应高于轨面,其高差不应小于1.1m。站台边缘至装卸线中心线的距离应符合右列规定	1 当装卸站台的顶面距轨面高差等于1.1m时,不应小于1.75m	据"新规范"条文说明,本条规定是与国家标准《铁路车站及枢纽设计规范》(GB 50091—2006)相协调的,该规范规定:普通货物站台应高出轨面1.10m,其边缘至线路中心线的距离应为1.75m;高出轨面距离大于1.10m且小于等于4.80m的货物高站台,其边缘至线路中心线的距离应为1.85m
			2 当装卸站台的顶面距轨面高差大于1.1m时,不应小于1.85m	
8.1.9	装卸油系统及流速控制	从下部接卸铁路罐车的卸油系统,应采用密闭管道系统。从上部向铁路罐车灌装甲B、乙、丙A类液体时,应采用插到罐车底部的鹤管。鹤管内的液体流速,在鹤管浸没于液体之前不应大于1m/s,浸没于液体之后不应大于4.5m/s		从上部卸油(如汽油)易在鹤管顶产生气阻断流,所以要求将鹤管插到罐车底部,并应限止流速。下卸可解决汽油卸车气阻问题,但不利于安全管理,故目前国内成品油铁路罐车卸油仍采用上卸方式,只有原油和重油采用下卸方式。 规定从下部接卸铁路储罐车油品的卸油系统应采用密闭管道系统,既防止接卸过程中的油品泄漏、污染环境,又消除油品蒸发气体的外泄发生,确保接卸操作安全。 本条规定装卸车流速不大于4.5m/s,是为了防止静电危害,便于装车量的控制,减少油气挥发,减少管道振动和减小管道水击力。 据"新规范"条文说明,国外有关标准对油品灌装流速也有严格限制。例如,美国API标准规定,不论管径如何流速限值为4.5~6.0m/s;美国Mobil公司标准规定,DN100鹤管最大装车流量不应大于125m^3/h,折算流速为4.4m/s

续表

条号	主题	条款原文		条款解读
8.1.10	栈桥设置规定	不应在同一装卸线的两侧同时设置罐车装卸栈桥。铁路装卸线为单股道时，装卸栈桥宜与装卸泵站同侧布置		如果在一条装卸线两侧同时修建油品装卸栈桥，不仅不能发挥双栈桥的作用，反而会造成工程投资的浪费，而且妨碍储罐列车的调车作业，很不安全。装卸栈桥与泵站同侧布置，节省管线、节约投资，操作方便
8.1.11	栈桥标高及配套设施	罐车装卸栈桥的桥面，宜高于轨面3.5m。栈桥上应设安全栏杆。在栈桥的两端和沿栈桥每60m～80m处，应设上、下栈桥的梯子		栈桥的桥面高度数值是为便于人员从桥面上下罐车而定。设栏杆、梯子等配套设施是为作业安全和上下栈桥方便。这些数值也与旧规范GB 50074—2002相同
8.1.12	栈桥边缘与装卸线中心线的距离	罐车装卸栈桥边缘与罐车装卸线中心线的距离，应符合右列规定	1 自轨面算起3m及以下，其距离不应小于2m	据"新规范"条文说明，对罐车装卸栈桥边缘与铁路罐车装卸线的中心线的距离，本规范84年版是这样规定的：自轨面算起3m以下不应小于2m，3m以上不应小于1.75m。此规定与铁路的标准和规程（如现行国家标准《标准轨距铁路机车车辆限界》BG 146.1—83、《标准轨距建筑限界》BG 146.2—83）、《铁路车站及枢纽设计规范》GB 50091—2006），以及《中华人民共和国铁路技术管理规程》的有关规定有所不同，在实际执行中铁路部门往往要求执行上述铁路标准和规程的规定，这样会给建设单位造成不必要的麻烦。为避免在执行标准上的矛盾，2002年版修订时编制人员就此问题与原铁道部建设与管理司进行了协调，"罐车装卸栈桥边缘与罐车装卸线的中心线的距离，自轨面算起3m及以下不应小于2m，3m以上不应小于1.85m。"的规定是协调的结果。这样修改对铁路罐车装卸车作业影响不大，且能解决与铁路部门的矛盾。经多年来的实际检验，证明这样的规定是可行的，因此本次修订对此未作改动
			2 自轨面算起3m以上，其距离不应小于1.85m	
8.1.13	间距要求	罐车装卸鹤管至石油库围墙的铁路大门的距离，不应小于20m		
8.1.14	相邻栈桥相邻两条装卸线的距离	相邻两座罐车装卸栈桥的相邻两条罐车装卸线中心线的距离，应符合右列规定	1 当二者或其中之一用于甲B、乙类液体时，其距离不应小于10m	这两条规定，在GB 50074—2002版是强制条文。可见这些数值规定是合理的、可行的，必须执行的
			2 当二者都用于丙类液体时，其距离不应小于6m	

8 对"易燃和可燃液体装卸设施"的解读及应用

续表

条号	主题	条款原文	条款解读
8.1.15	鹤管互用、专用	在保证装卸液体质量的情况下,性质相近的液体可共享鹤管,但航空油料的鹤管应专管专用	鹤管只有在输油时才充满,停输后即刻可自流放空,所以性质相近的液体可共享鹤管,但航空油料质量要求绝对可靠,故鹤管应专管专用
8.1.16	密闭装车的要求	向铁路罐车灌装甲B、乙A类液体和Ⅰ、Ⅱ级毒性液体应采用密闭装车方式,并应按现行国家标准《油品装卸系统油气回收设施设计规范》GB 50759 的有关规定设置油气回收设施	甲B、乙A类液体容易挥发,污染环境。Ⅰ、Ⅱ级毒性液体对健康有妨碍,所以应按规定采用密闭装车方式,并设置油气回收设施
本节综合解读	本节条款内容"新规范"与GB 50074—2002版基本一致,要求的技术参数变化也不大。可见铁路作业区的设计基本成熟		

8.1.2 对"铁路罐车装卸设施"的应用

8.1.2.1 "铁路罐车装卸设施"设计还应遵循或参考的其他标准、规范

"铁路罐车装卸设施"设计除执行本"新规范"外,还应遵循或参考的标准、规范如下:

(1)《石油化工液体物料铁路装卸车设施设计规范》SHT 3107;

(2)《铁路车站及枢纽设计规范》GB 50091;

(3)《标准轨距铁路机车车辆限界》BG 146.1—83、《标准轨距建筑限界》BG 146.2—83)。

8.1.2.2 库内装卸线布置

(1)装卸线布置形式。

装卸线布置形式一般有三股、双股、单股3种形式,见图8.1。大、中型油库一般应设双股线;有黏油散装收发的大、中型库宜设3股线;车位为12个以下的小型油库设单股线。有轻油和黏油同时收发的单股线,应将黏油收发作业段放在装卸线的尾部,轻油放在前面。相邻装卸线的间距见图8.1。

(2)装卸线长度的确定。

装卸线长度是指某股装卸线停车车位长度与安全线长度的总和。常见的双股装卸线且同时只收发轻油的作业线长度计算见图8.2和式(8.1)。

$$L=L_1+L_2+L_3 \tag{8.1}$$

式中 L——装卸线单股长度,m;

L_1——装卸线警冲标至第一辆油罐车始端车位车钩中心线的距离,规范要求 $L_1 \geqslant 31m$;

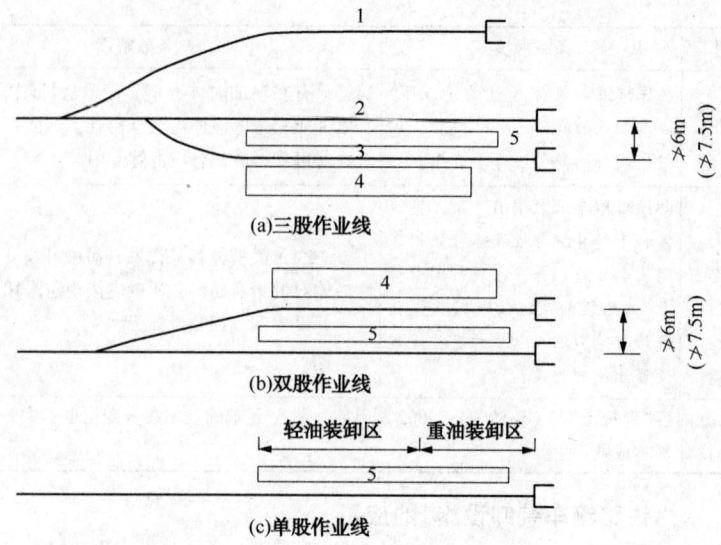

(a) 三股作业线

(b) 双股作业线

(c) 单股作业线

图 8.1 铁路油品装卸作业线
1—黏油作业线；2—轻油作业线；
3—轻油与桶装油品共用作业线；4—装卸站台；5—装卸油品栈桥

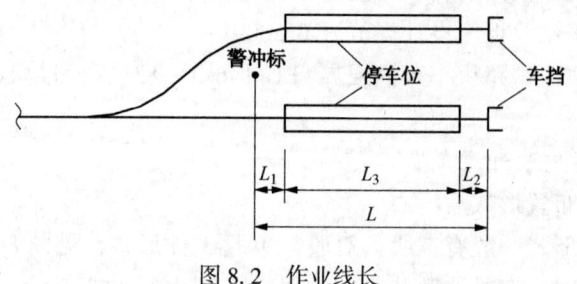

图 8.2 作业线长

L_2——装卸线最后车位的末端车位车钩中心线至车挡的距离，规范要求 $L_2 = 20\text{m}$；

L_3——装卸线单股停车车位的总长度，$L_3 = 1/2 n L_车$；

n——一次到库的最多油罐车总数；

$L_车$——一辆油罐车的计算长度，一般取 $L_车 = 12.2\text{m}$。

因此对于双股装卸线同时只收发轻油的作业线单股长的计算公式可简化为：

$$L_{双单} \geqslant 51 + 6.1n \tag{8.2}$$

对于在双股装卸线的某股装卸线上同时收发轻油和黏油时，此股装卸线的计算公式为：

8 对"易燃和可燃液体装卸设施"的解读及应用

$$L_{双混} \geqslant 63+6.1n \tag{8.3}$$

对于单股作业时,没有警冲标,$L_1 = 0$,对于只收发轻油的单股作业线长 $L_单 = 20+6.1n$;对于同时收发轻油和黏油的单股作业线长 $L_{单混} = 32+6.1n$。

一次到库最多油罐车总数 n 的选择,可参考表 8.2 选取。

表 8.2 一次到库油罐车数"n"参考表

库规模	轻油	黏油
大、中型油库	20~30	5~10
小型油库	10~15	3~5

(3) 货物装卸站台布置。

① 货物装卸站台的布置要求。货物装卸站台主要是装卸桶装油料和油料器材,它的位置应选在装卸线一侧靠近桶装仓库和器材仓库的一边,若有可能与油罐车同时装卸时,则站台应布置在装卸线的尾端。站台面高出轨面 1.1m 时,站台边缘与装卸线中心线的距离不应小于 1.75m。站台面高出轨面超过 1.1m 时,站台边缘与装卸线中心线的距离不应小于 1.85m。

② 货物装卸站台尺寸。装卸站台的尺寸应根据货物装卸量确定,一般站台长为 50~100m,宽应为 6~15m,站台面高出铁轨顶面的高差不应小于 1.1m。站台与道路衔接处的端头应设坡度不大于 1:10 的斜斜道,便于车辆上下。

8.1.2.3 装卸油栈桥的布置及尺寸确定

(1) 单股道装卸油栈桥。

① 本方案设有轻、黏油装卸鹤位,鹤管可收发多种油品,其中一类鹤管专用于收发量大的油品,二类鹤管分别用于收发其他油品。

② 装卸油品栈桥和站台最好分侧设置,当分侧设置确有困难时,可同侧设置,但不应因建站台而减少鹤管。

③ 轻油泵房(站)最好与装卸油栈桥设在同侧。黏油下卸接头、黏油泵房(站)桶装油料装卸站台设置在作业线的另一侧。没有黏油收发任务的油库,去掉黏油鹤位,站台位置作适当调整即可。

④ 油品装卸鹤管至油库铁路大门的距离不应小于 20m,距车挡的距离不应小于 26m。

本方案示意图见图 8.3。

(2) 两股道装卸油栈桥。

① 本方案设有轻、黏油装卸鹤位,鹤管可收发多种油品,其中一类鹤管专用于收发量大的油品,二类鹤管分别用于收发其他油品。

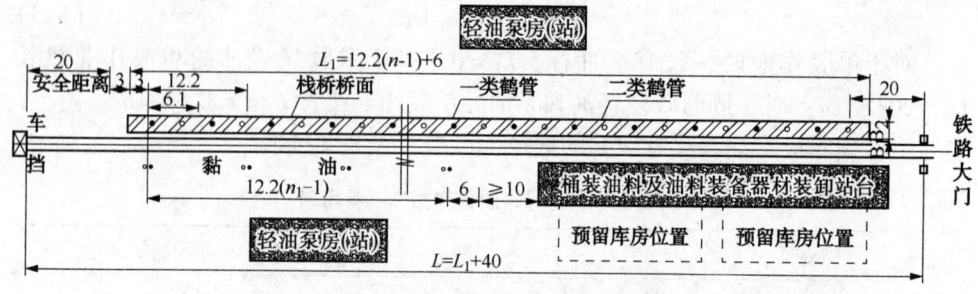

图 8.3　单股道装卸油栈桥示意图(单位：m)

② 两股装卸线，一般宜将装卸栈桥布置在两股装卸线的中间。两股装卸线中心线的距离，当采用小鹤管时，不宜大于 6m；当采用大鹤管时，不宜大于 7.5m。

③ 轻油泵房(站)单独设置于作业线一侧，黏油下卸接头、黏油泵房(站)和装卸油料站台设置在作业线的另一侧，没有黏油收发任务的油库，去掉黏油鹤位，站台位置作适当调整即可。

④ 当分侧设置确有困难时，轻油泵房(站)也可与黏油泵房(站)同侧设置。本方案示意图见图 8.4。

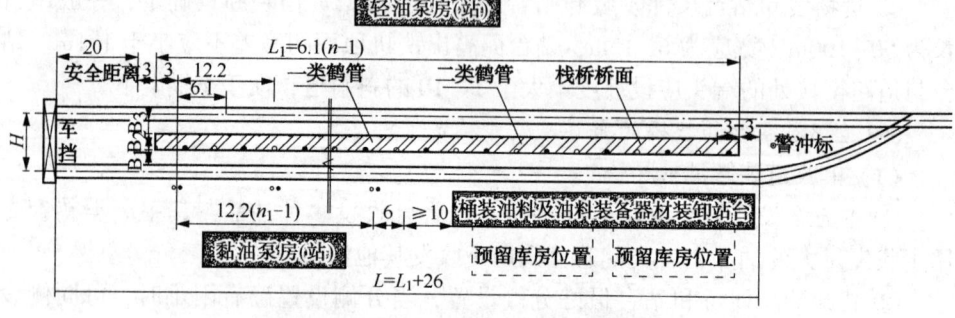

图 8.4　双股道装卸油栈桥示意图(单位：m)

(3) 三股道装卸油栈桥。

① 本方案设有轻、黏油装卸鹤位，3 股作业线均可收发轻油，其中一股作业线可收发黏油。

② 鹤管可收发多种油品，其中一类鹤管专用于收发量大的油品，二类鹤管分别用于收发其他油品。

③ 轻油泵房(站)单独设置于作业线一侧，黏油下卸接头、黏油泵房(站)和桶装油料装卸站台设置在作业线的另一侧。没有黏油收发任务的油库，去掉黏油鹤位，站台位置作适当调整即可。

④ 当分侧设置确有困难时，轻油泵房(站)也可与黏油泵房(站)同侧设置。

⑤ 两座装卸栈桥相邻时，相邻两座装卸栈桥之间的两条装卸线中心线的距离，当二者或其中之一用于甲B、乙类油品装卸时，不应小于10m；当二者都用于丙类油品装卸时，不应小于6m。

本方案示意图见图8.5。

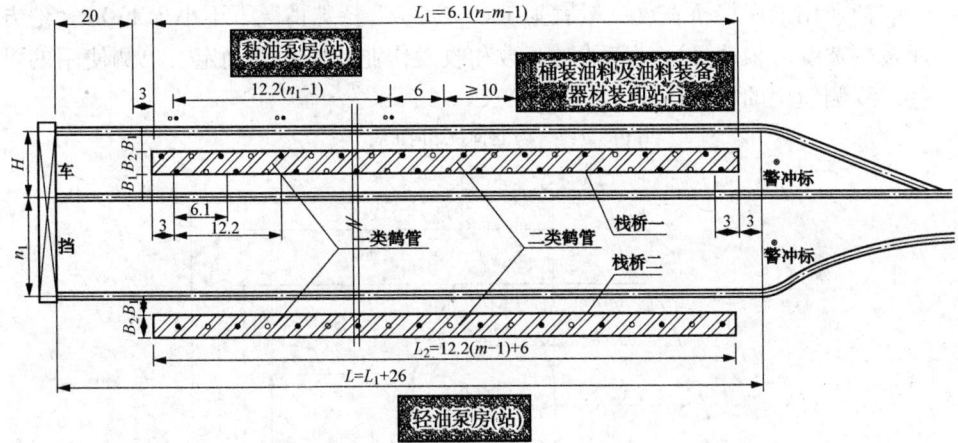

图8.5 3股道装卸油栈桥示意图(单位：m)

(4) 装卸油栈桥尺寸的确定。

① 栈桥长度计算。

栈桥长度计算见图8.6和式(8.4)。

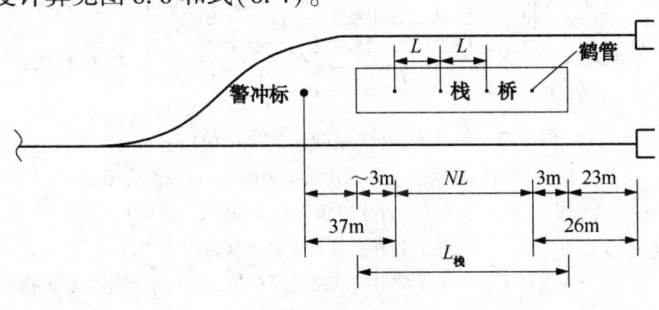

图8.6 栈桥长度

$$L_{栈} = NL + 6 \tag{8.4}$$

式中 N——同种油品鹤管之间的间距个数，比同种油品鹤管数少1；

L——同种油品鹤管之间的间距，m，一般取 $L = 12.2$m。

② 栈桥的高度和宽度。

栈桥的高度根据我国油罐车的高度确定，一般栈桥桥面比铁轨顶标高高3.5m。

栈桥的宽度根据铁路收发油的频繁程度和两条平行装卸线中心线之间距确

定，应满足栈桥结构边缘及依附栈桥架设的管线、管架等凸出物不超过建筑接近界限图8.7的规定。

规范要求装卸线的中心线与栈桥边缘的距离，自轨面算起3m及以下不应小于2m；3m以上不应小于1.85m。

非商业用油库栈桥宽度一般宜为1.8~2.2m，特殊情况下不小于1.0m。地方油库栈桥宽度应根据一次到库的罐车数和收发作业频繁程度确定，单侧使用的可窄些，双侧使用的可宽些。

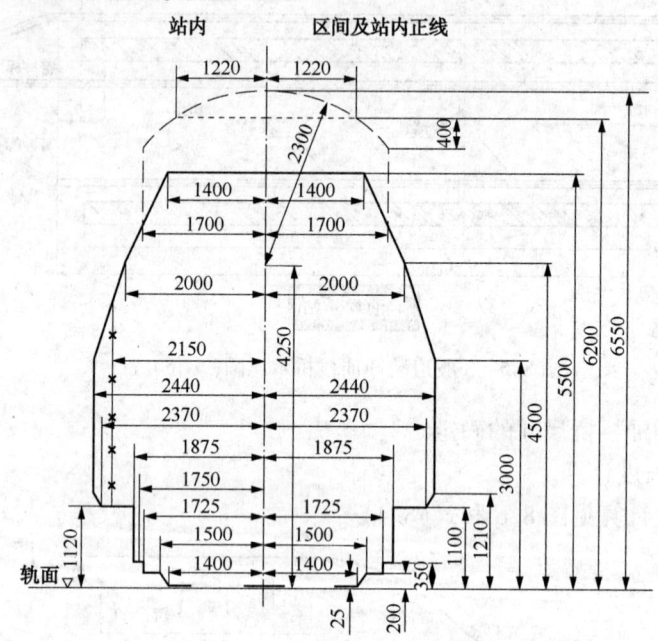

图8.7 标准轨距铁路接近限界(单位：mm)

×—×— 信号机、水鹤的建筑接近限界(正线不适用)

—·—·— 站台建筑接近限界(正线不适用)

——— 各种建筑物的基本接近限界

---- 适用于电力机车牵引的线路的跨线桥、天桥及雨棚等建筑物

8.1.2.4 铁路油品装卸工艺设计举例

（1）铁路油品装卸常规工艺设计举例。

【例1】 铁路油品装卸常规工艺，见图8.8。

（2）铁路油品潜油泵卸油工艺设计举例。

【例2】 铁路油品潜油泵卸油工艺，见图8.9。

（3）栈桥下安装油泵的工艺设计举例。

【例3】 栈桥下安装油泵的工艺，见图8.10。

8 对"易燃和可燃液体装卸设施"的解读及应用

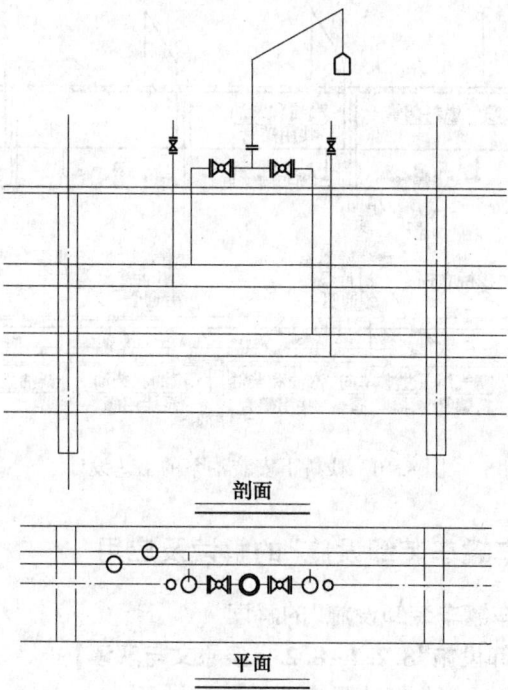

图 8.8 铁路油品装卸常规工艺设计

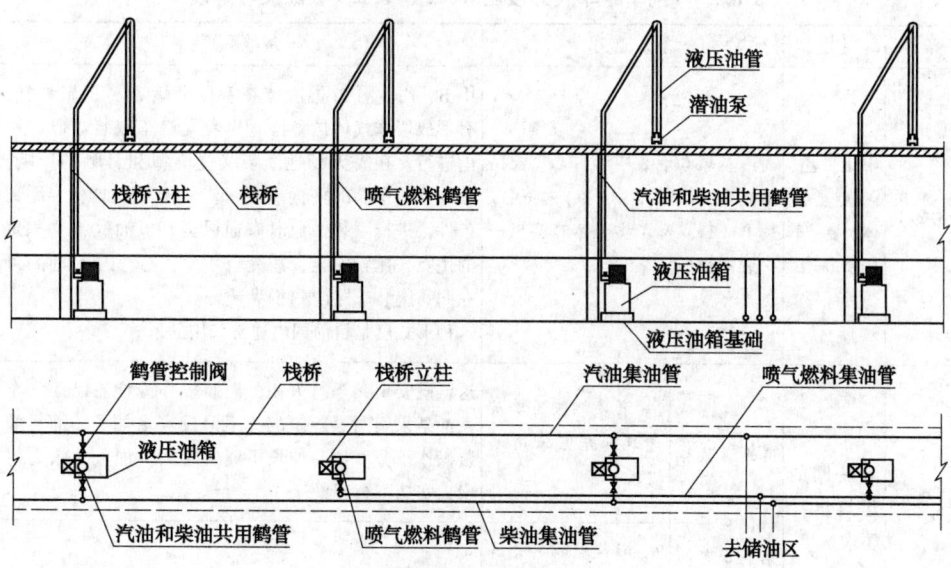

图 8.9 铁路油品潜油泵卸油工艺设计

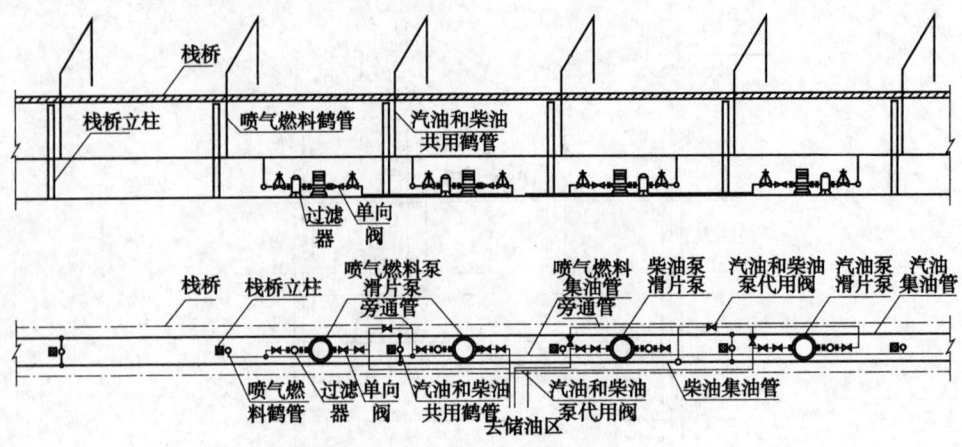

图 8.10 栈桥下安装油泵的工艺设计

8.2 对"汽车罐车装卸设施"的解读及应用

8.2.1 对"汽车罐车装卸设施"的解读

【"汽车罐车装卸设施"8.2.1~8.2.9条原文与解读】

8.2.1~8.2.9条原文与解读见表8.3。

表8.3 "汽车罐车装卸设施"8.2.1~8.2.9条原文与解读

条号	主题	条款原文	条款解读
8.2.1	甲B、乙、丙A类液体装车场所	向汽车罐车灌装甲B、乙、丙A类液体宜在装车棚(亭)内进行。甲B、乙、丙A类液体可共用一个装车棚(亭)	甲B、乙、丙A类液体在室内灌装容易积聚油气,有形成爆炸气体的危险,再者向汽车灌装难以在室内进行。在露天场地灌装又受雨雪和日晒的影响,故宜在装车棚(亭)内灌装。装车棚(亭)具备半露天条件,进行灌装作业时有通风良好、油气不易积聚的优点,比较安全,故允许甲B、乙、丙A油品可在同一座装车棚(亭)内灌装。这种形式已是目前国内通常采用的形式
8.2.2	灌装棚的建筑设计要求	汽车灌装棚的建筑设计,应符合下列规定: 1 灌装棚应为单层建筑,并宜采用通过式	这样既安全又车行方便、灌装操作方便。已建汽车发油亭采用两层建筑的,不但投资增加了,而且灌装操作十分不便,加长了灌装时间,加大了人力付出,实属不合理设计
		2 灌装棚的耐火等级,应符合本规范第3.0.5条的规定	3.0.5条规定其耐火等级为三级

8 对"易燃和可燃液体装卸设施"的解读及应用

续表

条号	主题	条款原文		条款解读
8.2.2	灌装棚的建筑设计要求	汽车灌装棚的建筑设计，应符合右列规定：	3 灌装棚罩棚至地面的净空高度，应满足罐车灌装作业要求，且不得低于5.0m	应根据实际车型及可能发展车型高度要求的操作高度确定，但棚至地面的净空高度，最低不得低于5.0m
			4 灌装棚内的灌装通道宽度，应满足灌装作业要求，其地面应高于周围地面	本条是为方便作业，且通道不得积水而定
			5 当灌装设备设置在灌装台下时，台下的空间不得封闭	目的是防止油气积聚，造成安全隐患
8.2.3	灌装方式推荐	汽车罐车的液体灌装宜采用泵送装车方式。有地形高差可供利用时，宜采用储罐直接自流装车方式。采用泵送灌装时，灌装泵可设在灌装台下，并宜按一泵供一鹤位设置		石油库的易燃和可燃液体装车应充分利用自然地形高差从储罐中直接自流灌装作业，以节省能耗。采用泵送装车方式，可省去高架罐这一中间环节，这样既可节省建筑高架罐的用地和费用、简化工艺流程和操作工序、便于安全管理，又可消除通过高架罐灌油时的大呼吸损耗
8.2.4	装卸计量	汽车罐车的液体装卸应有计量措施，计量精度应符合国家有关规定		这是合理经营的合理要求。计量误差通常要求不大于3.5‰
8.2.5	推荐定量装车	汽车罐车的液体灌装宜采用定量装车控制方式		"定量装车控制方式"是一种先进的装车工艺，对防止装车溢流，保障装车安全大有好处，故推荐采用这种装车控制方式。一般由流量计、数控电液阀和控制器组成定量装车控制系统
8.2.6	卸甲B、乙、丙A类液体要求	汽车罐车向卧式储罐卸甲B、乙、丙A类液体时，应采用密闭管道系统		甲B、乙、丙A液体易挥发，如果敞口卸油，油气将从进油口向周围扩散，这样即损害操作工的健康，又不利于安全。因此，要求汽车储罐车向卧式容器卸汽油时应采用密闭管道系统，将油气引至安全地点集中排放或回收再利用
8.2.7	底部装车	灌装汽车罐车宜采用底部装车方式		本条规定是减少静电产生和防止静电放电的措施，并有利于减少油气挥发，便于油气回收。虽然目前国内底部装车还少，但这是发展方向

续表

条号	主题	条款原文	条款解读
8.2.8	上装鹤管灌装要求	当采用上装鹤管向汽车罐车灌装甲B、乙、丙A类液体时，应采用能插到罐车底部的装车鹤管。鹤管内的液体流速，在鹤管口浸没于液体之前不应大于1m/s，浸没于液体之后不应大于4.5m/s。	据"新规范"条文说明，据实际检测，采用将鹤管插到储罐车底部的浸没式灌装方式，比采用喷溅式灌装方式灌装轻质油品，可减少油气损失50%以上。此外，采用喷溅灌装方式鹤管出口处易于积聚静电，一旦静电放电，则极易引发火灾事故。将灌油鹤管插到储罐车底部，既可减少油气损失，还可防止静电危害
8.2.9	设置油气回收设施	向汽车罐车灌装甲B、乙A类液体和Ⅰ、Ⅱ级毒性液体应采用密闭装车方式，并应按现行国家标准《油品装卸系统油气回收设施设计规范》GB 50759 的有关规定设置油气回收设施	甲B、乙A类液体容易挥发，污染环境。Ⅰ、Ⅱ级毒性液体对健康有妨碍，所以应按规定设置油气回收设施

8.2.2 对"汽车罐车装卸设施"的应用

8.2.2.1 "汽车罐车装卸设施"设计还需遵循或参考的规范、标准
(1)《汽车加油加气站设计与施工规范》GB 50156—2012；
(2)《油品装卸系统油气回收设施设计规范》GB 50759；
(3)《油气回收系统工程技术导则》QSH 0117；
(4)《石油化工企业环境保护设计规范》SH 3024。

8.2.2.2 常见汽车发油亭(站)形式

国内常见的汽车发油亭(站)形式主要有直通式、圆盘式和倒车式3种。直通式有几条并列平行的车道，汽车可同时同向并列平行停在各车道上加油，车的进出干扰少，比较安全，加油效率高。圆盘式车道为环形，在车道中心建圆形或多边形的加油亭，多台汽车停靠同时加油，车的头尾相接，车辆进出有所干扰。倒车式的发油亭与直通式相同，但受场地的限制不能直行通过。车辆加油时倒入发油亭，加满后开出发油亭。倒车式发油亭的设计可参考直通式。三种形式比较起来，直通式较好，所以有条件者推荐选用直通式。

8.2.2.3 直通式汽车发油区平面布局例图

以下是几种最常见的直通式汽车发油站的平面布局。

【例1】 出入口在不同侧，加油车直行通过，见图8.11。

【例2】 只有一个出入口，加油车在内部回车，见图8.12。

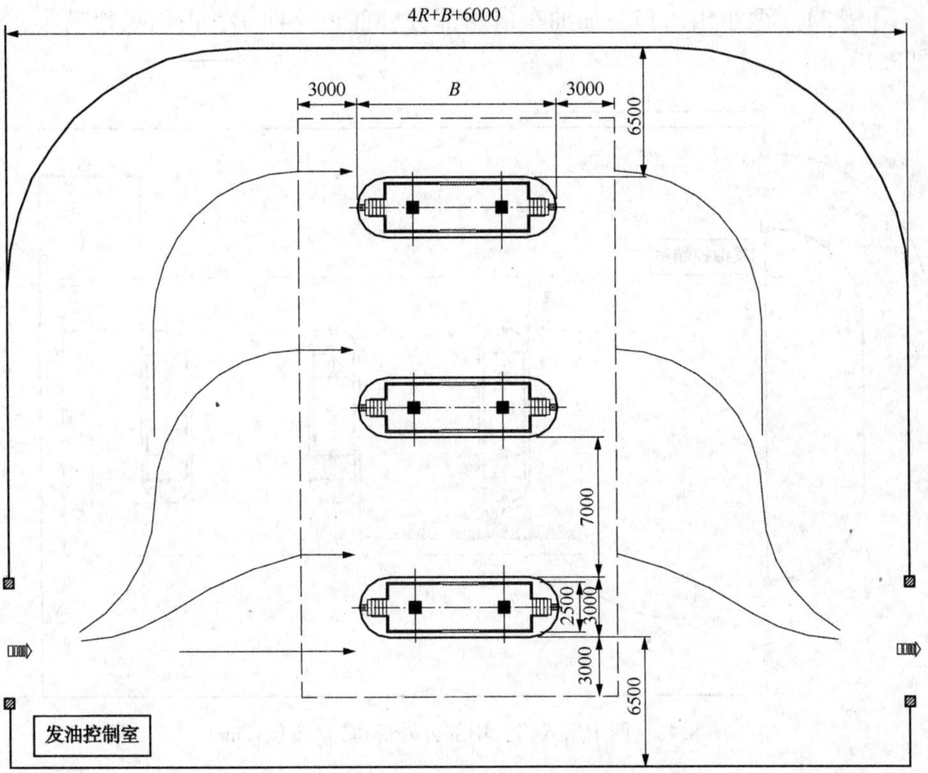

8 对"易燃和可燃液体装卸设施"的解读及应用

图 8.11 出入口不同侧,直行通过(单位:mm)

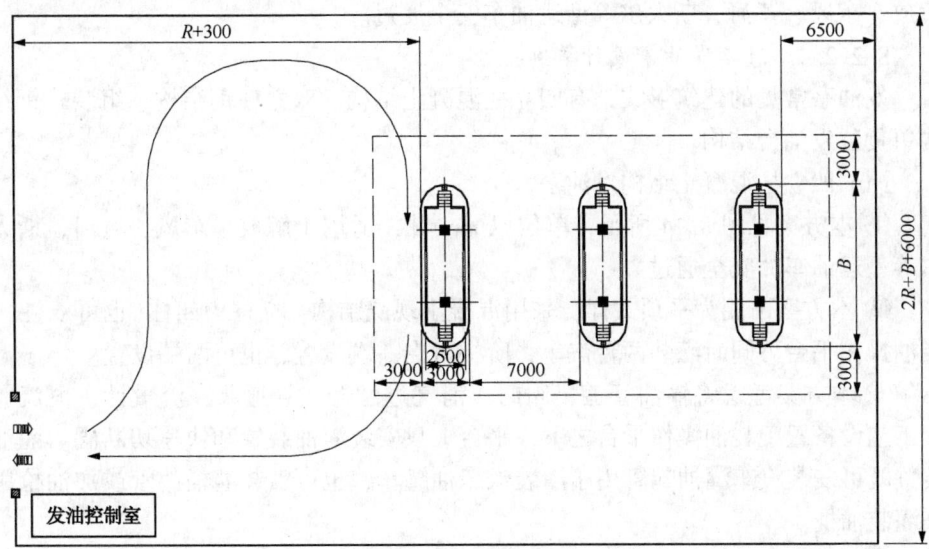

图 8.12 一个出入口,内部回车(单位:mm)

【例3】 两个出入口，加油车借用部分外部道路回车，占用场地较小，见图8.13。

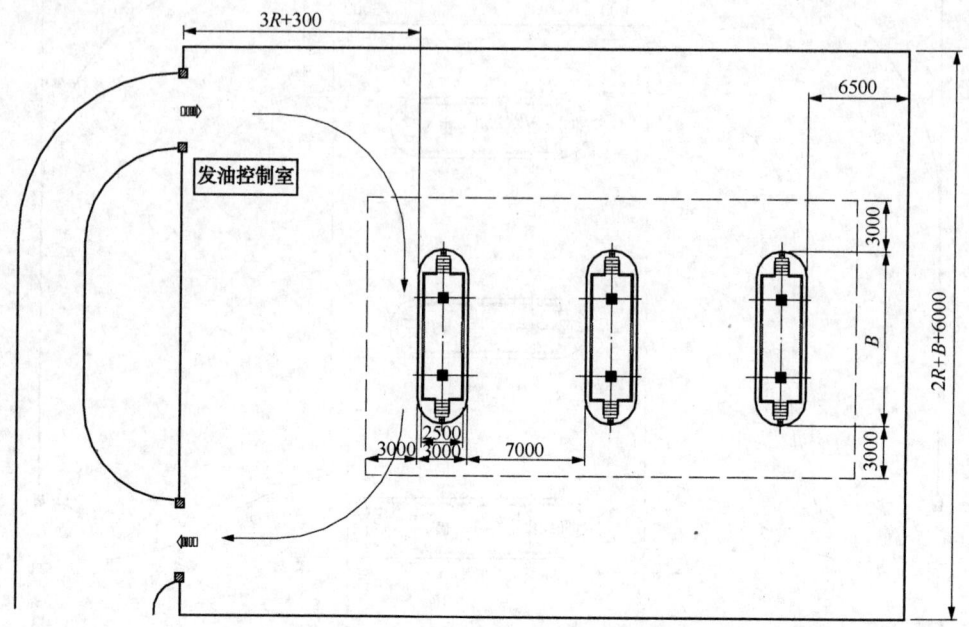

图8.13 两个出入口，用部分外部道路(单位：mm)

上例图中，尺寸单位为 mm，$B=10m$，R 为汽车转弯半径，$R=9m$。适用于解放、东风、黄河、斯太尔等型运油车安全通过。

8.2.2.4 汽车发油亭设计举例

发油亭常见的建筑形式，有四立柱混凝土结构、双立柱钢结构、组装式钢结构单货位发油台结构。

(1) 四立柱混凝土结构发油亭。

① 本方案见图8.14所示，单位以 mm 计，适用于解放、东风、黄河、斯太尔等型运油车的安全通过。

② 本方案雨棚为平顶式样，采用混凝土现浇结构，立柱为四柱(也可双柱)，装油操作平台可同时灌装两台汽车，阶梯可在一端设置，也可两端设置。

③ 本方案考虑将输油管道、阀门、消气过滤器、管道泵、流量计、恒流阀等工艺设备置于装油操作平台之下，平台上只安装灌油装置和快速切断阀。灌油装置既可安装汽车灌油鹤管用于灌装汽车油罐车，也可安装灌桶鹤管或加油枪用来灌装油桶。

④ 将雨棚、立柱、装油操作平台等折合后可利用表8.4确定汽车零发油设

施的建筑面积及建筑混凝土用量 G 和耗用钢材量 G_1。常用的4种情况见表8.4。

表8.4 建筑面积及耗材量

停车位数 n	建筑面积(m^2)	G(m^3)	G_1(t)
6车道	142.50	93.48	15.11
8车道	204.98	124.64	21.73
10车道	267.45	155.80	28.35
12车道	329.93	186.96	34.83

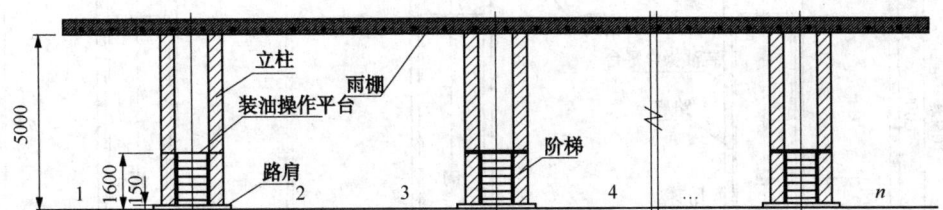

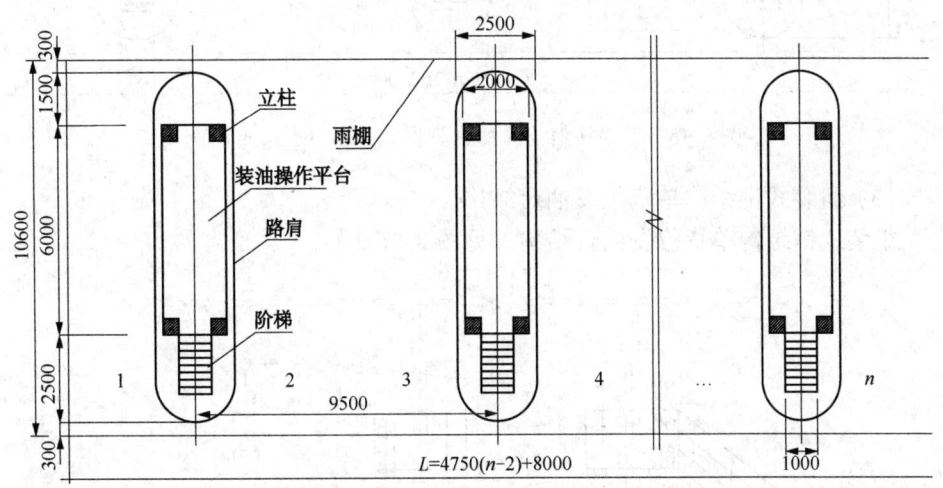

图8.14 四立柱混凝土结构发油亭平立面(单位：mm)

(2) 双立柱钢结构发油亭。

① 本方案见图8.15，单位以mm计，适用于解放、东风、斯太尔等中型汽车的安全通过。

② 本方案雨棚为钢结构框架与金属板组装顶，由工厂预制运往现场组装。立柱为单支撑式圆柱，柱底带基座以便与混凝土基础联接，作混凝土基础时应预埋螺栓。阶梯、装油操作平台可为金属或混凝土材料，路肩采用混凝土浇筑。

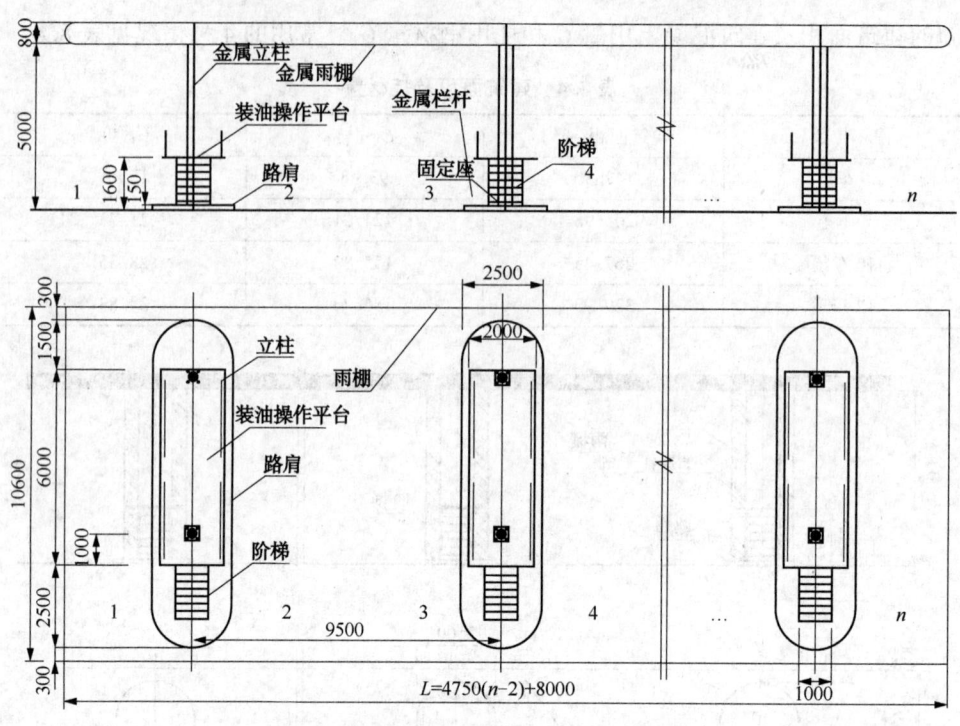

图 8.15 双立柱钢结构发油亭平立面图(单位：mm)

(3) 组装式钢结构单货位发油台结构。

组装式钢结构单货位发油台结构，见图 8.16。

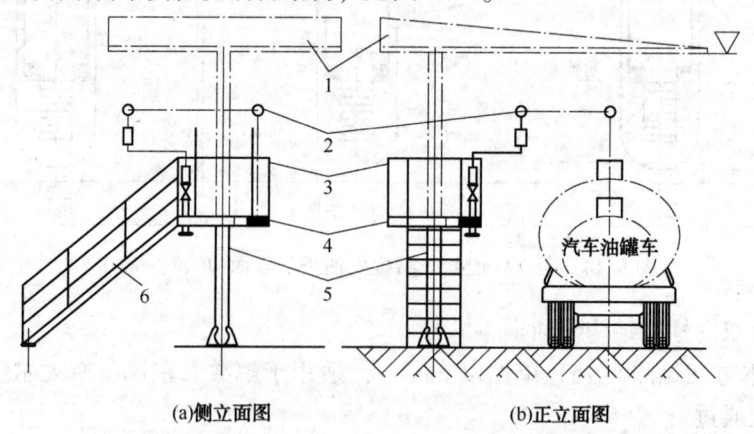

(a)侧立面图　　(b)正立面图

图 8.16 组装式钢结构单货位汽车发油台
1—雨棚；2—鹤管；3—栏杆；4—装油操作平台；5—立柱；6—斜梯

8.3 对"易燃和可燃液体装卸码头"的解读及应用

8.3.1 对"易燃和可燃液体装卸码头"的解读

【"易燃和可燃液体装卸码头"8.3.1条原文】

8.3.1 易燃和可燃液体装卸码头宜布置在港口的边缘地区和下游。

【"易燃和可燃液体装卸码头"8.3.1条解读】

由于油品是易燃和可燃液体,容易着火爆炸,从安全角度出发,避免相互影响,装卸易燃和可燃液体码头宜远离其他码头和建筑物,最好在同一城市其他码头的下游。

【"易燃和可燃液体装卸码头"8.3.2条原文】

8.3.2 易燃和可燃液体装卸码头宜独立设置。

【"易燃和可燃液体装卸码头"8.3.2条解读】

由于易燃或可燃液体,容易着火爆炸,故装卸易燃和可燃液体的船不宜与其他货物装卸船作业在同一码头和作业区混杂进行。否则,既不安全,对操作人员的健康也不利。

【"易燃和可燃液体装卸码头"8.3.3条原文】

8.3.3 易燃和可燃液体装卸码头与公路桥梁、铁路桥梁等的安全距离,不应小于表8.3.3的规定。

表8.3.3 易燃和可燃液体装卸码头与公路桥梁、铁路桥梁等的安全距离

易燃和可燃液体装卸码头位置	液体类别	安全距离(m)
公路桥梁、铁路桥梁的下游	甲B、乙	150(75)
	丙	100(50)
公路桥梁、铁路桥梁的上游	甲B、乙	300(150)
	丙	200(100)
内河大型船队锚地、固定停泊所、城市水源取水口的上游	甲B、乙、丙	1000(500)

注:表中括号内数字为停靠小于500t船舶码头的安全距离。

【"易燃和可燃液体装卸码头"8.3.3条解读】

公路桥梁和铁路桥梁是关系国计民生的重要构筑物,易燃和可燃液体装卸码

头与公路桥梁和铁路桥梁的安全距离应该比石油库与一般公共建筑物的安全距离大。为减小易燃和可燃液体船失火时流淌火对桥梁的影响，增加了其码头位于公路桥梁和铁路桥梁上游时的安全距离。

内河大型船队锚地、固定停泊所、城市水源取水口是河道中的重要场所，易燃和可燃液体码头位于这些场所上游时，应远离这些场所。

500吨位以下的船绝大多数为中、高速柴油机船，船身小，操纵比较灵活，所载液体数量不多，其危险性相对较小，故其与桥梁等的安全距离可以适当减少。

本条所规定的易燃和可燃液体码头与公路桥梁、铁路桥梁、内河大型船队锚地、固定停泊所、城市水源取水口的安全距离，与GBJ 74—84年版《石油库设计规范》相同。实践证明，这一规定是安全的、合理的。

【"易燃和可燃液体装卸码头"8.3.4条原文】

8.3.4 易燃和可燃液体装卸码头之间或易燃和可燃液体码头相邻两泊位的船舶安全距离，不应小于表8.3.4的规定。

表8.3.4 易燃和可燃液体装卸码头之间或易燃和可燃液体码头相邻两泊位的船舶安全距离

停靠船舶吨级	船长 L(m)	安全距离(m)
>1000t 级	$L \leq 110$	25
	$110 < L \leq 150$	35
	$150 < L \leq 182$	40
	$182 < L \leq 235$	50
	$L > 235$	55
≤1000t 级	L	$0.3L$

注：1 船舶安全距离系指相邻液体泊位设计船型首尾间的净距。
　　2 当相邻泊位设计船型不同时，其间距应按吨级较大者计算。
　　3 当突堤或栈桥码头两侧靠船时，对于装卸甲类液体泊位，船舷之间的安全距离不应小于25m。

【"易燃和可燃液体装卸码头"8.3.4条解读】

本条规定与现行行业标准《装卸油品码头防火设计规范》JTJ 237—99的相关规定一致。

【"易燃和可燃液体装卸码头"8.3.5条原文】

8.3.5 易燃和可燃液体装卸码头与相邻货运码头的安全距离，不应小于表8.3.5的规定。

8 对"易燃和可燃液体装卸设施"的解读及应用

表 8.3.5 易燃和可燃液体装卸码头与相邻货运码头的安全距离

液体装卸码头位置	液体类别	安全距离(m)
内河货运码头下游	甲B、乙	75
	丙	50
沿海、河口内河货运码头上游	甲B、乙	150
	丙	100

注：表中安全距离系指相邻两码头所停靠设计船型首尾间的净距。

【"易燃和可燃液体装卸码头"8.3.5 条解读】

据"新规范"条文说明，本条规定是参照《装卸油品码头防火设计规范》JTJ 237—99 的相关内容制定的。

【"易燃和可燃液体装卸码头"8.3.6 条原文】

8.3.6 易燃和可燃液体装卸码头与相邻港口客运站码头的安全距离，不应小于表 8.3.6 的规定。

表 8.3.6 易燃和可燃液体装卸码头与相邻港口客运站码头的安全距离

液体装卸码头位置	客运站级别	液体类别	安全距离(m)
沿海	一、二、三、四	甲B、乙	300(150)
		丙	200(100)
内河客运站码头的下游	一、二	甲B、乙	300(150)
		丙	200(100)
	三、四	甲B、乙	150(75)
		丙	100(50)
内河客运站码头的上游	一	甲B、乙	3000(1500)
		丙	2000(1000)
	二	甲B、乙	2000(1000)
		丙	1500(750)
	三、四	甲B、乙	1000(500)
		丙	700(350)

注：1 易燃和可燃液体装卸码头与相邻客运站码头的安全距离，系指相邻两码头所停靠设计船型首尾间的净距。
2 括号内数据为停靠小于 500t 级船舶码头的安全距离。
3 客运站级别划分见现行国家标准《河港工程设计规范》GB 50192。

【"易燃和可燃液体装卸码头"8.3.6条解读】

随着社会的进步，人身安全越来越受到重视，本着以人为本的原则，"新规范"修订加大了易燃和可燃液体装卸码头与客运站码头的安全距离。国家标准《河港工程设计规范》GB 50192—1993将国内港口客运站按规模划分4个等级，见表8.5。

表8.5 客运站等级划分

等级划分	设计旅客聚集量(人)	等级划分	设计旅客聚集量(人)
一级站	≥2500	三级站	500~1499
二级站	1500~2499	四级站	100~499

客运站级别不同，说明其重要性不同，易燃和可燃液体码头与各级客运站的安全距离也应有所不同。"新规范"条文说明，据调查内河港口客运站一般设在城市中心区，而易燃和可燃液体码头一般布置于城区之外，且大多数位于客运码头下游。表8.6列举了规范组调查的一些内河城市港口客运码头与石油公司油品码头相对关系的情况。

表8.6 内河城市港口客运码头与石油公司油品码头相对关系

城市	油品码头	油品码头位置	两者之间距离(km)	备注
重庆	黄花园水上加油站	客运码头上游	2	停靠小于100t油船
	伏牛溪油库码头	客运码头上游	>10	
涪陵	石油公司码头	客运码头下游	8~10	
万州	石油公司码头	客运码头下游	5~6	
宜昌	石油公司码头	客运码头下游	>3	
武汉	石油公司码头1	客运码头下游	8~9	
	石油公司码头2	客运码头上游	>10	
巴东	石油公司码头	客运码头上游	3	
九江	石油公司码头	客运码头下游	>3	
安庆	石油公司码头	客运码头下游	1~2	
铜陵	石油公司码头	客运码头上游	2~3	
芜湖	石油公司码头	客运码头下游	2~3	
南京	石油公司码头	客运码头下游	>3	
镇江	石油公司码头	客运码头下游	>3	
上海	石油公司码头	客运码头下游	>3	
南昌	石油公司码头	客运码头下游	5	

8 对"易燃和可燃液体装卸设施"的解读及应用

由于油船发生火灾事故往往形成流淌火，为保证客运码头的安全，"新规范"鼓励油品码头建于客运码头下游，对油品码头建于客运码头上游的情况则大幅度提高了安全距离限制。根据实际调查，本条规定是不难实现的。

【"易燃和可燃液体装卸码头"8.3.7~8.3.12条原文与解读】

8.3.7~8.3.12条原文与解读见表8.7。

表8.7 "易燃和可燃液体装卸码头"8.3.7~8.3.12条原文与解读

条号	主题	条款原文	条款解读
8.3.7	采用密闭接口	装卸甲B、乙、丙A类液体和Ⅰ、Ⅱ级毒性液体的船舶应采用密闭接口形式	为控制油气挥发，确保安全，故提本条规定
8.3.8	接受舱水的设施	停靠需要排放压舱水或洗舱水船舶的码头，应设置接受压舱水或洗舱水的设施	根据国家有关环保法规，达不到国家污水排放标准的污水不能对外排放。因此含油的压舱水和洗舱水需收集上岸处理。通常在码头岸边设退油(水)地下罐
8.3.9	码头建造材料	易燃和可燃液体装卸码头的建造材料，应采用不燃材料(护舷设施除外)	本条从安全及耐用角度考虑。通常采用钢筋混凝土建造码头
8.3.10	设紧急切断阀	在易燃和可燃液体管道位于岸边的适当位置，应设用于紧急情况下的切断阀	规定输油管道在岸边适当位置设紧急切断阀，是为了及时制止爆管跑油事故，避免事故扩大。设在岸边不易因事故而不便操作
8.3.11	引桥设置	易燃液体码头敷设管道的引桥宜独立设置	易燃液体为火灾危险品，为保证安全，易燃液体码头引桥上敷设管道，与其他货运码头分开设置引桥是必要的
8.3.12	设置油气回收设施	向船舶灌装甲B、乙A类液体和Ⅰ、Ⅱ级毒性液体，宜按现行国家标准《油品装卸系统油气回收设施设计规范》GB 50759 的有关规定设置油气回收设施	甲B、乙A类液体容易挥发，污染环境。Ⅰ、Ⅱ级毒性液体对健康有妨碍，所以应按规定设置油气回收设施

8.3.2 对"易燃和可燃液体装卸码头"的应用

8.3.2.1 "易燃和可燃液体装卸码头"设计还需遵循或参考的规范、标准

"易燃和可燃液体装卸码头"设计除执行本"新规范"外，还需遵循或参考的规范、标准如下：

(1)《装卸油品码头防火设计规范》JTJ 237；

(2)《石油化工码头装卸工艺设计规范》JTS 165；

(3)《河港工程总体设计规范》JTJ 212；

(4)《油品装卸系统油气回收设施设计规范》GB 50759。

8.3.2.2 油码头的种类

油品装卸码头的建造材料,应采用非燃烧材料(护舷设施除外)。国内油码头的种类见图8.17。

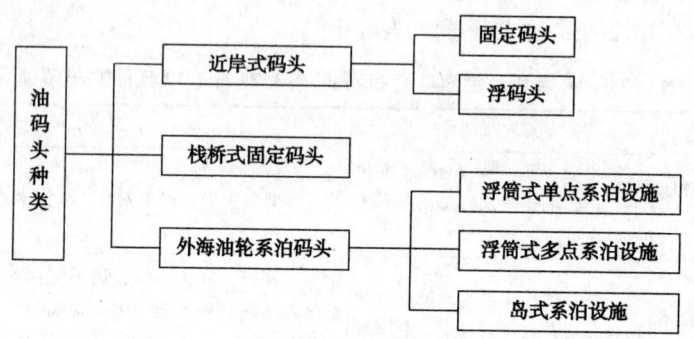

图8.17 油码头种类

(1)近岸式码头。

近岸式码头多利用天然海湾或建筑防护设施而建成,常见的近岸式油码头有固定码头和浮码头两种。

① 固定码头。固定码头如图8.18所示,一般均利用自然地形顺海岸建筑,主要有上部结构、墙身、基床、墙背减压棱体等几部分组成。这种码头适用于坚实的岩石、砂土和坚硬的黏性土壤地基,其优点是整体性好,结构坚固耐久,抵抗船舶水平载荷的能力大,施工作业比较简单;其缺点是港内波浪较大时,岸壁前的波浪反射将影响港内水域的平稳,不利于油船停靠和作业,这种码头由于作业量小,对新建的海湾油港已很少采用。

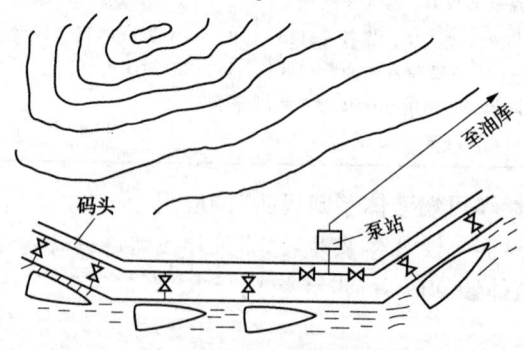

图8.18 近岸式固定码头示意图

② 浮码头。浮码头如图 8.19 所示，对于水位经常变动(如涨落潮)的港口，应设置可以随水位升降的浮码头(又称趸船)。浮码头是由趸船、趸船的锚系和支撑设施、引桥、护岸部分、浮动泵站及输油管等组成。浮码头的特点是趸船随水位涨落而升降，所以作为码头面的趸船甲板面与水面的高差基本上为一定值，它与船舶间的联系在任何水位均一样方便。

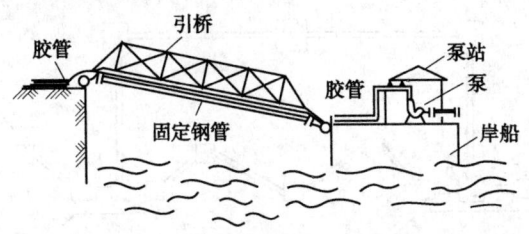

图 8.19　浮码头示意图

常用的趸船有钢质趸船和水泥趸船两类。钢质趸船抵抗水力冲击的能力较强，水密性好，船体不易破损，但造价高，易锈蚀，须定期维修。因此，一般在水流急、回水大的地区才采用。目前我国正在大力推广钢筋混凝土趸船和钢丝网水泥趸船。

趸船的长度根据停靠船只的长度以及水域条件的好坏来定，一般以趸船长与船长之比等于 0.7~0.8 设计。如果水域条件好，流速较小，无回水，则趸船可以小些。如果水域条件差，对靠岸不利，则趸船应大些。

活动引桥的坡度随水位而变化，一般在低水位时，人行桥的坡度要求不陡于 1∶3。活动引桥若行人时宽度不应小于 2.0m。活动引桥通常采用钢结构。引桥在趸船和岸上的支座构造一方面要能在垂直面内充分转动，还要在水平面内稍有转动；另一方面，当趸船有纵向和横向位移时，要求均不把水平力传给引桥来承受。

当趸船离岸较远时，则除了活动引桥外还可有固定引堤。

(2) 栈桥式固定码头。

近岸式固定码头和浮码头供停泊的油船吨位均不大，随着船舶的大型化，目前万吨以上的油轮多采用栈桥式固定油码头，如图 8.20 所示。这种码头借助引桥将泊位引向深水处，它停靠的船只多，但修建困难，受潮汐影响大，破坏后修复慢。

栈桥式固定码头一般由引桥、工作平台和靠船墩等部分组成。引桥作为人行和敷设管道之用；工作平台为装卸油品操作之用；靠船墩则为靠船系船之用。在靠船墩上使用护木或橡胶防护设备来吸收靠船能量。

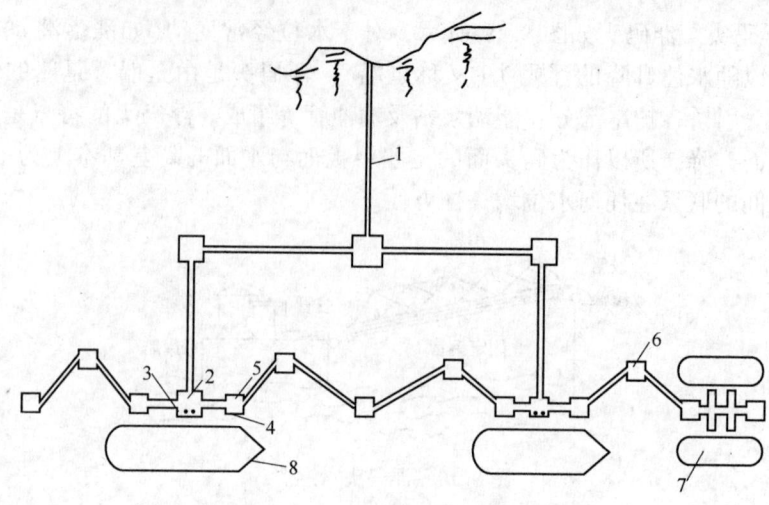

图 8.20　栈桥式固定油码头示意图
1—栈桥；2—工作平台；3—卸油臂；4—护木；
5—靠船墩；6—系船墩；7—工作船；8—油船

栈桥式固定码头的栈桥设置应符合下列规定：

① 油品管道栈桥宜独立设置。

② 当油品码头与邻近的货运码头共用一座栈桥时，油品管道通道和货运通道应分别设置在栈桥两侧，两者中间应布置宽度不小于 2m 的检修通道。

（3）外海油轮系泊码头。

近年来，油轮的吨位不断增加，10 万吨级、20 万吨级和 30 万吨级的油轮在许多国家已经普遍使用，50 万吨级的巨型油轮也已下水，随着油轮的吨位增加，船型尺寸和吃水深度也相应加大。由于这些因素，近岸式码头已不能适应巨型油轮的需要，因此，油码头开始向外海发展。目前，外海油轮系泊码头主要有 3 种型式：浮筒式单点系泊设施、浮筒式多点系泊设施、岛式系泊设施。

8.3.2.3　码头油品装卸工艺设计

（1）码头油品装卸工艺设计有关数据、资料。

① 装卸油速度。沿海及内河油轮均装有蒸汽往复泵或透平泵，卸油可用船上的泵。内河油驳有的带泵，有的不带泵。不带泵的油驳用设在趸船上（或岸上）的泵卸油。卸油速度因船而异，见表 8.8。

表 8.8　油轮卸油速度表

油轮吨位（t）	≤1500	1500~5000	>5000	≥10000
卸油速度（t/h）	150	300	300~400	400~600

8 对"易燃和可燃液体装卸设施"的解读及应用

装油方式有油泵装和自流装两种，装油速度因具体情况而异，目前最大可达 1500t/h，装船时间不超过 16h。

② 装、卸船时间。我国港口工程规范中，规定了 10 万吨级以下的原油码头油轮净装卸油的时间，见表 8.9 和表 8.10。

表 8.9　装油港泊位净装时间

油轮泊位吨级	10000	20000	30000	50000	80000	100000
净装油时间（h）	10	10	10	10	13~15	13~15

表 8.10　卸油港泊位净卸时间

油轮泊位吨级	10000	20000	30000	50000	80000	100000
净卸油时间（h）	24~18	27~24	30~26	36~32	36~31	36~21

③ 油船扫线方式。油轮装卸油完毕后，放空油管线，并清扫管内残油、存水，即为扫线，扫线方式见表 8.11。

表 8.11　油船扫线方式表

扫线方式	用蒸汽扫	用压缩空气扫	用蒸汽扫后,再用压缩空气吹	一般可不扫
适用油品	原油、柴油、燃料油等	特种燃料油、一般润滑油	重质油、喷气燃料、寒冷地区的油	煤油

注：清扫蒸汽和压缩空气的压力为 0.3~0.6MPa，最低为 0.2MPa。

④ 油轮供水及耗汽量。油轮供水及耗汽量见表 8.12。

表 8.12　油轮供水量及耗汽量参考表

油轮吨位（t）	生活用水及锅炉用水（t）	卸重质油时岸上辅助供汽及扫线用汽量（t/h）
5000	120	1~2
≥10000	250~300	2~3

（2）码头油品装卸工艺流程设计。

① 工艺流程设计原则。

a. 应能满足油港装卸作业和适应多种作业的要求。

b. 同时装卸几种油品时不互相干扰。

c. 管线互为备用，能把油品调度到任一条管路中去，不致因某一条管路发生故障而影响操作。但对航空油料等要求严格的油品，管路应专用。

d. 泵能互为备用，当某台泵出现故障时，能照常工作，必要时数台泵可同时工作。

e. 发生故障时能迅速切断油路，并考虑有效放空措施。

② 常用工艺流程。油船卸油可用油船上的泵。若储油区与码头距离不长、高差不大，可用油船上的泵直接将油输送至储油区。若储油区与码头高差较大或距离较远时，一般在岸上设置缓冲油罐，利用船上的泵先将油品输入缓冲罐中，然后再用中继泵将缓冲罐中的油品输送至储油区。

向油船装油一般采用自流方式，某些港口地面油库，因油罐与油船高差小，距离大，需用泵装油。

油船装卸必须在码头上设置装卸油管路，每组油品单独设置一组装卸油管，在集油管线上设置若干分支管路，支管间距一般为10m左右，分支管路的数量和直径，集油管、泵吸入管的直径等，应根据油轮油驳的尺寸、容量和装卸油速度等具体条件确定。在具体配置上，一般将不同油品的几个分支管路（即装卸油短管）设置在一个操作井或操作间内。平时将操作井盖上盖板，使用时打开盖板，接上耐油胶管。

装卸黏油时，在操作井内还应配置蒸汽短管。常用工艺流程见图8.21。

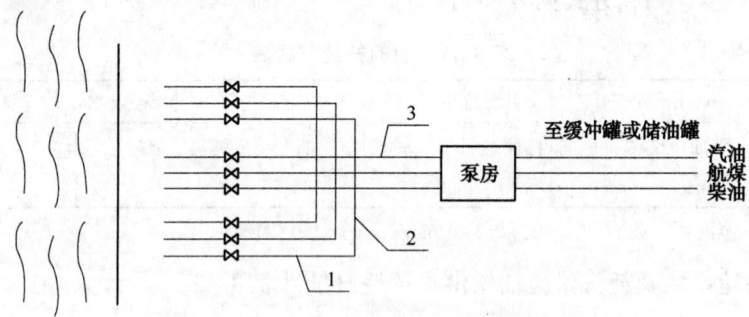

图8.21 码头油品装卸常用工艺流程
1—分支装卸油管；2—集油管；3—泵吸入管

（3）码头油品装卸设备设施及装卸油设计要点。

① 码头油品装卸主要设备设施。码头装卸油设备设施，应与所停靠船型的装卸能力相适应。其主要设备有装卸油管组、阀门、管接头、流量计量仪表以及相配套的电气和消防设备。停靠需要排放压舱水或洗舱水油船的码头，应设置接受压舱水或洗舱水的设施。码头上输油管道的阀门，应采用钢阀。输油管道在岸边的适当位置，应设紧急关闭阀。收发量大的油码头，一般应装输油臂。

拉索式金属输油臂如图8.22所示。其中立柱为双层套管，内层套管用以输送流体，外层套管用作支撑结构。立柱底部有一弯管，其法兰与岸上输油管相连，立柱的头部与一竖直回转接头相连。在液压缸的作用下，回转接头的上部结构可作水平方向转动。内臂为一钢管，输送的油品从其中通过，同时也起支撑作用。在液压缸的作用下，内臂可绕垂直立柱的水平轴作回转运动，以满足工作需

8 对"易燃和可燃液体装卸设施"的解读及应用

要。外臂也是一钢管,油品从其中通过,其一端(顶部)通过一回转接头由驱动缸带动大绳轮作上下旋转运动,另一端的静电绝缘法兰与三通回转接头相连。三向回转接头是外臂端部与船舶接油口法兰连接部分,接头由3段弯管分别与2个互相垂直的回转接头组焊而成,可在3个方向自由回转,以满足船舶运动的需要。接管器是与船舶接油口法兰连接的部分,接管器的形式很多,最简单的为法兰盘式,用螺栓和油轮接油口的法兰连接。

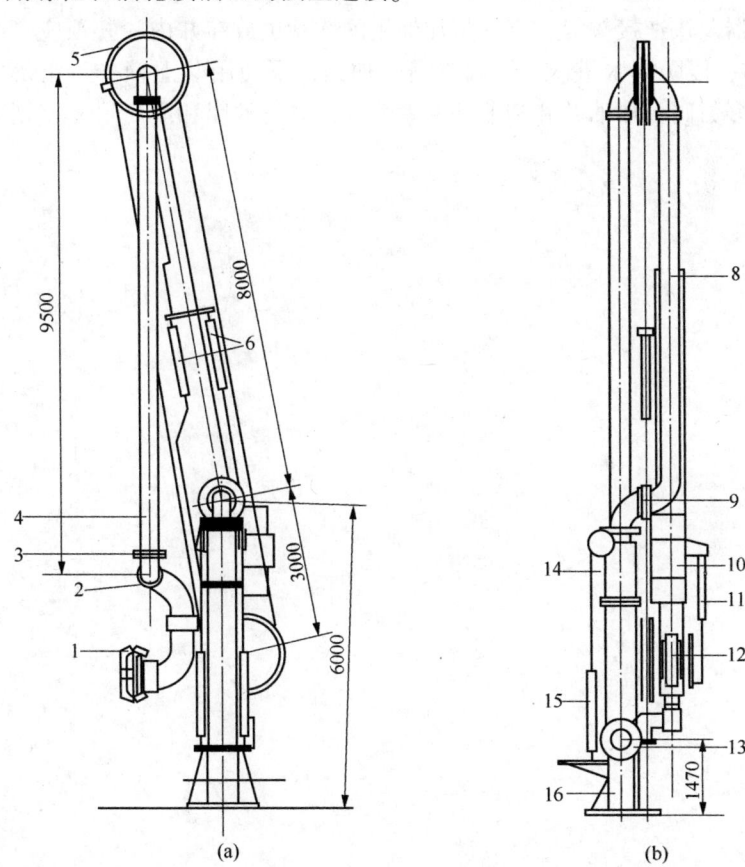

图 8.22 输油臂结构示意图

1—快速接管器;2—三向回转接头;3—静电绝缘法兰;4—外臂;5—头部大绳轮;6—内臂驱动油缸;
7—头部回转接头;8—内臂;9—中间回转接头;10—旋转配重;11—外臂驱动油缸;12—固定配重;
13—输油臂连接法兰;14—竖向回转接头;15—旋转驱动油缸;16—立柱

② 码头装卸油设计要点。

a. 引桥、码头输油管及收发油口的布置。

i. 引桥、码头输油管布置要点。在引桥和码头的表面不应布置输油管,以免阻碍通行和作业。有条件设管沟时，可将油管敷设在管沟中。在引桥上也可将油管设在引桥旁边。

ⅱ. 在码头上收发油口布置要点。在码头上收发油口的布置，应根据舰船的尺寸和舰船加油口和发油口的位置确定，使之尽量缩短收发油胶管的长度。

b. 卸油井、加油井设计要点。为了操作使用方便和安全管理，每个加油口和发油口做成阀门井的形式，称谓加油井和卸油井。井内集中安装有阀门、流量计、过滤器及快速接头等，有的将加油用的软管也放在井内。井顶应高于码头面20cm左右，以防雨水进入。井口加盖、加锁，不使用时上锁，防止无关人员随意操作。多数码头加油井和卸油井两者合一，只有油船和舰艇尺寸差别太大，才将两井分开。

9 对"工艺及热力管道"的解读及应用

9.1 对"工艺及热力管道"的解读

9.1.1 对"库内管道"的解读

【"库内管道"9.1.1~9.1.24条原文与解读】

9.1.1~9.1.24条原文与解读见表9.1。

表9.1 "库内管道"9.1.1~9.1.24条原文与解读

条号	主题	条款原文	条款解读
9.1.1	管道敷设形式	石油库内工艺及热力管道宜地上敷设或采用敞口管沟敷设；根据需要局部地段可埋地敷设或采用充沙封闭管沟敷设	相对埋地敷设方式，管道地上敷设或采用敞口管沟敷设方式有不易腐蚀、便于检查维修、施工简便投资省等优点。因此，本条推荐石油库围墙以内的工艺及热力管道采用地上敷设或敞口管沟敷设方式。对需穿越道路或有特殊要求的地段，可埋地敷设。如果采用封闭管沟敷设，管沟内易积聚油气，安全性差，一旦管沟内爆炸起火，火将沿管沟蔓延。故规定"采用充沙管沟"
9.1.2	地上管道布置要求	地上管道不应环绕罐组布置，且不应妨碍消防车的通行。设置在防火堤与消防车道之间的管道不应妨碍消防人员通行及作业	罐组是易着火爆炸最危险的场所，地上管道若绕罐组布置不但对管道带来安全威胁，而且对罐组的消防灭火有碍。故本条主要是考虑消防方便和管道本身的安全
9.1.3	毒性液体管道敷设	Ⅰ、Ⅱ级毒性液体管道不应埋地敷设，并应有明显区别于其他管道的标志；必须埋地敷设时应设防护套管，并应具备检漏条件	毒性液体管道危险性很大，若埋地敷设，则渗漏不易发现，易造成事故，所以不应地敷设
9.1.4	地上工艺管道敷设要求	地上工艺管道不宜靠近消防泵房、专用消防站、变电所和独立变配电间、办公室、控制室以及宿舍、食堂等人员集中场所敷设。当地上工艺管道与这些建筑物之间的距离小于15m时，朝向工艺管道一侧的外墙应采用无门窗的不燃烧体实体墙	工艺管道内输送易燃可燃液体，在人员集中场所和消防、生产管理重地敷设，不利于安全。当地上工艺管道与这些建筑物之间的距离小于15m时，即应采取隔离措施

续表

条号	主题	条款原文		条款解读
9.1.5	管道穿越铁路和道路要求	管道穿越铁路和道路时,应符合右列规定	1 管道穿越铁路和道路的交角不宜小于60°,穿越管段应敷设在涵洞或套管内,或采取其他防护措施。管道桥涵应充沙(土)填实	输送易燃、可燃液体的管道,尽量不要与铁路和道路平行敷设,以防互相影响安全。即便相交,交角也不宜小于60°。穿越管段的防护方式规定及套管超出穿越设施的长度也都是从安全角度考虑
			2 套管端部应超出坡脚或路基至少0.6m;穿越排水沟的,应超出排水沟边缘至少0.9m	
			3 液化烃管道套管顶低于铁路轨面不应小于1.4m,低于道路路面不应小于1.0m;其他管道套管顶低于铁路轨面不应小于0.8m,低于道路路面不应小于0.6m。套管应满足承压强度要求	管道穿越铁道、道路,套管低于其距离要求,根据管道输送不同介质及穿过的不同对象而不同,两者都应从安全考虑。液化烃比其他管道更危险,铁路比道路更载重,事故损失更大,故距离要求更大一点。 管道在套管内,穿越管道上面的荷载全部由套管承受,所以套管应满足承压强度要求
9.1.6	管道跨越道路和铁路的要求	管道跨越道路和铁路时,应符合右列规定	1 管道跨越电气化铁路时,轨面以上的净空高度不应小于6.6m	据"新规范"条文说明,"管道跨越电气化铁路时,轨面以上的净空高度不应小于6.6m"的规定,是根据国标《工业金属管道设计规范》GB 50316—2000的有关规定制定的。这样有利于双方的安全
			2 管道跨越非电气化铁路时,轨面以上的净空高度不应小于5.5m	据"新规范"条文说明,"管道跨越非电气化铁路时,轨面以上的净空高度不应小于5.5m的规定",是根据国标《标准轨距铁路建筑限界》GB 146.2—83的有关规定制定的。这样有利于双方的安全
			3 管道跨越消防车道时,路面以上的净空高度不应小于5m	考虑到现在的大型消防车高度已超过4m,故本款增加了"管道跨越消防车道时,路面以上的净空高度不应小于5m"的规定
			4 管道跨越其他车行道路时,路面以上的净空高度不应小于4.5m	据"新规范"条文说明,跨越车行道路时的净空高度4.5m是参照国标《厂矿道路设计规范》GBJ 22—87制定的

9 对"工艺及热力管道"的解读及应用

续表

条号	主题	条款原文		条款解读
9.1.6	管道跨越道路和铁路的要求	管道跨越道路和铁路时，应符合右列规定	5 管架立柱边缘距铁路不应小于3.5m，距道路不应小于1m	据"新规范"条文说明，"管架立柱边缘距铁路不应小于3.5m"的规定，是参照《工业企业标准轨距铁路设计规范》GBJ 12—87制定的。"管架立柱边缘距道路不小于1m"的规定，是为了充分利用路肩，节约用地。在石油库内，跨越道路的桁架立柱、照明电杆、消火栓和行道树等设置在路肩上的情况不少，车辆正常行驶是不会撞倒支柱或电杆的
			6 管道在跨越铁路、道路上方的管段上不得装设阀门、法兰、螺纹接头、波纹管及带有填料的补偿器等可能出现渗漏的组成件	管道穿、跨越段上，不应安装阀门和其他附件，既是为了避免这些附件渗漏而影响铁路或道路的正常使用，也是为了便于检修和维护这些附件
9.1.7	管道与铁路平行布置的距离	地上管道与铁路平行布置时，其与铁路的距离不应小于3.8m(铁路罐车装卸栈桥下面的管道除外)		为避免相互影响安全，地上管道尽量不与铁路平行布置，但不可避免管道与铁路平行布置时，则要求保持3.8m及以上距离。距离大了要多占地；距离小了，不利于安全生产。考虑到管道与铁路和道路平行布置时是"线接触"，因而互相影响的机会更多一些，所以比9.1.6条第5款管道跨越铁路规定的距离适当大些
9.1.8	管道沿道路平行布置	地上管道沿道路平行布置时，与路边的距离不应小于1m。埋地管道沿道路平行布置时，不得敷设在路面之下		平行布置的距离确定应考虑既安全又少占地。管道不敷设在路面下，一者方便维护管道；二者维护管道不用破坏道路
9.1.9	管道连接要求	金属工艺管道连接应符合右列规定	1 管道之间及管道与管件之间应采用焊接连接	管道采取焊接连接，施工简单，速度快，还可节省材料，而采用法兰连接则速度慢、费用较高。管道焊接连接不易渗漏，而法兰连接的管道渗漏机会多，需定期更换垫片，维护费用高。多一对法兰，就多一处漏油隐患。为安全着想，管道还是焊接连接为好。有设备、阀门、仪表的，不得不采用法兰或螺纹连接
			2 管道与设备、阀门、仪表之间宜采用法兰连接，采用螺纹连接时应确保连接强度和严密性要求	

续表

条号	主题	条款原文	条款解读
9.1.10	管道与储罐等设备连接的要求	与储罐等设备连接的管道,应使其管系具有足够的柔性,并应满足设备管口的允许受力要求	据"新规范"条文说明,在地震作用下,由于罐壁发生翘离或罐基础发生不均匀沉降、倾斜,使储罐和配管连接处遭到破坏是常见的震害之一。例如,1989年10月17日美国加州地震,位于地震区域的炼油厂所有遭到破坏的储罐其原因都与罐壁的翘离有关。此外,由于罐基础处理不当,有一些储罐在投入使用后其基础仍会发生较大幅度的沉降,致使管道和罐壁遭到破坏。为防止上述破坏发生,采取措施,增加储罐配管的柔性来消除相对位移的影响是必要的。如可在与罐壁连接的管道上设置金属软管、管道支撑采用弹簧支吊架或使管道的形状具有足够的柔性。此外,储罐进出口管道采用挠性或柔性连接方式,还可吸收管道的热伸缩变位,降低管道的热应力
9.1.11		在输送腐蚀性液体和Ⅰ、Ⅱ级毒性液体管道上,不宜设放空和排空装置。如必须设放空和排空装置时,应有密闭收集凝液的措施	为了安全而规定本条
9.1.12	工艺管道上阀门的设置要求	工艺管道上的阀门,应选用钢制阀门。选用的电动阀门或气动阀门应具有手动操作功能。公称直径小于或等于600mm的阀门,手动关闭阀门的时间不宜超过15min;公称直径大于600mm的阀门,手动关闭阀门的时间不宜超过20min	钢阀的抗拉强度、韧性等性能均优于铸铁阀。采用钢阀在防止阀门冻裂、拉裂、水击及其他外来机械损伤等方面比采用铸铁阀安全得多。为保证油品管道的安全,目前在国内,油品管道已普遍采用钢阀。据"新规范"条文说明,2010年发生的某油库火灾事故教训之一是,供电系统被毁坏后,储罐进出油管道上设置的电动阀不能快速人工关闭,致使事故规模扩大,本条规定兼手动操作的电动阀,对其用手动关闭阀门的时间要求意在避免类似情况发生
9.1.13	管道的防护	管道的防护,应符合右列规定	
		1 钢管及其附件的外表面,应涂刷防腐涂层,埋地钢管尚应采取防腐绝缘或其他防护措施	为延长钢管使用寿命而防腐。埋地钢管腐蚀更加严重,而且难以检修保养,所以应提高防护等级
		2 管道内液体压力有超过管道设计压力可能的工艺管道,应在适当位置设置泄压装置	规定采取泄压措施,是为了地上不放空、不保温的管道中的油品受热膨胀后能及时泄压,不致使管子或配件因油品受热膨胀,压力升高而破裂,发生跑油事故

9 对"工艺及热力管道"的解读及应用

续表

条号	主题	条款原文		条款解读
9.1.13	管道的防护	管道的防护，应符合右列规定	3 输送易凝液体或易聚液体的管道，应分别采取防凝或防自聚措施	所谓防凝措施，系指保温、伴热、扫线和自流放空等，设计时可根据实际情况采取一种或几种措施，确保管道顺利运行
9.1.14	专用管道	输送有特殊要求的液体，应设专用管道		有些液体(如喷气燃料)对质量要求很高，为保证其质量，输送这样的液体就应专管专用
9.1.15	不得同沟敷设	热力管道不得与甲、乙、丙A类液体管道敷设在同一条管沟内		提高甲、乙、丙A类液体的温度，会使其加大蒸发，加快变质，增加危险性。所以热力管道不得与这些管道敷设在同一条管沟内。
9.1.16	平行及交叉敷设的间距	埋地敷设的热力管道与埋地敷设的甲、乙类工艺管道平行敷设时，两者之间的净距不应小于1m；与埋地敷设的甲、乙类工艺管道交叉敷设时，两者之间的净距不应小于0.25m，且工艺管道宜在其他管道和沟渠的下方		热力管道与甲、乙类工艺管道即是埋地敷设，若两者是平行或交叉敷设也应相距一定距离，以免相互影响安全。 工艺管道设在其他管道和沟渠的下方，是为避免工艺管道渗漏而影响其他管道和沟渠
9.1.17	管道布置	管道宜沿库区道路布置。工艺管道不得穿越或跨越与其无关的易燃和可燃液体的储罐组、装卸设施及泵站等建(构)筑物		管道推荐沿库区道路布置，这样便于施工及建成后的巡线检查、维护保养。 工艺管道是输送易燃和可燃液体的管道，为安全起见，工艺管道不得穿越或跨越与其无关的易燃和可燃液体的储罐组、装卸设施及泵站等建(构)筑物
9.1.18		自采样及管道低点排出的有毒液体应密闭排入专用收集系统或其他收集设施，不得就地排放或直接排入排水系统		有毒液体若管控不好，会对环境污染，对人员健康不利，所以规定这两条
9.1.19		有毒液体管道上的阀门，其阀杆方向不应朝下或向下倾斜		
9.1.20	设置安全防护罩	酚和其他少量与皮肤接触即会产生严重生理反应或致命危险的液体，其管道和设备的法兰垫片周围宜设置安全防护罩		为了防止介质一旦泄漏时伤人
9.1.21	对腐蚀性和有毒的设备	对储存和输送酚等腐蚀性液体和有毒液体的设备和阀门，在人工操作区域内，应在人员容易接近的地方设置淋浴喷头和洗眼器等急救设施		为应急抢救中毒人员

续表

条号	主题	条款原文		条款解读
9.1.22	设置密闭隔离墙	当管道采用管沟方式敷设时，管沟与泵房、灌桶间、罐组防火堤、覆土油罐室的结合处，应设置密闭隔离墙		设置密闭隔离墙是防止管沟内的事故蔓延到与管沟连接的危险而重要的场所
9.1.23	管道采用管沟敷设的要求	当管道采用充沙封闭管沟或非充沙封闭管沟方式敷设时，除应符合本规范第9.1.22条规定外，尚应符合右列规定	1 热力管道、加温输送的工艺管道，不得与输送甲、乙类液体的工艺管道敷设在同一条管沟内	提高甲、乙类液体的温度，会使其加大蒸发，加快变质，增加危险性。所以热力管道、加温输送的工艺管道，不得与输送甲、乙类液体的工艺管道敷设在同一条管沟内
			2 管沟内的管道布置应方便检修及更换管道组成件	这是管道布置的基本要求
			3 非充沙封闭管沟的净空高度不宜小于1.8m。沟内检修通道净宽不宜小于0.7m	非充沙封闭管沟是为了人员检查、检修、维护保养、更换管线而通行作业的。所以必须留有适应这些需要的净空高度和净宽的尺寸
			4 非充沙封闭管沟应设安全出入口，每隔100m宜满足人员进出的人孔或通风口	每隔100m宜满足人员进出的人孔或通风口，不但满足管沟内通风换气的要求，而且为了人员进出方便，及事故时迅速逃生
9.1.24	管道埋地敷设要求	当管道采用埋地方式敷设时，应符合右列规定	1 管道的埋设深度宜位于最大冻土深度以下。埋设在冻土层时，应有防冻胀措施	这两款是关于管道埋深的规定。管道的埋设深度应根据管材的强度、外部负荷、土壤的冰冻深度以及地下水位等情况，并结合当地埋管经验确定。生产有特殊要求的地方，还要从技术经济方面确定合理的埋深。由于情况比较复杂，本款规定仅从防止管道遭受地面上机械破坏所需要的最小埋深考虑。国内有关规范对管道埋地设深度的规定，分不同情况，一般都在0.5~1.0m
			2 管顶距地面不应小于0.5m；在室内或室外有混凝土地面的区域，管顶埋深应低于混凝土结构层不小于0.3m；穿越铁路和道路时，应符合本规范第9.1.5条的规定	

9 对"工艺及热力管道"的解读及应用

续表

条号	主题	条款原文		条款解读
9.1.24	管道埋地敷设要求	当管道采用埋地方式敷设时,应符合右列规定	3 输送易燃和可燃介质的埋地管道不宜穿越电缆沟,如不可避免时应设防护套管;当管道液体温度超过60℃时,在套管内应充填隔热材料,使套管外壁温度不超过60℃	输送易燃和可燃介质的管道最好不穿越电缆沟,以防止对其造成威胁。要穿越电缆沟,必须采取防护措施。此款仅指出一种方法
			4 埋地管道不得平行重叠敷设	埋地管道平行重叠敷设,不但施工难,施工完后对下边的管道无法检修、维护、换管,而且也不安全
			5 埋地管道不应布置在邻近建(筑)物的基础压力影响范围内,并应避免其施工和检修开挖影响邻近设备及建(筑)物基础的稳固性	这是保证相互安全的要求。也是基本的要求。再者,因种种原因,埋地管道或邻近建(构)筑物扩建或改建的事,常有发生,到时将会相互影响,因此两者尽可能远离为好

9.1.2 对"库外管道"的解读

【"库外管道"9.2.1条原文】

9.2.1 库外管道宜沿库外道路敷设。库外工艺管道不应穿过村庄、居民区、公共福利设施,并宜远离人员集中的建筑物和明火设施。

【对"库外管道"9.2.1条解读】

库外管道推荐沿库外道路布置,这样施工期间便于施工、运输,建成后便于对管道巡线检查、维护保养。既节省工程投资,又便于管道运行管理。

工艺管道易燃易爆,若穿过村庄、居民区、公共福利设施及人员集中的建筑物和明火设施,对其有很大安全威胁,对管道的安全也不利。两者在一起,施工期间不便于施工,建成后不便于对管道巡线检查、维护保养。

再者,这些建筑可能不断扩建、改建,会对管道有影响,这已有不少教训。

【"库外管道"9.2.2条原文】

9.2.2 库外管道应避开滑坡、崩塌、沉陷、泥石流等不良的工程地质区。当受条件限制必须通过时,应选择合适的位置,缩小通过距离,并加强防护措施。

【对"库外管道"9.2.2条解读】

在不良的工程地质区建管道,不但会加大施工难度,增加工程投资。而且保证不了管道安全运行,给管道安全管理使用带来隐患。

再者库外管道一旦出事,将会对周围建筑及设施造成损失。

【"库外管道"9.2.3条原文】

9.2.3 库外管道与相邻建(构)筑物或设施之间的距离不应小于表9.2.3的规定。

表9.2.3 库外管道与相邻建(构)筑物或设施之间的距离(m)

序号	相邻建(构)筑物		液化烃等甲A类液体管道		其他易燃和可燃液体管道	
			埋地敷设	地上架空	埋地敷设	地上架空
1	城镇居民点或独立的人群密集的房屋、工矿企业人员集中场所		30	40	15	25
2	工矿企业厂内生产设施		20	30	10	15
3	库外铁路线	国家铁路线	15	25	10	15
		企业铁路线	10	15	10	10
4	库外公路	高速公路、一级公路	7.5	12	5	7.5
		其他公路	5	7.5	5	7.5
5	工业园区内道路	主要道路	5	5	5	5
		一般道路	3	3	3	3
6	架空电力、通信线路		5	1倍杆高,且不小于5m	5	1倍杆高,且不小于5m

注:1 对于城镇居民点或独立的人群密集的房屋、工矿企业人员集中场所,由边缘建(构)筑物的外墙算起;对于学校、医院、工矿企业厂内生产设施等,由区域边界线算起。

2 表中库外管道与库外铁路线、库外公路、工业园区道路之间的距离系指两者平行敷设时的间距。

3 当情况特殊或受地形及其他条件限制时,在采取加强安全保护措施后,序号1和2的距离可减少50%。对处于地形特殊困难地段与公路平行的局部管段,在采取加强安全保护措施后,可埋设在公路路肩边线以外的公路用地范围以内。

4 库外管道尚应位于铁路用地范围边线和公路用地范围边线外。

5 库外管道尚不应穿越与其无关的工矿企业,确有困难需穿越时,应进行安全评估。

【对"库外管道"9.2.3条解读】

国内石油库不少有库外管道,但旧规范GB 50074—2002版未对库外管道有

9 对"工艺及热力管道"的解读及应用

专门规定,"新规范"将油库管道分为库内和库外,分别对其明确规定。

本条列出库外管道与相邻建(构)筑物或设施之间的距离,并对边界线起算、距离折减、布设范围、安全评估等有详细注解。注3的"加强安全保护措施"主要是指提高局部管道的设计强度等措施。

"新规范"这样规定,使设计有法可依、有据可查。

据"新规范"条文说明,表中安全距离,是参照国家标准《石油天然气工程设计防火规范》GB 50183—2004 和《城镇燃气设计规范》GB 50028—2006 制定的。

【"库外管道"9.2.4~9.2.14 条原文与解读】

9.2.4~9.2.14 条原文与解读见表 9.2。

表 9.2 "库外管道"9.2.4~9.2.14 条原文与解读

条号	主题	条款原文		条款解读
9.2.4	埋地敷设要求	库外管道采用埋地敷设方式时,在地面上应设置明显的永久标志,管道的敷设设计应符合现行国家标准《输油管道工程设计规范》GB 50253 的有关规定		埋地敷设的管道,在地面上设置明显的永久标志,便于巡线检查,也便于在对管道检修保养、更换管道时寻找。GB 50253 中对管道的敷设有具体规定,应参照执行
9.2.5		易燃、可燃、有毒液体库外管道沿江、河、湖、海敷设时,应有预防管道泄漏污染水域的措施		为防止污染水域而规定本条
9.2.6	架空敷设要求	架空敷设的库外管道经过人员密集区域时,宜设防止人员侵入的防护栏		架空敷设的库外管道直接暴露在外,容易被侵入或碰撞,所以应设防护设施。距库外公路路边的距离有要求,这些都是从安全考虑
9.2.7	沿库外公路架空敷设要求	沿库外公路架空敷设的厂际管道距库外公路路边的距离小于 10m 时,宜沿库外公路边设防撞设施		
9.2.8	与市政管道和暗沟(渠)交叉或相邻布置的要求	埋地敷设的库外工艺管道不宜与市政管道和暗沟(渠)交叉或相邻布置,如确需交叉或相邻布置,则应符合右列规定	1 与市政管道和暗沟(渠)交叉时,库外工艺管道应位于市政管道、暗沟(渠)的下方,库外工艺管道的管顶与市政管道的管底、暗沟(渠)的沟底的垂直净距不应小于 0.5m	埋地敷设的库外工艺管道通过公共区域时,有时与市政管道、暗沟(渠)相邻平行或交叉敷设的情况难以避免,有可能面临的风险是,泄漏的易燃和可燃液体流入市政自流管道、暗沟(渠),并在其内部空间形成爆炸性气体,一旦遇到点火源即可发生爆炸。对这种风险需要特别注意,并严加防范,故作此条规定。为防止其泄漏的易燃和可燃液体、气体进入市政管道和暗沟(渠)内,所以规定交叉时,库外工艺管道应位于市政管道和暗沟(渠)的下方,并有垂直净距的要求;两者尽量不相邻布置在道路的同侧;平行

续表

条号	主题	条款原文		条款解读
9.2.8	与市政管道和暗沟(渠)交叉或相邻布置的要求	埋地敷设的库外工艺管道不宜与市政管道和暗沟(渠)交叉或相邻布置,如确需交叉或相邻布置,则应符合右列规定	2 沿道路布置时,不宜与市政管道、暗沟(渠)相邻布置在道路的相同侧	敷设时,要相距1m以上,且工艺管道应位于市政热力管道热力影响范围外;还应进行安全风险分析等。这些规定都是为减少相互影响,保证双方安全
			3 工艺管道与市政管道、暗沟(渠)平行敷设时,两者之间的净距不应小于1m,且工艺管道应位于市政热力管道热力影响范围外	
			4 应进行安全风险分析,根据具体情况,采取有效可行措施,防止泄漏的易燃和可燃液体、气体进入市政管道和暗沟(渠)	
9.2.9	管道穿越工程的设计	库外管道穿越工程的设计,应符合现行国家标准《油气输送管道穿越工程设计规范》GB 50423 的有关规定		这两个现行国家标准 GB 50423 与 GB 50459 分别对管道穿越与跨越工程的设计有明确规定,可遵照执行
9.2.10	管道跨越工程的设计	库外管道跨越工程的设计,应符合现行国家标准《油气输送管道跨越工程设计规范》GB 50459 的有关规定		
9.2.11	截断阀门设置	库外管道应在进出储罐区和库外装卸区的便于操作处设置截断阀门		在便于操作处设置截断阀门是为迅速控制事故范围,减少损失
9.2.12	与电气化铁路平行敷设要求	库外埋地管道与电气化铁路平行敷设时,应采取防止交流电干扰的措施		为了防止两者相互干扰,所以两者平行敷设时,应采取防止交流电干扰的措施
9.2.13	有特殊要求的安全距离	当重要物品仓库(或堆场)、军事设施、飞机场等,对与库外管道的安全距离有特殊要求时,应按有关规定执行或协商解决		这些有特殊要求建筑物,是国家重点保护对象,与库外管道的安全距离,应按有关规定执行或协商解决

续表

条号	主题	条款原文	条款解读
9.2.14	其他条款	库外管道的设计尚应符合本规范第9.1.3条、第9.1.9条、第9.1.11条、第9.1.12条和第9.1.13条的规定	"新规范"中其他条款,都有涉及库外管道的内容,故也应执行

9.2 对"工艺及热力管道"的应用

9.2.1 "工艺及热力管道"设计还需遵循或参考的规范、标准

"工艺及热力管道"设计除执行本"新规范"外,还需遵循或参考的规范、标准如下:

(1)《输油管道工程设计规范》GB 50253;
(2)《工业金属管道工程施工质量验收规范》GB 50184;
(3)《石油化工金属管道工程施工质量验收规范》GB 50517;
(4)《石油化工非金属管道施工质量验收规范》GB 50690;
(5)《石油化工管道布置设计通则》SH 3012;
(6)《石油化工金属管道布置设计规范》SHT 3012;
(7)《石油化工管道支吊架设计规范》SH 3073;
(8)《石油化工管架设计规范》SHT 3055;
(9)《石油化工非埋地管道设计通则》SHT 3039;
(10)《石油化工管道柔性设计规范》SHT 3041;
(11)《石油化工管道用金属软管选用、检验及验收》SHT 3412;
(12)《油气输送管道穿越工程设计规范》GB 50423;
(13)《油气输送管道跨越工程设计规范》GB 50459;
(14)《油气输送管道跨越工程施工规范》GB 50460;
(15)《石油化工管道设计器材选用通则》(2001);
(16)《现场设备、工业管道焊接工程施工规范》GB 50263;
(17)《现场设备、工业管道焊接工程施工质量验收规范》GB 50683;
(18)《工业设备及管道绝热工程施工规范》GB 50126;
(19)《油气长输管道工程施工及验收规范》GB 50369;
(20)《石油天然气钢质管道无损检测》SY/T 4109;
(21)《石油化工管道无损检测》SHT 3545;
(22)《输油管道工程设计节能技术规范》SYT 6393;

(23)《成品油管道输送安全规程》SYT 6652；
(24)《石油化工设备和管道涂料防腐蚀技术规范》SH 3022；
(25)《钢质管道外腐蚀控制规范》GB/T 21447；
(26)《钢质管道内腐蚀控制规范》GB/T 23258；
(27)《钢质管道及储罐腐蚀评价标准》SY/T 0087；
(28)《埋地钢质管道聚乙烯防腐层》GB/T 23257；
(29)《钢质管道聚乙烯防腐层》GB/T 23257；
(30)《埋地钢质管道环氧煤沥青防腐层技术标准》SY/T 0447；
(31)《埋地钢质管道液体环氧外防腐层技术标准》SY/T 6854；
(32)《埋地钢质管道石油沥青防腐层技术标准》SY/T 0420；
(33)《埋地钢质管道防腐保温层技术标准》GB/T 50538；
(34)《埋地钢质管道外防腐层修复技术规范》SY/T 5918；
(35)《埋地钢质管道腐蚀防护工程检验》GB/T 19285；
(36)《埋地钢质管道阴极保护技术规范》GB/T 21448；
(37)《石油天然气工程设计防火规范》GB 50183；
(38)《城镇燃气设计规范》GB 50028。

9.2.2 输油管道的选线原则

选择一条合理的线路一般要遵守下列原则：

(1) 线路尽可能取直，坡度小，施工条件好，长度一般以不超过航空测量直线的5%为宜。

(2) 通过山谷、公路、铁路、江河、湖泊、沼泽地、居民区的大型穿(跨)越工程要尽可能少。并应选那些工程量小，技术上可能而又安全，施工方便的地点。

(3) 尽可能避开不良地质条件地段、强地震区和影响其他矿藏开采的地区。

(4) 不占或少占耕地，不破坏或尽量少拆迁已有的建筑物和民房，并要有利于改土造田，发展农业。

(5) 有利于安全，线路与铁路干线、城镇、工矿企业等建(构)筑物应保持一定距离。

(6) 为便于施工、物资供应、动力供应和投产后管道的维修与巡线，管道应尽量靠近和可利用现有公路和电网，以少建专用公路和电力线路。

(7) 综合考虑通过地区的开发、油气供应和对地方工农业的支援。

(8) 尽量不经过低洼易积水地带、盐碱地及其他对管道腐蚀性强的地区。

(9) 注意生态平衡、三废治理和生态保护。

(10) 大型穿(跨)越地点和输油站址的确定是选线中最重要的工作之一。所以，大型穿(跨)越点和输油站址的选择应服从线路的总走向，在这个前提下，线路的局部走向应服从穿(跨)越点和站址的确定。

9.2.3 输油管道选择的勘察程序与要求

长距离输油管道或比较复杂的输油管道，在设计之前，必须经过选线勘察，勘察程序分为踏勘、初步设计勘察(初测)、施工图设计勘察(定测)三个阶段，具体方法如下。

9.2.3.1 踏勘

踏勘是在正式设计任务书下达之前，根据上级下达的文件或指示进行的。其目的是为了进行可行性研究(编制方案设计)，进而决定是否建设该输油管道，并为拟定设计任务书提供必要的资料和素材。

在室内首先拟定踏勘纲要，收集资料，在比例尺尽可能大(一般为 1∶50000~1∶100000)的地形图上选择一条或几条线路方案。求出线路的概略长度、穿(跨)越次数和地点，绘出油(气)田、交通线路、重大工程建筑(如水库)和工矿的位置。

在室内工作基础上进行实地踏勘，调查研究，选定一条或几条线路。目测记录高山、河流、深沟等地形高差、长度、宽度，进行工程地质测绘和调查，补充收集资料。

在上述工作结束后，将各项资料分析整理、研究讨论，编写出踏勘报告，作为方案报告的依据，其主要内容为：

(1) 踏勘工作依据。
(2) 工作时间及人员组成。
(3) 自然地理概况：地理位置、行政区、交通、气候、山脉、水系等。
(4) 线路介绍：各方案的走向和长度，推荐意见，沿线的工程地质概况，土石方分布，水文地质和自然地质现象之描述，沿线植物覆盖情况，占用耕地数量，穿(跨)越工程概况和次数等。
(5) 交通及动力供应情况。
(6) 水文、气象资料。
(7) 附图：踏勘示意图(1∶1000000~1∶2000000)；线路平面图(1∶50000~1∶200000)；踏勘像集。

9.2.3.2 初步设计勘察

它是在设计任务书下达以后，初步设计开始之前，根据踏勘报告选择的线路方案，作技术经济比较，确定最优秀方案。

初步设计勘察工作先在室内进行，即在收集来的平面图、地形图、地质图和交通图上根据设计任务的规定和选线原则及其他收集到的基础资料，参照地形及公路、铁路的走向，标出管道可能通过的几个方案，量出各方案的线路长度。然后，再到现场对重点地区进行实地勘察，调整线路走向，并对方案作出技术经济比较。

初步设计阶段的野外勘察工作一般不使用仪器，当遇到大的山、河等障碍物时才使用仪器，并确定穿越地点。该阶段野外勘察工作包括以下主要内容：

（1）了解沿线地貌。

（2）线路工程地质调查和测绘。

（3）沿线每1~3km测土壤电阻率一次。

（4）穿越枯水期水面宽度在50m以上的大型河流时，在线路中线左右各100~200m范围内进行地形测量，测出穿越处河深及河床纵断面（边界至最大洪水位以上）。若为不稳定冲刷河流，则测量宽度应增加一倍。

在选定穿越中线上进行工程地质钻探。搜集有关水文资料，并实测水流速度和水面坡降等。

（5）线路穿越大冲沟时，凡确定架空穿越的，在线路左右各50m内进行地形测量，测出穿越处线路纵断面图。并在线路穿越处进行工程地质调查。若穿越的是发展性冲沟，则上述测量宽度应增加一倍。

输油管初步设计勘察可以不出专门的综合报告书，有关内容可编在初步设计的总说明部分。编入的内容主要为：

① 勘察工作的依据、时间和条件。

② 线路介绍：走向、起讫点、长度、沿线的地形地貌、水文地质和工程地质情况。

③ 沿线农作物及植被情况。

④ 天然和人工障碍物穿(跨)越工程次数统计和描述。

⑤ 沿线交通情况。

⑥ 沿线建筑材料产地及价格。

⑦ 沿线供给施工和生活用的水源与电源，通信线路及其利用的可能性。

⑧ 线路平面图，比例尺为1∶50000~1∶100000。

勘察中收集的资料整理汇集后，与测量成果表和工程地质报告书一并存档备用。

9.2.3.3 施工图设计勘察

施工图阶段勘察又称定测，它是在初步设计批准后，施工图设计前进行。主要是根据批准的初步设计和上级审批意见，对全线进行复查、修改、定线和地形测量，并作工程地质和水文地质勘察，尤其要进行输油站和穿(跨)越点的地形测量和地质勘察，取得有关资料，作为施工设计的依据。

9 对"工艺及热力管道"的解读及应用

定线和测量就是在沿线打下里程桩、平面转角桩、纵向变坡桩，测量线路的高程、坐标、转角。最后得出沿线带状地形图和纵断面图。

同时，在沿线每隔一定距离（一般是1000m）挖探坑（深2~3m）取样，穿越点根据工程大小和地质条件钻孔1~3个，或3个以上，进行取样，以便在穿越中心线连成地质剖面图，取得工程地质和水文地质资料。沿线每隔500m取土壤电阻率和导热系数。

勘察之后应交付综合勘察报告，主要内容如下：

（1）带状地形图见图9.1，比例尺视管道的长度和地形复杂情况而定，一般为1：2000~1：10000或更小。宽度为线路中心线左右各50~100m，其中中线左右各50m为正规的地形图，而外侧之50~100m仅测地物。图内标明线路的走向、转角、测量桩和变坡桩的坐标、里程、自然标高，自然和人工障碍（河流、湖泊、山谷、冲沟、公路、铁路等），沿线的地物、建筑物和电力、通信线，并注明河流流向，距线路最近的公路、铁路的里程和起讫点。

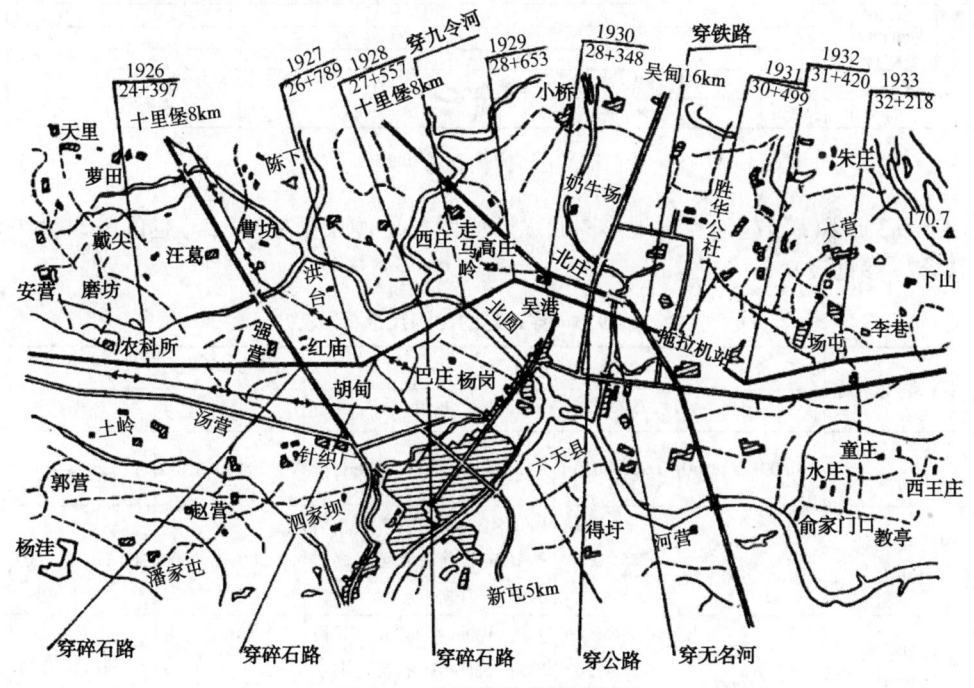

图9.1 输油管道带状地形图

（2）纵断面图，见图9.2，比例尺横向为1：2000~1：10000或更小，纵向为1：200~1：1000。图上应标明土壤名称、工程分类和腐蚀等级，地面自然标高、里程、线路转角桩号和测量桩号，包括中心线左右25m内地物的平面示意图。纵断面图上还应预留管沟沟底标高、绝缘层等级、管材和土石方工程量等栏,为设计线路施工图提供方便。

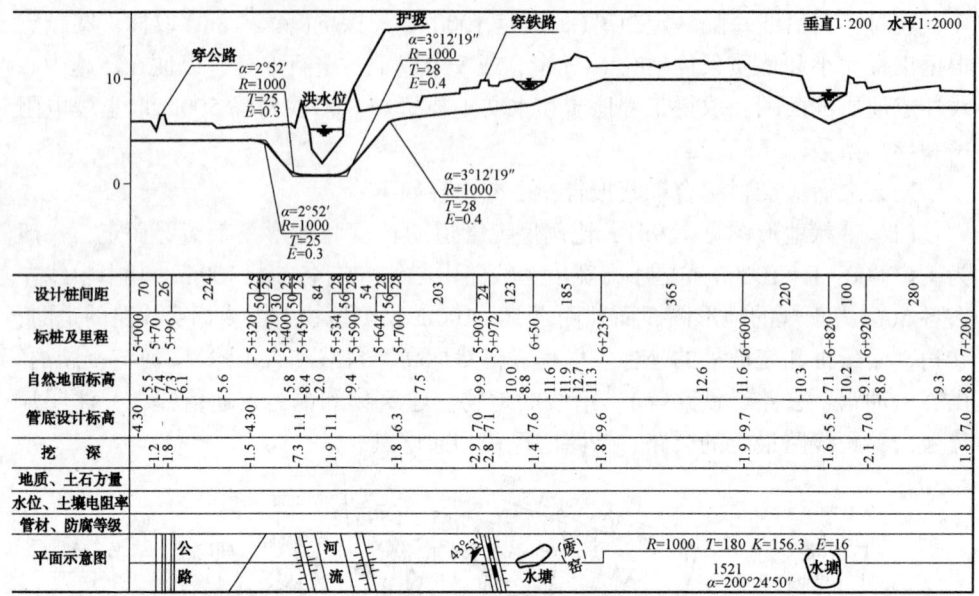

图 9.2 输油管道纵断

(3) 穿(跨)越地点的地形图和纵断面图,比例尺根据穿(跨)越的障碍大小决定,参见表 9.3。

表 9.3 穿跨越的比例尺选择

穿(跨)越名称	地 形 图			纵断面图比例尺	
	比例尺	等高距(m)	范 围	横	纵
铁路、公路、大型渠道	1:200~1:500	0.25~0.5	50m×50m~100m×100m	1:200~1:500	1:20~1:50
中小型河流、冲沟	1:200~1:500	0.25~0.5	100m×100m 或中心线左右各 100m,前后测至最高洪水位	1:200~1:500	1:20~1:50
大型河流、深沟	1:500~1:2000	0.25~1.0	上游 100m~200m,下游 200m,前后测至最高洪水位以外 50m	1:500~1:2000	1:50~1:200
滑坡崩塌地区	1:200~1:500	0.25~0.5	视实地情况而定	1:200~1:500	1:20~1:50

(4) 测量成果及说明。

(5) 沿线探坑所得的工程地质及水文地质资料,沿线土壤的电阻率和导热系数。

(6) 输油站的地形图(比例尺 1∶500~1∶2000)和地质资料。

(7) 各项协议文件。

9.2.3.4　勘察中应收集的资料

(1) 地理、气象及水文地质方面。

① 地理资料：1∶50000、1∶500000 或 1∶1000000 地形图，交通图和行政区域图；

② 气象资料：如气温、地温、气压、风向、风速、降雨量、蒸发量、土壤冻结深度等；

③ 水文资料：主要河流的长度、水位变化幅度(洪水位、枯水位、正常水位)、洪水特性及延续期、洪水淹没范围、河水冻结与开冻期等；

④ 水文地质资料：通过地区的主要含水层、供水量、地下水流动规律、地下水对管道的影响等；

⑤ 区域性的地质剖面图和地质构造、地层岩石特性等资料；沿线地形地貌主要类型及其与地质构造的关系，地形的险峻程度，土石方分布情况等；

⑥ 滑坡地带及山体崩塌地区的形态和发育情况，以及与风和水有关的地质现象：风丘、岩溶、河流侵蚀作用、河岸冲刷、河道变迁、山洪冲积、泥石流等；

⑦ 地震资料：地震的震级、烈度、震源及震中等；

⑧ 耕地及沿线植物覆盖情况等。

(2) 经济建设方面。

① 交通运输：公路、铁路、航道的线路质量，桥梁情况，运输量，可能通过能力，车站和码头的吞吐量，车、船数量及当地可能使用的小型运输车辆情况等；

② 动力供应：电站位置、电网性质、供电能力、电压质量、电力负荷，以及沿线地区其他燃料的供应情况等；

③ 通过地区的重要工程建筑物及大型工矿；

④ 劳动力情况；

⑤ 生活资料供应能力。

9.2.4　管道布置的原则

(1) 工程管道布置中的一般避让原则。

① 临时性的让永久性的管道；

② 管径小的让管径大的管道；

③ 有压的让自流的管道；

④ 新设计的让已有的管道;
⑤ 软的让硬的管道。

(2) 平行架空管道应尽可能集中。尽可能不利用工业建筑墙壁及构筑物等作为支架的支撑。支撑点位置和支架净空高度不妨碍运输、行人与门窗。

(3) 低支架敷设管道与人流、货流集中的道路平交时应采取措施,保证道道畅通。

(4) 山区低支架敷设的管道要尽可能沿地形等高线布置,但要保证管道不受山洪冲刷的影响。

(5) 地下管道交叉时的一般处理原则。
① 煤气管、易燃、可燃液体管道在其他管道上面;
② 给水管在污水管上面;
③ 电力电缆在热力管和电信电缆下面,但是应在其他管道上面;
④ 氧气管低于乙炔管、高于其他管道;
⑤ 热力管在电缆、煤气、给水管上面;
⑥ 下列管道不应敷设在同一地沟或地槽内:
 a. 热力管与易燃液体管;
 b. 电缆、氧气管与易燃、可燃液体管;
 c. 乙炔管与氧气管;
 d. 煤气管与石油管;
 e. 乙炔管、氧气管、煤气管与电缆。

10 对"易燃和可燃液体灌桶设施"的解读

10.1 对"灌桶设施组成和平面布置"的解读

【"灌桶设施组成和平面布置"10.1.1~10.1.5条原文与解读】

10.1.1~10.1.5条原文与解读见表10.1。

表10.1 "灌桶设施组成和平面布置"10.1.1~10.1.5条原文与解读

条号	主题	条款原文		条款解读
10.1.1	灌桶设施的组成	灌桶设施可由灌装储罐、灌装泵房、灌桶间、计量室、空桶堆放场、重桶库房(棚)、装卸车站台以及必要的辅助生产设施和行政、生活设施组成,设计可根据需要设置		灌桶设施的组成应根据石油库的规模大小,灌桶量的多少及这些设施的位置等综合考虑。石油库规模小、灌桶量少时,灌桶设施的组成不一定有如本条规定这么全
10.1.2	灌桶设施的平面布置	灌桶设施的平面布置,应符合右列规定	1 空桶堆放场、重桶库房(棚)的布置,应避免运桶作业交叉进行和往返运输	空桶、重桶往返运输比较频繁,所以平面布置应考虑避免运桶作业交叉进行和往返运输
			2 灌装储罐、灌桶场地、收发桶场地等应分区布置,且应方便操作、互不干扰	储罐、灌桶比较危险,灌桶、收发桶作业繁忙,分区布置,相对安全,也减少干扰
10.1.3	合并建筑	灌装泵房、灌桶间、重桶库房可合并设在同一建筑物内		这些建筑功能关系密切,合建一起,便于操作,并节约占地、节省投资、减少建筑栋数,平面布局美观合理
10.1.4	防火墙的设置	甲B、乙类液体的灌桶泵与灌桶栓之间应设防火墙。甲B、乙类液体的灌桶间与重桶库房合建时,两者之间应设无门、窗、孔洞的防火墙		甲B、乙类液体属易挥发性液体,在油泵与灌油栓之间设防火隔墙,将油气与用电设备隔开,有利于防止火灾发生。灌桶间操作较为频繁,灌桶时会挥发油气,为保证重桶安全,在重桶库房与灌桶间之间有必要设置无门、窗、孔洞的隔墙
10.1.5	联合设置	灌桶设施的辅助生产和行政、生活设施,可与邻近车间联合设置		灌桶设施的辅助生产和行政、生活设施,比较安全,与邻近车间联合设置,节约占地,节省投资,减少建筑栋数,平面布局美观合理

10.2 对"灌桶场所"的解读

【"灌桶场所"10.2.1~10.2.4条原文与解读】

10.2.1~10.2.4条原文与解读见表10.2。

表10.2 "灌桶场所"10.2.1~10.2.4条原文与解读

条号	主题	条款原文		条款解读
10.2.1	灌桶方式推荐	灌桶宜采用泵送灌装方式。有地形高差可供利用时，宜采用储罐直接自流灌装方式		自流灌装节约用电及经营费用，此方式应为首选。如无地形高差可供利用时，再采用泵送灌装方式
10.2.2	灌桶场所的设计	灌桶场所的设计，应符合右列规定	1 甲B、乙、丙A类液体宜在棚(亭)内灌装，并可在同一座棚(亭)内灌装	甲B、乙、丙A类液体在室内灌装容易积聚油气，有形成爆炸气体的危险，在露天场地灌装又受雨雪和日晒的影响，故宜在装车棚(亭)内灌装。装车棚(亭)具备半露天条件，进行灌装作业时有通风良好、油气不易积聚的优点，比较安全，故允许甲B、乙、丙A油品可在同一座装车棚(亭)内灌装。向汽车罐车发油的发油亭(棚)的发油台上同时装灌桶设备，这已是国内不少油库的做法
			2 润滑油等丙B类液体宜在室内灌装，其灌桶间宜单独设置	为保证润滑油品质量，防止风沙、雨、雪等机械杂质污染油品，故宜在室内进行灌装作业
10.2.3	灌油枪出口流速的控制	灌油枪出口流速不得大于4.5m/s		不得大于4.5m/s流速的控制，在"新规范"8.2.8条中对汽车罐车灌装也有同样要求，因为流速太大，会产生静电，对安全不利。 对于灌装200L甲、乙、丙A类油桶的时间控制在1min(流量约为3L/s)较合适。如果灌桶时间再缩短，即流量再加大，而灌油栓(枪)直径受桶口限制不能再加大(一般不超过32mm)，则灌桶流速将超过8.2.8条规定的安全流速4.5m/s。对轻柴油还会因灌桶速度太快而冒沫，影响灌装作业，操作工人也显得太紧张
10.2.4	有毒液灌桶方式	有毒液体灌桶应采用密闭灌装方式		有毒液体挥发出的气体对人体有害，故应采用密闭灌装方式

10.3 对"桶装液体库房"的解读

【"桶装液体库房"10.3.1条原文】

10.3.1 空、重桶的堆放，应满足灌装作业及空、重桶收发作业的要求。空桶的堆放量宜为1d的灌装量，重桶的堆放量宜为3d的灌装量。

【对"桶装液体库房"10.3.1条解读】

空桶可以随时来随时灌装，其堆放量为1天的灌装量也就够了。根据规范编制组的实际调查，为便于及时向用户供油，重桶堆放量宜为3天的灌装量。

这一条规定与GB 50074—2002版本完全一致，可见空、重桶堆放量的规定能满足实际要求。

【"桶装液体库房"10.3.2条原文】

10.3.2 空桶可露天堆放。

【对"桶装液体库房"10.3.2条解读】

空桶内不装油，不存在油品变质和着火爆炸的问题，所以在无房或棚的情况下，可以露天堆放。

这一条规定与GB 50074—2002版本完全一致。

【"桶装液体库房"10.3.3条原文】

10.3.3 重桶应堆放在库房(棚)内。桶装液体库房(棚)的设计，应符合下列规定：

1 甲B、乙类液体重桶与丙类液体重桶储存在同一栋库房内时，两者之间宜设防火墙。

2 Ⅰ、Ⅱ级毒性液体重桶与其他液体重桶储存在同一栋库房内时，两者之间应设防火墙。

3 甲B、乙类液体的桶装液体库房，不得建地下或半地下式。

4 桶装液体库房应为单层建筑。当丙类液体的桶装液体库房采用一、二级耐火等级时，可为两层建筑。

5 桶装液体库房应设外开门。丙类液体桶装液体库房，可在墙外侧设推拉门。建筑面积大于或等于100m^{2}的重桶堆放间，门的数量不应少于两个，门宽不应小于2m。桶装液体库房应设置斜坡式门槛，门槛应选用非燃烧材料，且应高出室内地坪0.15m。

6 桶装液体库房的单栋建筑面积不应大于表10.3.3的规定。

表10.3.3 桶装液体库房单栋建筑面积

液体类别	耐火等级	建筑面积(m²)	防火墙隔间面积(m²)
甲B	一、二级	750	250
乙	一、二级	2000	500
丙	一、二级	4000	1000
	三级	1200	400

【对"桶装液体库房"10.3.3条解读】

为防止重桶遭受人为损坏，以及防止因日晒而升温，重桶应堆放在室内或棚内。

（1）第1款：甲B、乙类液体重桶如与丙类液体重桶储存在同一栋库房内是从经济和安全两方面考虑。两者合用同一栋库房，可减少库房，节省投资，是从经济角度考虑。两者用防火隔墙隔开，是从安全角度考虑。

（2）第3款：甲B、乙类液体重桶库房若建成地下或半地下式，桶一旦渗漏，房间内容易积存油气，存在发生火灾、爆炸的不安全因素。

再者，重桶较重，搬运不便，若建成地下或半地下式，搬运更加困难，势必要安装吊装设备，加大工程投资和经营费用。

（3）第4款：桶库房应单层建筑便于室内外搬运，也较安全，特别是甲B、乙类液体安全防火要求严格，为避免摔、撞甲B、乙类液体重桶，其重桶库房应单层建造。丙类液体火灾危险性较小，为节省占地，其重桶库房可双层建造，但必须采用一、二级耐火等级。

（4）第5款：重桶库房设外开门，有利于发生火灾事故时人员和重桶疏散。根据国标《建筑设计防火规范》GB 50016中，也规定建筑面积大于或等于100m²的重桶堆放间，门的数量不得少于2个，门宽要求不应小于2m。对重桶堆放间要求设置高于室内地坪0.15m的非燃烧材料建造的斜坡式门槛，主要是为了在重桶堆放间发生火灾、爆炸事故时，防止液体流散到室外，使火灾蔓延。另外斜坡式门槛便于推重桶进出，所以斜坡式门槛也不宜过高，过高将给平时作业造成不便。

（5）第6款：本款重桶库房的单栋建筑面积的规定，与国标《建筑设计防火规范》GB 50016的相关规定是一致的。与旧规范比较有所改变，见表10.3。从表中看出，"新规范"比旧规范的要求有所加严，对乙类液体取消了三级耐火等级。

10 对"易燃和可燃液体灌桶设施"的解读

表 10.3　桶装液体库房单栋建筑面积新旧规范对照表

旧规范 GB 50074—2002				新规范 GB 50074—2014			
液体类别	耐火等级	建筑面积（m²）	防火墙隔间面积（m²）	液体类别	耐火等级	建筑面积（m²）	防火墙隔间面积（m²）
甲	二级	750	250	甲B	一、二级	750	250
乙	二级	2000	500	乙	一、二级	2000	500
	三级	500	250				
丙	二级	4000	1000	丙	一、二级	4000	1000
	三级	1200	400		三级	1200	400

【"桶装液体库房"10.3.3 条原文】

10.3.4　桶的堆码应符合下列规定：

1　空桶宜卧式堆码。堆码层数宜为 3 层，但不得超过 6 层。

2　重桶应立式堆码。机械堆码时，甲B类液体和有毒液体不得超过 2 层，乙类和丙A类液体不得超过 3 层，丙B类液体不得超过 4 层。人工堆码时，各类液体的重桶均不得超过 2 层。

3　运输桶的主要通道宽度，不应小于 1.8m。桶垛之间的辅助通道宽度，不应小于 1.0m。桶垛与墙柱之间的距离不宜小于 0.25m。

4　单层的桶装液体库房净空高度不得小于 3.5m。桶多层堆码时，最上层桶与屋顶构件的净距不得小于 1m。

【对"桶装液体库房"10.3.4 条解读】

为方便油桶的检查、取样、搬运和堆码时的安全操作以及考虑油品性质等因素，本条规定了堆码层数和有关通道宽度。其内容和数据与旧规范 GB 50074—2002 基本一致。只是将桶垛与墙柱之间的距离不应小于 0.25~0.5m 改为不宜小于 0.25m。这一规定是在调查研究的基础上做出的，经过实践是合理的可行的。

11 对"车间供油站"的解读

【"车间供油站"11.0.1条原文】

11.0.1 设置在企业厂房内的车间供油站，应符合下列规定：

1 甲B、乙类油品的储存量，不应大于车间两昼夜的需用量，且不应大于 $2m^3$。

2 丙类油品的储存量不宜大于 $10m^3$。

3 车间供油站应靠厂房外墙布置，并应设耐火极限不低于3h的非燃烧体墙和耐火极限不低于1.5h的非燃烧体屋顶。

4 储存甲B、乙类油品的车间供油站，应为单层建筑，并应设有直接向外的出入口和防止液体流散的设施。

5 存油量不大于 $5m^3$ 的丙类油品储罐(箱)，可直接设置在丁、戊类生产厂房内。

6 储罐(箱)的通气管管口应设在室外，甲B、乙类油品储罐(箱)的通气管管口，应高出屋面1.5m，与厂房门、窗之间的距离不应小于4m。

7 储罐(箱)与油泵的距离可不受限制。

【对"车间供油站"11.0.1条解读】

(1) 本条是针对设在企业厂房内的车间供油站的要求。据"新规范"条文说明，本条第1款和第2款是参照现行国家标准《建筑设计防火规范》GB 50016—2006等标准并结合国内大、中、小型企业厂房内车间供油站的具体现状制订的。在建筑物内存放油品是有一定风险的，因此，在满足基本生产要求的基础上，按不同油品的火灾危险性，对车间供油站储存油品的体积加以限制是必要的，以免发生火灾事故时造成大的损失。

(2) 本条第3款规定是参照现行国家标准《建筑设计防火规范》GB 50016—2006的有关规定制订的，是为了预防车间供油站在一旦发生着火或爆炸事故时，尽量缩小对厂房其他生产部分的破坏范围，减少人员伤亡。

(3) 本条第4款，甲B、乙类油品容易着火爆炸，为保证安全，所以要求储存甲B、乙类油品的供油站应为单层建筑，并应设有直接向外的出入口。再者，车间通常也多为单层建筑，可见供油站建成单层建筑也与车间建筑协调。为防止事故时油品流散到站外，以控制火势蔓延，便于扑救和疏散，减少损失，所以应采取防止油品流散的措施。可考虑在门口设置斜坡式门槛。

(4) 本条第5款，与甲B、乙类油品相比，丙类油品的危险性要小得多，故做本款规定。

(5) 本条第6款，甲B、乙类油品容易挥发，油气与空气混合极易形成爆炸性的气体混合物，不仅火灾危险性较大，而且也不符合工业卫生标准的要求。据规范组调查，曾经有不少单位，由此而引发火灾、人身中毒事故。因此，本款规定储罐(箱)通气管管口应引至室外，以便于油气扩散，并防止油气通过门窗返流室内，发生爆炸和火灾事故。按照爆炸危险场所的划分范围，要求排气口的位置应高出屋面1.5m，与毗邻房间门、窗之间的距离不应小于4m。

(6) 据"新规范"条文说明，厂房内车间供油站的设备简单，储罐(箱)容量较小，油泵功率也不大，数量一般仅有一两台，为了便于操作，集中管理，尽量减少占用面积，故允许储罐(箱)与油泵设在一起，不受距离限制。

【"车间供油站"11.0.2条原文】

11.0.2 设置在企业厂房外的车间供油站，应符合下列规定：

1 车间供油站与本企业建(构)筑物、交通线等的安全距离，应符合本规范第4.0.16条的有关规定；站内布置应符合本规范第5.1.3条的规定。

2 甲B、乙类油品储罐的总容量不大于20m³且储罐为埋地卧式储罐或丙类油品储罐的总容量不大于100m³时，站内储罐、油泵站与本车间厂房、厂内道路等的防火距离以及站内储罐、油泵站之间的防火距离可适当减小，但应符合下列规定：

1) 站内储罐、油泵站与本车间厂房、厂内道路等的防火距离，不应小于表11.0.2的规定；

表11.0.2 站内储罐、油泵站与本车间厂房、
厂内道路等的防火距离(m)

名称		液体类别	一、二级耐火等级的厂房	厂房内明火或散发火花地点	站区围墙	厂内道路
储罐	埋地卧式	甲B、乙	3	18.5	3	5
		丙	3	8		
	地上式	丙	6	17.5		
油泵站		甲B、乙	3	15		
		丙	3	8		

2) 油泵房与地上储罐的防火距离不应小于5m；

3）油泵房与埋地卧式储罐的防火距离不应小于3m；

4）布置在露天或棚内的油泵与储罐的距离可不受限制。

3 车间供油站应设高度不低于1.6m的站区围墙。当厂房外墙兼作站区围墙时，厂房外墙地坪以上6m高度范围内，不应有门、窗、孔洞。工厂围墙兼作站区围墙时，储罐、油泵站与工厂围墙的距离应符合本规范第5.1.3条的规定。

4 当油泵房与厂房毗邻建设时，油泵房应采用耐火极限不低于3h的非燃烧体墙和不低于1.5h非燃烧体屋顶。对于甲B、乙类油品的泵房，尚应设有直接向外的出入口。

5 埋地卧式储罐的设置，应符合本规范第6.3节和6.4节的有关规定。

【对"车间供油站"11.0.2条解读】

据"新规范"条文说明，有些企业的厂房距离本企业油库较远，或本企业无油库。当设置在厂房内的供油站的储油量和设施不可能满足生产要求时，"新规范"允许在厂房外设置车间供油站。对本条各款说明如下：

（1）本款规定是由于设置在厂房外的车间供油站，其性质等同于企业附属油库。

（2）车间供油站与燃油设备或零星用油点有密切的关系，在满足防火距离要求的前提下，总图布置需尽量靠近厂房，以使系统简单，操作管理方便。因此，本款对企业厂房外的车间供油站，当甲B、乙类油品的储存量不大于20m³且储罐为埋地卧式储罐或丙类油品的储存量不大于100 m³时，其储罐、油泵站与本车间厂房、厂房内明火或散发火花地点、站区围墙、厂内道路等的距离，放宽了要求。

（3）本款是对车间供油站的围墙高度及厂房外墙或工厂围墙兼作站区围墙的具体要求。

（4）厂房外的车间供油站，与本厂房的关系十分密切，其油泵房在厂房外布置受到限制时，可以与厂房毗邻建设。但由于油泵房属火灾危险场所，故对油泵房的建筑构造提出了一定的耐火极限要求，以免发生火灾事故时破坏厂房主体建筑。特别是甲B、乙类油品的油泵房，还存在爆炸危险性，规定其出入口直接向外，有利于泵房内的操作人员在事故时及时逃离。

（5）"新规范"第6.3节是对覆土卧式储罐的规定；第6.4节是对储罐附件的规定，可供执行。

12 对"消防设施"的解读及应用

12.1 对"消防设施"的解读

12.1.1 对"一般规定"的解读

【"一般规定"12.1.1~12.1.6条原文与解读】

12.1.1~12.1.6条原文与解读见表12.1。

表12.1 "一般规定"12.1.1~12.1.6条原文与解读

条号	主题	条款原文	条款解读
12.1.1	设消防设施考虑的因素	石油库应设消防设施。石油库的消防设施设置，应根据石油库等级、储罐型式、液体火灾危险性及与邻近单位的消防协作条件等因素综合考虑确定	石油库是储存爆炸危险品的场所，所以石油库应设消防设施。 本条并提出设消防设施考虑的因素
12.1.2	储罐灭火设施的设置规定	石油库的易燃和可燃液体储罐灭火设施设置应符合右列规定	1 覆土卧式储罐和储存丙B类油品的覆土立式油罐，可不设泡沫灭火系统，但应按本规范第12.4.2条的规定配置灭火器材	覆土卧式储罐和储存丙类油品的覆土立式油罐不易着火，即使着火规模也不大，用灭火毯和灭火沙即扑灭，故规定可不设泡沫灭火系统
		2 设置泡沫灭火系统有困难，且无消防协作条件的四、五级石油库，当立式储罐不多于5座、甲B类和乙A类液体储罐单罐容量不大于700m³、乙B和丙类液体储罐单罐容量不大于2000m³时，可采用烟雾灭火方式；当甲B类和乙A类液体储罐罐容量不大于500m³、乙B和丙类液体储罐罐容量不大于1000m³时，也可采用超细干粉等灭火方式	这一条在"新规范"条文说明中有详细解释，引用如下：烟雾灭火技术也称气溶胶灭火技术，是我国自己研制发展起来的新型灭火技术。它适用于储罐的初期火灾，但不能用于流淌火灾，且不能阻止火灾的复燃。这项技术在我国已有20余年的实践经验，在石油公司、金属机械加工厂、列车机务段等单位得到推广应用。安装烟雾装置的轻柴油储罐容量最大到5000m³，汽油储罐容量最大到1000 m³，并已有四次自动扑灭储罐初期火灾成功案例。由于它有不能抗复燃的致命弱点，故本规范只允许其在设置泡沫灭火系统有困难，且无消防协作条件的四、五级石油库的储罐上使用。当石油库储罐的数量较多，水源方便时，使用烟雾灭火装置，在安全和经济上都是不合算的。超细干粉灭火技术目前只适用于容量不大于1000m³的储罐。故对危险大的甲B、乙A类液体，限制在单罐容量不大于500m³的罐
		3 其他易燃和可燃液体储罐应设置泡沫灭火系统	对易燃和可燃液体储罐火灾，最有效的灭火手段是用泡沫液产生空气泡沫进行灭火，空气泡沫可扑救各种形式的油品火灾

续表

条号	主题	条款原文	条款解读
12.1.3	储罐泡沫灭火系统的设置类型	储罐泡沫灭火系统的设置类型应符合右列规定： 1 地上固定顶储罐、内浮顶储罐和地上卧式储罐应设低倍数泡沫灭火系统或中倍数泡沫灭火系统 2 外浮顶储罐、储存甲B、乙类和丙A油品的覆土立式油罐，应设低倍数泡沫灭火系统	这一条在"新规范"条文说明中有详细解释，引用如下：目前，我国有蛋白型和合成型两种型式泡沫液，蛋白型泡沫液和合成型泡沫液各有自身的优势和不足。蛋白型泡沫液售价低，泡沫的抗烧性强，但泡沫液易变质，储存时间短；合成型泡沫液泡沫的流动性好，泡沫液抗氧化性能强，储存时间较长，但泡沫的抗烧性欠佳，泡沫液的售价较贵。蛋白型泡沫液有中倍数、低倍数泡沫液两种类型；合成型泡沫液有高倍数、中倍数、低倍数泡沫液3种类型。所以灭火系统也相应有高倍数、中倍数、低倍数泡沫灭火系统。 (1) 高倍数泡沫灭火系统是能产生200倍以上泡沫的发泡灭火系统，这种灭火系统一般用于扑救密闭空间的火灾。如电缆沟、管沟等建（构）筑物内的火灾。 (2) 中倍数泡沫灭火系统是能产生21~200倍泡沫的发泡灭火系统，这种灭火系统分为两种情况，50倍以下（30~40倍最好）的中倍数泡沫适用于地上储罐的液上灭火；50倍以上的中倍数泡沫适用于流淌火灾的扑救，如建（构）筑物内的泡沫喷淋。 (3) 低倍数泡沫灭火系统是能产生20以下的泡沫发泡灭火系统，这种灭火系统适用于开放性的火灾灭火。 中倍数泡沫灭火系统和低倍数泡沫灭火系统由于自身的特性各有自己的优点和缺点： (1) 低倍数泡沫灭火系统是常用的泡沫灭火系统，使用范围广，泡沫可以远距离喷射，抗风干扰比中倍数泡沫强，在浮顶储罐的液上泡沫喷放中，由于比重大，具有较大的优越性，在扑救浮顶储罐的实际火灾中，已有很多成功案例。 (2) 中倍数泡沫灭火系统是我国20世纪70年代研究开发的用于储罐液上喷放的新型灭火系统，由于蛋白型中倍数泡沫液性能的改进和中倍数泡沫质量比低倍数泡沫质量轻，在储罐的液上喷放灭火时，比低倍数泡沫灭火系统有一定的优势，表现为油面上流动速度快，可直接喷放在油面上，受油品污染少，抗烧性好，所以灭火速度快，这已经被实验室研究和现场灭火试验所证实。据《低倍数泡沫灭火系统设计规范》专题报告汇编（1989年9月编制）和1992年10月原中华人民共和国商业部设计院编制的中倍数泡沫灭火系统资料介绍：低倍数泡沫混合液供给强度为5~7L/（min·m^2）、混合液中泡沫液占比为3~6%、预燃时间60~120s的情况下，灭火时间为3~5min；中倍数泡沫混合液供给强度为4~4.4L/（min·m^2）、混合液中泡沫液占比为8%、预燃时间60~90s的情况下，灭火时间为1~2min。在供给强度同为4L/（min·m^2）时，中倍数蛋白泡沫混合液灭火时间为124s；低倍数蛋白泡沫混合液灭火时间459s；低倍数氟蛋白泡沫混合液灭火时间为270s

12 对"消防设施"的解读及应用

续表

条号	主题	条款原文	条款解读
12.1.4	储罐的泡沫灭火系统设置方式	储罐的泡沫灭火系统设置方式，应符合右列规定	
		1 容量大于 500m³ 的水溶性液体地上立式储罐和容量大于 1000m³ 的其他甲、乙类和丙 A 易燃、可燃液体地上立式储罐，应采用固定式泡沫灭火系统	石油库的储罐一般比较集中，消防管道数量不多，采用固定式灭火方式，整个系统经常处于备战状态，启动快、操作简单、可节省人力。由于大于 500m³ 的水溶性液体地上储罐和大于 1000m³ 的其他易燃、可燃液体地上立式储罐，着火时采用移动式或半固定式泡沫灭火系统难以扑灭或不能及时扑灭，故规定应采用固定式泡沫灭火系统。对于不大于上述容量的地上储罐，由于储罐较小，着火时造成的损失也相对较小，采用半固定式泡沫灭火系统也能扑灭，还可节省消防设备投资，故允许采用半固定式泡沫灭火系统
		2 容量小于或等于 500m³ 的水溶性液体地上立式储罐和容量小于或等于 1000m³ 的其他易燃、可燃液体地上立式储罐，可采用半固定式泡沫灭火系统	
		3 地上卧式储罐、覆土立式油罐、丙 B 类液体立式储罐和容量不大于 200m³ 的地上储罐，可采用移动式泡沫灭火系统	移动式泡沫灭火系统，具有机动灵活、维护管理方便、不需在储罐上安装泡沫发生器等设备的特点。卧式储罐和离壁式覆土立式储罐，安装空气泡沫发生器比较困难。卧式储罐的着火一般只发生在面积很小的人孔处，容易处理，采用移动式泡沫灭火系统较好。覆土立式油罐即使在罐壁上设置空气泡沫发生器，储罐着火时也可能被烧坏；储罐或罐室发生爆炸时，上部混凝土壳顶崩塌还可能砸毁泡沫发生器或使油罐发生流淌火灾。因此，覆土立式油罐只能采用移动式泡沫灭火系统。丙 B 类可燃液体储罐火灾概率很小，且储容量不很大，没有必要在消防设备上大量投资，发生火灾时，可依靠泡沫钩管或泡沫车扑救，初期火灾采用灭火毯、灭火器也能扑救。单罐容量不大于 200m³ 的地上储罐，罐壁高度低，燃烧面积小，灭火需要的泡沫量少，用泡沫钩管等移动设备就可扑救。覆土储罐较为隐蔽，在没有发生掀顶的情况下，只要密闭通道口和通气口，就能达到灭火的目的。丙 B 类可燃液体储罐火灾机率很小，且储罐容量不很大，没有必要在消防设备上大量投资，发生火灾时，可依靠泡沫钩管或泡沫泡车扑救。容量不大于 200m³ 的地上储罐，燃烧面积小，需要的泡沫量少，罐壁高度小于 6.5m，此类储罐的火灾可用泡沫钩管扑救

续表

条号	主题	条款原文	条款解读
12.1.5	储罐消防冷却水系统的设置要求	储罐应设消防冷却水系统。消防冷却水系统的设置应符合右列规定	消防冷却水在扑救储罐火灾中,占有特别重要的地位。水的供应及时与否,决定着灭火的成败,这已为大量的火灾案例所证实。所以,保证充足的水源是灭火成功的关键。 （1）单罐容量大于或等于3000m^3的储罐若采用移动式冷却水系统,所需要的水枪和人员很多。对于罐壁高度不小于15m的储罐冷却,移动水枪要满足灭火充实水柱的要求,水枪后坐力很大,操作人员不易控制,所以应采用固定式冷却水系统。 （2）容量小于3000m^3且罐壁高度小于15m的储罐,使用移动冷却水枪数量相对较少,所需人员也较少,操作水枪较为容易。与采用固定冷却水系统相比,采用移动式冷却水系统可节省工程投资。 本条第1款和第2款,"新规范"比"旧规范"GB 50074—2002版提高了要求。2002版以单罐容量不小于5000m^3或罐高不小于17m为界,确定设固定式还是移动式消防冷却水系统
		1 容量大于或等于3000m^3或罐壁高度大于或等于15m的地上立式储罐,应设固定式消防冷却水系统	
		2 容量小于3000m^3且罐壁高度小于15m的地上立式储罐以及其他储罐,可设移动式消防冷却水系统	
		3 五级石油库的立式储罐采用烟雾灭火或超细干粉等灭火设施时,可不设消防给水系统	
12.1.6	消防阀门设置位置	火灾时需要操作的消防阀门不应设在防火堤内。消防阀门与对应的着火储罐罐壁的距离不应小于15m,如果有可靠的接近消防阀门的保护措施,可不受此限制	消防阀门是在消防时要操作的阀门,所以必须设在着火后人员能可靠接近的地方

12.1.2 对"消防给水"的解读

【"消防给水"12.2.1~12.2.7条原文与解读】

12.2.1~12.2.7条原文与解读见表12.2。

表12.2 "消防给水"12.2.1~12.2.7条原文与解读

条号	主题	条款原文	条款解读
12.2.1	消防给水系统独立设置	一、二、三、四级石油库应设独立消防给水系统	据"新规范"条文说明,要求一、二、三、四级石油库的消防给水系统与生产、生活给水系统分开设置的理由如下： （1）一、二、三、四级石油库的储罐多为地上立式储罐,消防用水量较大且不常使用,消防与生产、生活给水合用一条管道,平时只供生产、生活用水,会造成大管道输送很小的流量,水质易变坏。 （2）石油库的消防给水对水质无特殊要求,一般的江、河、池塘水都能满足要求,而生活给水对水质要求严格,用量较少,两者合用势必要按生活水质要求选水源,很多地方很难具备这样的水质、水量条件。 （3）石油库的消防给水要求压力较大,而生产、生活给水压力较低,两者合用一条管道,对生产、生活给水来说,不仅需要采取降压措施,而且合用部分的管道尚需按满足消防管道的压力进行设计,很不经济

12 对"消防设施"的解读及应用

续表

条号	主题	条款原文	条款解读
12.2.2	给水系统合并设置	五级石油库的消防给水可与生产、生活给水系统合并设置	五级石油库一般靠近城镇,消防用水量较小,城镇给水管网既是油库的水源,又是石油库的消防备用水管网,所以规定五级石油库的消防、生产、生活给水管道可合用一个系统
12.2.3	消防给水压力要求	当石油库采用高压消防给水系统时,给水压力不应小于在达到设计消防水量时最不利点灭火所需要的压力;当石油库采用低压消防给水系统时,应保证每个消火栓出口处在达到设计消防水量时,给水压力不应小于0.15MPa	石油库高压消防给水系统的压力是根据最不利点的保护对象及消防给水设备的类型等因素确定的。当采用移动式水枪冷却储罐时,则消防给水管道最不利点的压力是根据系统达到设计消防水量时,由储罐高度、水枪喷嘴处所要求的压力及水带压力损失综合确定的。 石油库低压消防给水系统主要用于为消防车供水。消防车从消火栓取水有两种方式:一种是用水带从消火栓向消防车的水罐里注水,另一种是消防车的水泵吸水管直接接在消火栓上吸水(包括手抬机动泵从管网上取水)。前一种取水方式较为普遍,消火栓出水量最少为10L/s。直径为65mm、长度为20m的帆布水带,在流量为10L/s时的压力损失为8.6m,"旧规范"1984年版规定消火栓最低压力为0.1MPa,消防车实际操作供水不畅,故2002年版修订就改为应保证每个消火栓的给水压力不小于0.15MPa。"新规范"与2002年版保持一致
12.2.4	消防给水系统充水状态	消防给水系统应保持充水状态。严寒地区的消防给水管道,冬季可不充水	消防给水系统应保持充水状态,是为了减少消防水到火场的时间。石油库消防给水系统最好维持在低压状态,以便发生小规模火灾时能随时取水。 冬季气温低,着火几率相对小一点,在严寒地区水管容易冻,所以允许不充水。此条与"旧规范"2002年版完全相同
12.2.5	消防给水管网敷设要求	一、二、三级石油库地上储罐区的消防给水管道应环状敷设;覆土油罐区和四、五级石油库储罐区的消防给水管道可枝状敷设;山区石油库的单罐容量小于或等于5000m³且储罐单排布置的储罐区,其消防给水管道可枝状敷设。一、二、三级石油库地上储罐区的消防水环形管道的进水管道不应少于2条,每条管道应能通过全部消防用水量	储罐区的消防给水管道应采用环状敷设,主要考虑储罐区是油库的防火重点,环状管网可以从两侧向用水点供水,较为可靠。进水管道要求不应少于2条,即为了保证两侧向环形管网供水。 覆土油罐区相对安全;四、五级石油库储罐容量较小,一般靠近城镇,石油库面积不大,发生火灾时影响范围亦较小,所以规定消防给水管道可枝状敷设。 建在山区或丘陵地带的石油库,地形复杂,环状敷设管网比较困难,因此"新规范"规定:山区石油库的单罐容量小于或等于5000m³、且储罐单排布置的储罐区,其消防给水管道可枝状敷设。 此条与"旧规范"2002年版基本相同,只是"新规范"增加了覆土油罐区也可枝状敷设

《石油库设计规范（GB 50074—2014）》解读与应用

续表

条号	主题	条款原文	条款解读
12.2.6	油库消防用水量的要求	特级石油库的储罐计算总容量大于或等于2400000m^3时，其消防用水量应为同时扑救消防设置要求最高的一个原油储罐和扑救消防设置要求最高的一个非原油储罐火灾所需配置泡沫用水量和冷却储罐最大用水量的总和。其他级别石油库储罐区的消防用水量，应为扑救消防设置要求最高的一个储罐火灾配置泡沫用水量和冷却储罐所需最大用水量的总和	石油库的消防水量除了满足储罐的喷淋和配置泡沫混合液用水之外，还需适当考虑移动式冷却的需要，即储罐着火时到现场的消防车的用水需求。由于石油库的消防水储备是一定的，石油库火灾时消防水的使用应严格控制，不能随意从消防水管网上取用消防水，以防止石油库的消防水储备被提早用完。储罐的喷淋应利用罐上的固定式系统，局部位置可以使用移动式冷却。消防车应主要用于扑灭小规模的流散火灾以及泡沫灭火部分的补充。 此条与"旧规范"2002年版有所变化，"新规范"更加明确了储罐区消防用水的计算方法
12.2.7	储罐消防冷却水供应范围	储罐的消防冷却水供应范围，应符合右列规定	
		1 着火的地上固定顶储罐以及距该储罐罐壁不大于1.5D（D为着火储罐直径）范围内相邻的地上储罐，均应冷却。当相邻的地上储罐超过3座时，可按其中较大的3座相邻储罐计算冷却水量	据"新规范"条文说明，地上固定顶着火储罐的罐壁直接接触火焰，需要在短时间内加以冷却。为了保护罐体，控制火灾蔓延，减少辐射热影响，保障邻近罐的安全，地上固定顶着火储罐应进行冷却。 关于固定顶储罐着火时，相邻储罐冷却范围的规定依据是： （1）天津消防研究所1974年对5000m^3汽储罐低液面敞口储罐着火后的辐射热进行的测定；1976年又对5000m^3汽储罐进行的氟蛋白泡沫液下喷射灭火试验。由上述测定与试验可知，在距着火储罐罐壁1.5D范围内，火焰辐射热强度是比较大的。为确保相邻储罐的安全，应对距着火储罐罐壁1.5D范围内的相邻储罐予以冷却。 （2）在火场上，着火储罐下风向的相邻储罐接受辐射热最大，其次是侧风向，上风向最小，所以本条规定当冷却范围内的储罐超过3座时，按3座较大相邻储罐计算冷却水量。 此条与旧规范2002年版完全相同
		2 着火的外浮顶、内浮顶储罐应冷却，其相邻储罐可不冷却。当着火的内浮顶储罐浮盘用易熔材料制作时，其相邻储罐也应冷却	浮顶储罐、采用钢制浮顶的内浮顶储罐着火时，基本上只在浮盘周边燃烧，火势较小，故本款规定着火的外浮顶储罐、内浮顶储罐的相邻储罐可不冷却

12 对"消防设施"的解读及应用

续表

条号	主题	条款原文	条款解读
12.2.7	储罐消防冷却水供应范围	储罐的消防冷却水供应范围，应符合右列规定	3 着火的地上卧式储罐应冷却，距着火罐直径与长度之和1/2范围内的相邻罐也应冷却	卧式罐是圆筒形结构的常压罐，结构稳定性好，发生火灾一般在罐人孔口燃烧，根据规范组调查资料，火灾容易扑救。一般用石棉被就能扑灭发生的火灾，在有流淌火灾时，仍需考虑着火罐和邻近罐的冷却水量
		4 着火的覆土储罐及其相邻的覆土储罐可不冷却，但应考虑灭火时的保护用水量（指人身掩护和冷却地面及储罐附件的水量）	覆土储罐都是地下隐蔽罐，覆土厚度至少有0.5m，着火的和相邻的覆土储罐均不冷却。但火灾时，辐射热较强，四周地面温度较高，消防人员必须在喷雾（开花）水枪掩护下进行灭火。故应考虑灭火时的人身掩护和冷却四周地面及储罐附件的用水量。 本条，旧规范2002年版与此相同

【"消防给水"12.2.8条原文】

12.2.8 储罐的消防冷却水供水范围和供给强度应符合下列规定：

1 地上立式储罐消防冷却水供水范围和供给强度，不应小于表12.2.8的规定：

表12.2.8 地上立式储罐消防冷却水供水范围和供给强度

储罐及消防冷却型式		供水范围	供给强度	附 注
移动式水枪冷却	着火罐	固定顶罐	罐周全长	0.6 (0.8) L/(s·m)	—
		外浮顶罐 内浮顶罐	罐周全长	0.45 (0.6) L/(s·m)	浮顶用易熔材料制作的内浮顶罐按固定顶罐计算
	相邻罐	不保温	罐周半长	0.35 (0.5) L/(s·m)	
		保温		0.2L/(s·m)	
固定式冷却	着火罐	固定顶罐	罐壁外表面积	2.5L/(min·m²)	—
		外浮顶罐 内浮顶罐	罐壁外表面积	2.0L/(min·m²)	浮顶用易熔材料制作的内浮顶罐按固定顶罐计算
	相邻罐		罐壁外表面积的一半	2.0L/(min·m²)	按实际冷却面积计算，但不得小于罐壁表面积的1/2

注：1 移动式水枪冷却栏中，供给强度是按使用 $\phi16mm$ 中径水枪确定的，括号内数据为使用 $\phi19mm$ 口径水枪时的数据。

2 着火罐单支水枪保护范围：$\phi16mm$ 口径为 8~10m，$\phi19mm$ 口径为 9~11m；邻近罐单支水枪保护范围：$\phi16mm$ 口径为 14~20m，$\phi19mm$ 为 15~25m。

2 覆土立式储罐的保护用水供给强度不应小于0.3L/(s·m)，用水量计算长度应为最大储罐的周长。当计算用水量小于15L/s时，应按不小于15L/s计。

3 着火的地上卧式储罐的消防冷却水供给强度不应小于6L/(min·m²)，其相邻储罐的消防冷却水供给强度不应小于3L/(min·m²)。冷却面积应按储罐投影面积计算。

4 覆土卧式储罐的保护用水供给强度，应按同时使用不少于两支移动水枪计，且不小于15L/s。

5 储罐的消防冷却水供给强度应根据设计所选用的设备进行校核。

【对"消防给水"12.2.8条解读】

表12.2.8地上立式储罐消防冷却水供应范围和供应强度，规范2002年版与"新规范"完全一致。根据"新规范"的条文说明，储罐的消防冷却水和保护用水的供给强度规定的依据如下：

（1）移动冷却方式。移动冷却方式采用直流水枪冷却，受风向、消防队员操作水平影响，冷却水不可能完全喷淋到罐壁上。故移动式冷却水供给强度比固定冷却方式大。

① 固定顶储罐着火时，水枪冷却水供给强度的依据为：1962年公安部、石油工业部、商业部在天津消防研究所进行泡沫灭火试验时，曾对400m³固定顶储罐进行了冷却水量的测定。第一次试验结果为罐壁周长耗水量为0.635L/(s·m)，未发现罐壁有冷却不到的空白点；第二次试验结果为罐壁周长耗水量为0.478L/(s·m)，发现罐壁有冷却不到的空白点，感到水量不足。

试验组根据两次测定，建议用ϕ16mm水枪冷却时，冷却水供给强度不应小于0.6L/(s·m)；用ϕ19mm水枪冷却时，冷却水供给强度不应小于0.8L/(s·m)。

② 浮顶储罐、内浮顶储罐着火时，火势不大，且不是罐壁四周都着火，冷却水供给强度可小些。故规定用ϕ16mm水枪冷却时，冷却水供给强度不应小于0.45L/(s·m)；用ϕ19mm水枪冷却时，冷却水供给强度不应小于0.6L/(s·m)。

③ 着火储罐的相邻不保温储罐水枪冷却水供给强度的依据为：据《5000m³汽储罐氟蛋白泡沫液下喷射灭火系统试验报告》介绍，距着火储罐壁0.5倍着火储罐直径处辐射热强度绝对最大值为85829kJ/(m²·h)。在这种辐射热强度下，相邻的储罐会挥发出来大量油气，有可能被引燃。因此，相邻储罐需要冷却罐壁和呼吸阀、量油孔所在的罐顶部位。

相邻储罐的冷却水供给强度，没有做过试验，是根据测定的辐射热强度进行推算确定的：

条件为实测辐射热强度 85829kJ/（$m^2 \cdot h$），用 20℃ 水冷却时，水的汽化率按 50% 计算（考虑储罐在着火储罐辐射热影响下，有时会超过 100℃ 也有不超过 100℃ 的）；20℃ 的水 50% 水汽化时吸收的热量为 1465kJ/L。

按此条件计算冷却水供给强度为：$q = 20500 \div 350 \div 60 = 0.98$L/（$min \cdot m^2$）。

按罐壁周长计算的冷却水供给强度为 0.177L/（$s \cdot m$）。考虑各种不利因素和富余量，故推荐冷却水供给强度：ϕ16mm 水枪不小于 0.35L/（$s \cdot m$）；ϕ19mm 水枪不小于 0.5L/（$s \cdot m$）。

④ 着火储罐的相邻储罐如为保温储罐，保温层有隔热作用，冷却水供给强度可适当减小。

⑤ 地上卧式储罐的冷却水供给强度是和相关规范协调后制定的。

（2）固定冷却方式。固定冷却方式冷却水供给强度是根据过去天津消防科研所在 5000m^3 固定顶储罐所做灭火试验得出的数据反算推出的。试验中冷却水供给强度以周长计算为 0.5L/（$s \cdot m$），此时单位罐壁表面积的冷却水供给强度为 2.3L/（$min \cdot m^2$），条文中取 2.5L/（$min \cdot m^2$），试验表明这一冷却水供给强度可以保证罐壁在火灾中不变形。对相邻储罐计算出来的冷却水供给强度为 0.92L/（$min \cdot m^2$），由于冷却水喷头的工作压力不能低于 0.1MPa，按此压力计算出来的冷却水供给强度接近 2.0L/（$min \cdot m^2$），故"新规范"规定邻近罐冷却水供给强度为 2.0L/（$min \cdot m^2$）。

在设计时，为节省水量，可将固定冷却环管分成 2 个圆弧形管或 4 个圆弧形管。着火时由阀门控制罐的冷却范围，对着火储罐整圈圆形喷淋管全开，而相邻储罐仅开靠近着火储罐的 1 个圆弧形喷水管或 2 个圆弧形喷淋管，这样虽增加阀门，但设计用水量可大大减少。

（3）移动式冷却选用水枪要注意的问题。

本条规定的移动式冷却水供给强度是根据试验数据和理论计算再附加一个安全系数得出的。设计时，还应根据我国当前可供使用的消防设备（按水枪、水喷淋头的实际数量和水量），加以复核。

表 12.2.8 注中的水枪保护范围是按水枪压力为 0.35MPa 确定的，在此压力下 ϕ16mm 水枪的流量为 5.3L/s，ϕ19mm 水枪的流量为 7.5L/s。若实际设计水枪压力与 0.35MPa 相差较大，水枪保护范围需做适当调整。计算水枪数量时，不保温相邻储罐水枪保护范围用低值，保温相邻储罐水枪保护范围用高值，并与规定的冷却水强度计算的水量进行比较，复核水枪数量。

【"消防给水"12.2.9 条原文】

12.2.9 单股道铁路罐车装卸设施的消防水量不应小于 30L/s；双股道铁路

罐车装卸设施的消防水量不应小于60L/s。汽车罐车装卸设施的消防水量不应小于30L/s；当汽车装卸车位不超过2个时，消防水量可按15L/s设计。

【对"消防给水"12.2.9条解读】

在旧规范1984年和2002年的版本中无这一条，在"新规范"中增加了本条内容，对铁路和公路罐车装卸设施的消防水量给出具体数据，使设计有据可循。

【"消防给水"12.2.10条原文】

12.2.10 地上立式储罐采用固定消防冷却方式时，其冷却水管的安装应符合下列规定：

1 储罐抗风圈或加强圈不具备冷却水导流功能时，其下面应设冷却喷水环管。

2 冷却喷水环管上应设置水幕式喷头，喷头布置间距不宜大于2m，喷头的出水压力不应小于0.1MPa。

3 储罐冷却水的进水立管下端应设清扫口。清扫口下端应高于储罐基础顶面不小于0.3m。

4 消防冷却水管道上应设控制阀和放空阀。消防冷却水以地面水为水源时，消防冷却水管道上宜设置过滤器。

【对"消防给水"12.2.10条解读】

根据"新规范"条文说明，对本条各款规定说明如下：

（1）储罐抗风圈或加强圈若没有设置导流设施，冷却水便不能均匀地覆盖整个罐壁，所以要求其下面设冷却喷水环管。

（2）国内的固定喷淋方式的罐上环管，以前都是采用穿孔管，穿孔管易锈蚀堵塞，达不到应有的效果。水幕式喷头一般是用耐腐蚀材料制作的，喷射均匀，且能方便地拆下检修，所以"新规范"推荐采用水幕式喷头。

（3）3~4设置锈渣清扫口、控制阀、放空阀，是为了清扫管道和定期检查。在用地面水作为水源时，因水质变化较大，管道最好加设过滤器，以免杂质堵塞喷头。

本条规定，旧规范2002年版与"新规范"基本相同，旧规范仅指出"放空阀宜设在防火堤外"。

【"消防给水"12.2.11条原文】

12.2.11 消防冷却水最小供给时间应符合下列规定：

1 直径大于20m的地上固定顶储罐和直径大于20m的浮盘用易熔材料制作的内浮顶储罐不应少于9h，其他地上立式储罐不应少于6h。

12 对"消防设施"的解读及应用

2 覆土立式油罐不应少于4h。
3 卧式储罐、铁路罐车和汽车罐车装卸设施不应少于2h。

【对"消防给水"12.2.11条解读】

根据"新规范"条文说明，关于冷却水供给时间的确定，说明如下：

（1）储罐冷却水供给时间系指从储罐着火开始进行冷却，直至储罐火焰被扑灭，并使储罐罐壁的温度下降到不致引起复燃为止的一段时间。一般来说，储罐直径越小，火场组织简单，扑灭时间短，相应的冷却时间也短。冷却水供给时间与燃烧时间有直接关系，从11个地上钢储罐火灾扑救记录分析，燃烧时间最长的一般为4.5h，见表12.3。

表12.3 部分地上钢储罐火灾扑救记录

序号	容量（m³）	油品	扑救时间（min）	燃烧时间（min）	扑救手段	备注
1	200	汽油	8	9	水和灭火器	某石化厂外部明火引燃，罐未破坏
2	200	原油	30	40	黄河炮车	某石化厂外部明火引燃，顶盖掀掉
3	400	汽油	1	5	泡沫钩管	某厂外部明火引燃，周边炸开1/6
4	100	原油		25	泡沫	某油田雷击引燃，罐未破坏
5	5000	渣油	10	30	蒸汽	某石化厂超温自燃，罐炸开1/6
6	5000	轻柴油		270	烧光	某石化厂装仪表发生火花，罐炸开
7	400	原油	15	25	泡沫	某石化厂罐顶全开
8	1000	汽油	1	5	泡沫枪	某石化厂取样口静电，罐未破坏
9	500	污油		30	泡沫	某石化厂焊保温灯，3个通风孔着火，罐底裂开
10	5000	渣油	3	8	泡沫	某石化厂超温自燃罐顶裂开1/3，泡沫管道完好
11	1000	0#柴油	3	101	黄河泡沫车	某县公司雷击掀顶着火

根据火场实际经验并参考有关规范，旧规范2002年版规定了直径大于20m的地上固定顶储罐（包括直径大于20m的浮盘为浅盘和浮舱用易熔材料制作的内浮顶储罐）冷却水供给时间应为6h。鉴于实际火灾扑救案例中，消防水往往被无序使用，浪费现象比较严重，为保证扑救火灾时有充足的消防水，"新规范"本次修订根据公安消防部门的意见，在本规范2002年版规定的基础上，对

地上储罐的消防冷却水最小供给时间增加了50%，也相当于冷却水储存量增加了50%。

（2）部分覆土立式油罐火灾扑救记录分析见表12.4。一般燃烧时间在1~2h，个别长达85h。时间长的原因，多是本身不具有控制火灾的基本消防力量，个别油库虽有控制火灾的基本消防力量，但储罐破裂，火灾蔓延，致使时间延长。本次修订对覆土立式油罐不仅在安全间距方面，还是在储罐自身防护上都提高了标准（见本规范6.2节），故仍规定其供水最小时间为4h，并与相关标准规定相一致。

表12.4　覆土立式油罐火灾扑救记录表

序号	容量（m³）	油品	扑救时间（min）	燃烧时间（min）	扑救手段	备注
1	15000	原油	20	63	泡沫钩管	某炼厂雷击引燃，罐顶全部塌入
2	3000	原油	20	60	泡沫	某厂外部明火引燃，罐顶全部塌入
3	3000	原油	15	120	泡沫	某厂外部明火引燃，罐顶全部塌入
4	4000	原油	—	2200	泡沫	某电厂外部明火引燃，罐顶全部塌入，罐壁破裂
5	2100	汽油	—	5100	泡沫	某油库雷击，罐顶全塌，罐壁破裂
6	15000	原油	40	300	泡沫	某炼厂雷击，罐顶全塌，罐壁破裂
7	5000	原油	80	360	化学泡沫	某炼厂电焊切割着火
8	4000	原油	—	960	泡沫	某机械厂打火机看液面着火，罐顶全部塌入，蔓延其他储罐
9	600	原油	5	60	蒸汽、泡沫	某石化厂检修动火，储罐着火，罐顶全部塌
10	200	原油	15	25	泡沫	某石化厂1961年火灾，罐顶塌入

（3）卧式储罐、铁路罐车和汽车罐车装卸设施，所应对的灭火同属卧式类储罐，着火多在人孔或罐车口处燃烧，储罐本体不易发生爆炸，扑救较容易，灭火用水较少，所以只要求有不小于2h的供水时间。

【"消防给水"12.2.12~12.2.16条原文与解读】

12.2.12~12.2.16条原文与解读见表12.5。

12 对"消防设施"的解读及应用

表 12.5 "消防给水"12.2.12~12.2.16 条原文与解读

条号	主题	条款原文	条款解读
12.2.12	消防水泵的设置	石油库消防水泵的设置应符合右列规定	
		1 一级石油库的消防冷却水泵和泡沫消防水泵应至少各设置1台备用泵。二、三级石油库的消防冷却水泵和泡沫消防水泵应设置备用泵，当两者的压力、流量接近时，可共用1台备用泵。四、五级石油库的消防冷却水泵和泡沫消防水泵可不设备用泵。备用泵的流量、扬程不应小于最大主泵的工作能力	设置备用泵是为了在某台消防水泵出现故障时，仍能保证消防水供水能力。一级油库的规模较大，泡沫消防水泵和消防冷却水泵在流量、扬程方面有较大的差别，备用泵分别设置较好。二、三级石油库的泡沫消防水泵和消防冷却水泵在流量、扬程方面可能比较接近，可以考虑共用备用泵，以节省一台水泵。四、五级石油库容量较小，其火灾危害性较低，这些油库一般距城镇较近，社会力量支援方便，故对这类油库的消防设施适当放宽要求
		2 当一、二、三级石油库的消防水泵有二个独立电源供电时，主泵应采用电动泵，备用泵可采用电动泵，也可采用柴油机泵；只有一个电源供电时，消防水泵应采取下列方式之一： 1）主泵和备用泵全部采用柴油机泵； 2）主泵采用电动泵，配备规格（流量、扬程）和数量不小于主泵的柴油机泵作备用泵； 3）主泵采用柴油机泵，备用泵采用电动泵	本款规定是要求消防水泵组具有两个动力源，以保证消防水泵供水能力可靠。当电源条件符合两个独立电源的要求时，消防水泵可以全部采用电动泵，即使一路电源出现问题，还有另一路电源可用；当然，在这种情况下备用泵采用柴油机泵也是可行的。当电源条件只是一路电源时，为了保证在停电时消防水泵还能提供足够的水量，消防水泵全部采用柴油机泵是合适的选择；如果考虑柴油机泵的使用保养维护不如电泵方便，采用了电泵作为消防主泵，则需采用同等能力的柴油机泵作为备用泵，以保证在供电系统出现故障的情况下，柴油机泵仍能提供配置泡沫混合液和冷却油罐所需的消防水。 上述关于消防泵动力源的要求，其可靠性高于一级用电负荷供电要求，因为实际经验证明，双电源供电系统有时也会全部停电
		3 消防水泵应采用正压启动或自吸启动。当采用自吸启动时，自吸时间不宜大于45s	本款要求的自吸启动，系指消防水泵本身具有自吸的功能。利用外置的真空泵灌泵的设计，不属于自吸启动。外置的真空泵的方式可靠度太低

续表

条号	主题	条款原文	条款解读
12.2.13	消防水泵的吸水管要求	当多台消防水泵的吸水管共用1根泵前主管道时，该管道应有2条支管道接入消防水池（罐），且每条支管道应能通过全部用水量	多台消防水泵共用一条泵前吸水主管时，如只用一条支管道通入水池，则消防水管网供水的可靠性不高，所以做出本条规定
12.2.14	消防水池（罐）的要求	石油库设有消防水池（罐）时，其补水时间不应超过96h。需要储存的消防总水量大于1000m³时，应设两个消防水池（罐），两个消防水池（罐）应用带阀门的连通管连通。消防水池（罐）应设供消防车取水用的取水口	据"新规范"条文说明，石油库着火概率小，发生一次火灾后，会特别注意安全防火，一般不会在4天内（96h）又发生火灾，实际情况也是如此。参照现行国家标准《建筑设计防火规范》GB 50016，本规范规定消防水池（罐）的补水时间不应超过96h。 当水池容量超过1000m³时，容量大，检修和清扫一次时间长，因面积大，不易清扫干净，为保证消防用水安全，所以规定将池子分隔成两个，以便一个水池检修时，另一个水池能保存必要的应急用水
12.2.15	消火栓的设置要求	消防冷却水系统应设置消火栓。消火栓的设置应符合右列规定 1 移动式消防冷却水系统的消火栓设置数量，应按储罐冷却灭火所需消防水量及消火栓保护半径确定。消火栓的保护半径不应大于120m，且距着火罐罐壁15m内的消火栓不应计算在内 2 储罐固定式消防冷却水系统所设置的消火栓间距不应大于60m 3 寒冷地区消防水管道上设置的消火栓应有防冻、放空措施	消火栓在固定冷却和移动冷却水系统中都需要设置。 （1）移动冷却水系统中，消火栓设置总数根据消防水的计算用水量计算确定，一定要保证设计水枪数量有足够出水量。 （2）固定冷却水系统中，按60m间距布置消火栓，可保证消防时的人员掩护，消防车的补水，移动消防设施的供水 寒冷地区的消火栓需考虑冬天容易冻坏问题，可采取放空措施或采用防冻消火栓
12.2.16	主管道连通	石油库的消防给水主管道宜与临近同类企业的消防给水主管道连通	将两单位的消防给水主管道连通，可相互提供消防水量，提高消防水量供给的可靠性

12 对"消防设施"的解读及应用

12.1.3 对"储罐泡沫灭火系统"的解读

【"储罐泡沫灭火系统"12.3.1~12.3.7条原文与解读】

12.3.1~12.3.7条原文与解读见表12.6。

表12.6 "储罐泡沫灭火系统"12.3.1~12.3.7条原文与解读

条号	主题	条款原文	条款解读
12.3.1	相关标准	储罐的泡沫灭火系统设计,除应执行本规范规定外,尚应符合现行国家标准《泡沫灭火系统设计规范》GB 50151的有关规定	《泡沫灭火系统设计规范》GB 50151标准,在2010年才修订,对泡沫灭火系统设计有些新的要求
12.3.2	泡沫混合装置	泡沫混合装置宜采用平衡比例泡沫混合或压力比例泡沫混合等流程	据"新规范"条文说明,我国20世纪90年代以前设计的石油库,对泡沫灭火系统常采用环泵式泡沫比例混合流程,它本身具有一些缺点,如系统要求严格、不容易实现自动化,最大的问题是由于管网的压力、流量变化、取水水池的水位变化,使需要的混合比难以得到保证。而平衡比例混合和压力比例混合流程可以适应几何高差、压力、流量的变化,输送混合液的混合比比较稳定。所以本规范推荐采用平衡比例混合或压力比例混合流程。压力比例泡沫混合装置具有操作简单,泵可以采用高位自灌启动,泵发生事故不能运转时,也可靠外来消防车送入消防水为泡沫混合装置提供水源产生合格的泡沫混合液,提高了泡沫系统消防的可靠性
12.3.3	外浮顶储罐的泡沫灭火系统	容量大于或等于50000m³的外浮顶储罐的泡沫灭火系统,应采用自动控制方式	泡沫灭火系统采用自动控制,使灭火更加迅速。GB 50074—2002版本规定,单罐容量大于或等于$10×10^4 m^3$应采用自动控制方式。这一条比"旧规范"提高了要求
12.3.4	覆土立式油罐泡沫枪的要求	储存甲B、乙和丙A类油品的覆土立式油罐,应配备带泡沫枪的泡沫灭火系统,并应符合右列规定 1 油罐直径小于或等于20m的覆土立式油罐,同时使用的泡沫枪数不应少于3支 2 油罐直径大于20m的覆土立式油罐,同时使用的泡沫枪数不应少于4支 3 每支泡沫枪的泡沫混合液流量不应小于240L/min,连续供给时间不应小于1h	覆土立式油罐的泡沫灭火系统,不要求设固定式,主要靠泡沫栓接泡沫枪来灭火。所以本条按油罐直径大小配备相应数量的泡沫枪。并对每支泡沫枪的泡沫混合液流量及连续供给时间做了规定

续表

条号	主题	条款原文	条款解读
12.3.5	固定式泡沫灭火系统要求	固定式泡沫灭火系统泡沫液的选择、泡沫混合液流量、压力应满足泡沫站服务范围内所有储罐的灭火要求	为保护所有储罐的安全,泡沫站应满足服务范围内所有储罐的灭火要求
12.3.6	移动泡沫灭火用具	当储罐采用固定式泡沫灭火系统时,尚应配置泡沫勾管、泡沫枪和消防水带等移动泡沫灭火用具	移动泡沫灭火用具操作灵活,即是装有固定式泡沫灭火系统也必不可少
12.3.7	泡沫液储备量	泡沫液储备量应在计算的基础上增加不少于100%的富余量	增加富余量就是增加了安全系数

12.1.4 对"灭火器材配置"的解读

【"灭火器材配置"12.4.1条原文】

12.4.1 石油库应配置灭火器材。

【对"灭火器材配置"12.4.1条解读】

灭火器材配置灵活,使用机动,对于油库的零星火灾扑救是很有效的,石油库零星火灾发生几率较大,用灭火器灭火必不可少,所以本条要求"石油库应配置灭火器材"。

【"灭火器材配置"12.4.2条原文】

12.4.2 灭火器材配置应符合现行国家标准《建筑灭火器配置设计规范》(GB 50140)的有关规定,并应符合下列规定:

1 储罐组按防火堤内面积每400m^{2}应配置1具8kg手提式干粉灭火器,当计算数量超过6具时,可按6具配置。

2 铁路装车台每间隔12m应配置2个8kg干粉灭火器;每个公路装车台应配置2个8kg干粉灭火器。

3 石油库主要场所灭火毯、灭火沙配置数量不应少于表12.4.2的规定。

表12.4.2 石油库主要场所灭火毯、灭火沙配置数量

场所	灭火毯(块)		灭火沙(m^3)
	四级及以上石油库	五级石油库	
罐组	4~6	2	2
覆土储罐出入口	2~4	2~4	1
桶装液体库房	4~6	2	1
易燃和可燃液体泵站	—	—	2
灌油间	4~6	3	1
铁路罐车易燃和可燃液体装卸栈桥	4~6	2	—

12 对"消防设施"的解读及应用

续表

场所	灭火毯（块）		灭火沙（m³）
	四级及以上石油库	五级石油库	
汽车罐车易燃和可燃液体装卸场地	4~6	2	1
易燃和可燃液体装卸码头	4~6	—	2
消防泵房	—	—	2
变配电间	—	—	2
管道桥涵	—	—	2
雨水支沟接主沟处	—	—	2

注：埋地卧式储罐可不配置灭火沙。

【对"灭火器材配置"12.4.2条解读】

石油库储罐组等主要场所配置灭火器材主要是为了扑救初期或零星火灾。石油库的储罐灭火以泡沫灭火系统为主，而灭火器材只是辅助灭火手段。灭火毯和沙子使用方便，取材容易，价格便宜，管理人员必须充分重视，按规范配置，以保障油库安全。

灭火器材的配置，各石油行业根据自己的实际情况，与国标可能有所差异，各石油库可执行本行业的具体规定，但原则上不应少于国标的要求。

"新规范"与旧规范2002年版相比，此条有所变化。

（1）"新规范"对泵站、码头的灭火沙有所增加，泵站原为0.5m³、码头为1m³，"新规范"均要求2m³。

（2）"新规范"增加了对覆土储罐出入口、消防泵房、变配电间、管道桥涵、雨水支沟接主沟处的要求。

12.1.5 对"消防车配备"的解读

【"消防车配备"12.5.1~12.5.5条原文与解读】

12.5.1~12.5.5条原文与解读见表12.7。

表12.7 "消防车配备"12.5.1~12.5.5条原文与解读

条号	主题	条款原文	条款解读
12.5.1	水罐消防车台数	当采用水罐消防车对储罐进行冷却时，水罐消防车的台数应按储罐最大需要水量进行配备	这两条分别对水罐消防车和泡沫消防车台数配备的依据做了规定，使消防车台数配备有据可依
12.5.2	泡沫消防车台数	当采用泡沫消防车对储罐进行灭火时，泡沫消防车的台数应按一个最大着火储罐所需的泡沫液量进行配备	

续表

条号	主题	条款原文	条款解读
12.5.3	泡沫消防车配备规定	设有固定式消防系统的石油库，其消防车配备应符合右列规定 1 特级石油库应配备3辆泡沫消防车；当特级石油库中储罐单罐容量大于或等于100000m³时，还应配备1辆举高喷射消防车 2 一级石油库中，当固定顶罐、浮盘用易熔材料制作的内浮顶储罐单罐容量不小于10000m³或外浮顶储罐、浮盘用钢质材料制作的内浮顶储罐单罐容量不小于20000m³时，应配备2辆泡沫消防车；当一级石油库中储罐单罐容量大于或等于100000m³时，还应配备1辆举高喷射消防车 3 储罐总容量大于或等于50000m³的二级石油库，当固定顶罐单罐容量不小于10000m³或外浮顶储罐、浮盘用钢质材料制作的内浮顶储罐单罐容量不小于20000m³时，应配备1辆泡沫消防车	设有固定消防系统时，机动消防力量只是固定系统的补充，对于库容大的一级石油库，配备一定数量的泡沫消防车或机动泡沫设备，加强消防力量是非常必要的。 本条按石油库等级和最大储罐的单罐容量明确泡沫消防车的配备数量，使泡沫消防车的配备更有据可依。 一、二级石油库消防车的配备标准，"旧规范"2002版与"新规范"基本相同，只是"新规范"去掉用7000L的机动泡沫设备来代替消防车的条文。 消防车的配备，各石油行业根据自己的实际情况及财力可能有具体规定，但应尽快达到此"新规范"的要求

12 对"消防设施"的解读及应用

续表

条号	主题	条款原文	条款解读
12.5.4	联防企业或城镇消防站的消防车辆的利用	石油库应与邻近企业或城镇消防站协商组成联防。联防企业或城镇消防站的消防车辆符合下列要求时，可作为油库的消防车辆： 1 在接到火灾报警后5min内能对着火罐进行冷却的消防车辆； 2 在接到火灾报警后10min内能对相邻储罐进行冷却的消防车辆； 3 在接到火灾报警后20min内能对着火储罐提供泡沫的消防车辆；	消防车的数量可考虑协作单位可供使用的车辆。关于协作单位可供使用的车辆，是指适用于冷却和扑灭储罐火灾的消防车辆。具备协作条件的单位，首先应保证该单位应有的基本消防力量，援外车辆，具体出多少消防车，需协商解决。 据"新规范"条文说明，为了有效利用协作条件，对于协作单位可供使用的车辆到达火场的时间分不同情况做出规定的理由如下： (1) 协作单位的消防车辆在接到火灾报警后5min内到达着火储罐现场，就可及时对着火储罐进行冷却，保证着火储罐不会由于燃烧时间过长而发生严重变形或破裂，或对邻近储罐造成威胁； (2) 协作单位的消防车辆在接到火灾报警后10min内到达相邻储罐现场，对相邻储罐进行冷却，可以保证相邻储罐不被着火储罐烘烤时间过长而也发生爆炸和着火事故； (3) 着火储罐和相邻储罐的冷却得到保证时，就可以控制火势，协作单位的泡沫消防车辆在接到火灾报警后20min内到达火场进行灭火是合适的
12.5.5	消防车库的位置要求	消防车库的位置，应满足接到火灾报警后，消防车到达最远着火的地上储罐的时间不超过5min；到达最远着火覆土油罐的时间不宜超过10min	消防车的主要消防对象是储罐区。因为储罐一旦着火，蔓延很快，扑救困难，辐射热对邻近储罐的威胁大，地上钢储罐被火烧5min就可使罐壁温度升到500℃，钢板强度降低一半；10min可使罐壁温度升到700℃，钢板强度降低80%以上，此时储罐将严重变形乃至破坏。所以储罐一旦发生火灾，必须在短时间内进行冷却和灭火。为此，规定了消防车至储罐区的行车时间不得超过5min，以保证消防车辆到达火场扑救火灾。 据规范组调查，消防车在石油库内的行车速度一般为30km/h，这样在5min内，其最远点可达2.5km。实际上石油库内消防车至储罐区的行车距离大都可以满足5min到达火场的要求。 对于覆土油罐，消防车主要用于扑救油罐可能发生的流淌火灾及对救火人员的辅助掩护。基于本规范第6.2.5条对覆土立式油罐的建筑要求，考虑到流淌火灾不会马上流出罐室外，加上覆土立式油罐大多建于山区，消防车很难在5min内到达火场，故规定其"到达最远着火覆土油罐的时间不宜超过10min"

12.1.6 对"其他"的解读

【"其他"12.6.1~12.6.8条原文与解读】

12.6.1~12.6.8条原文与解读见表12.8。

表12.8 "其他"12.6.1~12.6.8条原文与解读

条号	主题	条款原文	条款解读
12.6.1	消防值班室	石油库内应设消防值班室。消防值班室内应设专用受警录音电话	
12.6.2	消防值班室合并设置	一、二、三级石油库的消防值班室应与消防泵房控制室或消防车库合并设置,四、五级石油库的消防值班室可与油库值班室合并设置。消防值班室与油库值班调度室、城镇消防站之间应设直通电话。储罐总容量大于或等于50000m^3的石油库的报警信号应在消防值班室显示	将与消防及保安、监控有关的房间合并设置,主要为便于联系、有利消防。对这些相关部门设直通电话、受警录音电话、报警信号显示,是为了及时将火警传达给有关部门,以便迅速组织灭火战斗
12.6.3	火灾报警电话	储罐区、装卸区和辅助作业区的值班室内,应设火灾报警电话	石油库的火灾报警如果仅采用库区集中的警笛和电话报警,这对于石油库的安全是很不够的,为使石油库内的安全巡回检查能做到随时发现火情随时报警,所以本条规定在储罐区、装卸区、辅助生产区值班室内应设火灾报警电话,在储油区、装卸区的外面设手动按钮火灾报警系统,以增加报警速度,减少火灾损失。单罐容量大于或等于50000m^3罐,一当发生事故损失严重,设火灾自动报警系统可迅速组织扑救,减少损失
12.6.4	户外手动报警设施	储罐区和装卸区内,宜在四周道路设置户外手动报警设施,其间距不宜大于100m。容量大于或等于50000m^3的外浮顶储罐应设火灾自动报警系统	
12.6.5	设置火灾自动探测装置	储存甲B和乙A类液体且容量大于或等于50000m^3的外浮顶罐,应在储罐上设置火灾自动探测装置,并应根据消防灭火系统联动控制要求划分火灾探测器的探测区域。当采用光纤型感温探测器时,探测器应设置在储罐浮盘二次密封圈的上面。当采用光纤光栅感温探测器时,光栅探测器的间距不应大于3m	浮顶储罐初期火灾不大,尤其是低液面时难以及时发现,所以要求储存甲B和乙A类易燃液体的浮顶罐,应在储罐上应设置火灾自动探测装置,以便能尽快探知火情。国内工程中,大型储罐大部分采用光纤感温探测器,其中又以采用光纤光栅型感温探测器居多。光纤感温探测器是一种无电检测技术,与其他类型探测装置相比,在安全性、可靠性和精确性等方面,具有明显的技术优势

12 对"消防设施"的解读及应用

续表

条号	主题	条款原文	条款解读
12.6.6	火灾自动报警系统	石油库火灾自动报警系统设计，应符合现行国家标准《火灾自动报警系统设计规范》GB 50116 的规定	《火灾自动报警系统设计规范》GB 50116 有详细规定，可遵照执行
12.6.7	烟雾或超细干粉灭火设施	采用烟雾或超细干粉灭火设施的四、五级石油库，其烟雾或超细干粉灭火设施的设置应符合右列规定 1 当一座储罐安装多个发烟器或超细干粉喷射口时，发烟器、超细干粉喷射口应联动，且宜对称布置 2 烟雾灭火的药剂强度及安装方式，应符合有关产品的使用要求和规定 3 药剂及超细干粉的损失系数宜为 1.1~1.2	烟雾灭火技术也称气溶胶灭火技术，是我国自己研制发展起来的新型灭火技术。它适用于储罐的初期火灾，但不能用于流淌火灾，且不能阻止火灾的复燃。天津消防研究所和湖南长沙消防器材厂经过多年研究和试验，现在已经具备烟雾灭火的理论知识和相当的实践经验。其安装方式及药剂强度应按产品要求确定。在缺水少电地区及偏远地区，要求石油库安装泡沫灭火系统确实比较困难，维护也不方便。如果安装半固定式泡沫灭火系统，灭火时需要泡沫消防车，缺水少电地区及偏远地区往往也难以提供。如果安装固定式泡沫灭火系统，一次性投资费用高，维护费用也相当高。而且，四、五油库的火灾规模相比之下也较小，有烟雾灭火设施总比没有其他灭火系统要好。药剂损失系数是考虑工程使用和试验之间的差距，此处是根据一般气体灭火所用系数规定的
12.6.8	气溶胶灭火装置	石油库内的集中控制室、变配电间、电缆夹层等场所采用气溶胶灭火装置时，气溶胶喷放出口温度不得大于 80℃	据"新规范"条文说明，气溶胶是一种液体或固体微粒悬浮于气体介质中所组成的稳定或准稳定物质系统，目前是替代卤代烷的理想产品，使用中可以自动喷放，也可人工控制喷放，在气体灭火的场所比二氧化碳便宜得多，其喷放方式比二氧化碳装置也安全简单得多。气溶胶装置生产厂家很多，在选用时一定要了解产品性能，有的产品由于喷放温度高，误喷后发生过烧死人的事故，所以本条规定气溶胶喷放出口温度不得大于 80℃

【对第 12 章"消防设施"解读的综合说明】

石油库是易燃易爆的危险场所，消防是扑救火灾的重要手段，消防设施是扑救火灾备用的物质基础，一般不会使用，也不希望使用。消防设施标准若太高，投资太大，造成不必要的浪费。消防设施标准太低，满足不了消防要求，万一有事故发生，会造成重大损失。因此消防设施的标准制定，应经过多次试验研究，调查讨论，总结经验教训而定。对其条文解读，难度很大。"新规范"对本章的条文说明讲得很具体、很详细，故作者对本章的解读，大多引用了"新规范"对本章的条文说明。

《石油库设计规范》GB 50074 消防系统是按扑救常见的、典型的火灾事故进行设置的，没有要求按扑救极端火灾事故设置消防系统，极端火灾事故主要是指大型储罐发生全液面火灾事故，大面积流淌火灾事故。GB 50074—2002 设定的最大消防对象是油罐火灾，消防设施也是按扑救一个最大油罐火灾（外浮顶罐密封圈着火，固定顶罐全液面火灾、采用组装式浮盘的内浮顶罐全液面火灾）配置的，这一设防原则与国内外相关标准规范是一致的。对防范极端事故，规范组认为应以预防为主，遵循"有效、适当、可行"的原则。采取的防范措施应能做到尽量降低事故发生的概率。事故一旦发生，应将其限制在尽量小的范围内，并严禁漏油流出库区，并对大型油库采取严格监控措施与适当加强消防能力。

有的消防部门会要求石油库采用大流量移动泡沫灭火炮及相应的远程供水系统，这种装备适用于扑救极端火灾事故，造价非常昂贵，并需要配置大量专职且具有高技能的消防人员，会给企业带来沉重的经济负担，单个油库不适合配备这样昂贵的设备。编制组在欧洲考察石油库了解到，石油库自身都不设置消防车及专职消防队，发生小规模火灾，油库方启动所设置的灭火系统灭火；发生大规模火灾，由政府专职消防队前来扑救。大流量移动泡沫灭火炮及相应的远程供水系统在美国、日本、新加坡、中东产油国个别石油化工厂和油库有设置，但不是法规强制要求，是企业的自愿行为。在国外，大流量移动泡沫灭火炮及相应的远程供水系统更多地是由石油化工厂和油库集中的地区政府消防队配置，由各企业提供资金支持；也有专业消防公司配备有大流量移动泡沫灭火炮及相应的远程供水系统，与石油化工加工及仓储企业签订服务协议，发生火灾时提供有偿服务。大流量移动泡沫灭火炮及相应的远程供水系统对操作技能要求较高，企业消防队很难掌握，由政府消防队配置更为合适。

12.2 对"消防设施"的应用

12.2.1 "消防设施"设计还需遵循或参考的规范、标准

"消防设施"设计，除应执行本"新规范"外，还需遵循或参考的规范、标准如下：

(1)《泡沫灭火系统设计规范》GB 50151；
(2)《泡沫灭火系统施工及验收规范》；
(3)《建筑设计防火规范》GB 50016；
(4)《建筑灭火器配置设计规范》GB 50140；
(5)《火灾自动报警系统设计规范》GB 50116；

(6)《火灾自动报警系统施工及验收规范》；

(7)《自动喷水灭火系统设计规范》；

(8)《自动喷水灭火系统施工及验收规范》；

(9)《固定消防炮灭火系统施工与验收规范》；

(10)《石油化工企业设计防火规范》GB 50160；

(11)《石油天然气工程设计防火规范》GB 50183；

(12)《石油化工可燃气体和有毒气体检测报警设计规范》。

12.2.2 低倍数泡沫灭火和冷却水系统组合模式图例

（1）全固定式消防系统。全固定式消防系统即固定式泡沫和固定式冷却水系统，包括消防泵房（泡沫泵房和冷却水泵房合建）、泡沫管道和冷却水管道、油罐泡沫产生器和油罐冷却水喷淋管、泡沫接口和消火栓，见图12.1。

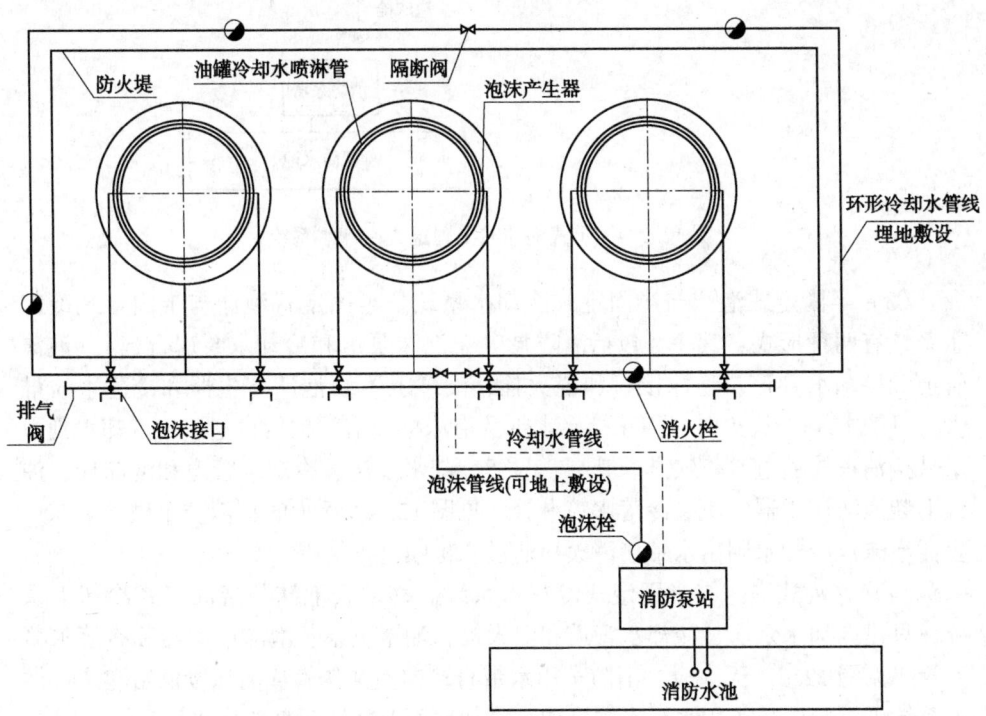

图 12.1　全固定式消防系统

（2）固定式泡沫与半固定式冷却水系统。固定式泡沫与半固定式冷却水系统，包括消防泵房（泡沫泵房和冷却水泵房合建）、泡沫管道和冷却水管道、油罐泡沫产生器、泡沫接口和消火栓，油罐上不装冷却水喷淋管，见图12.2。

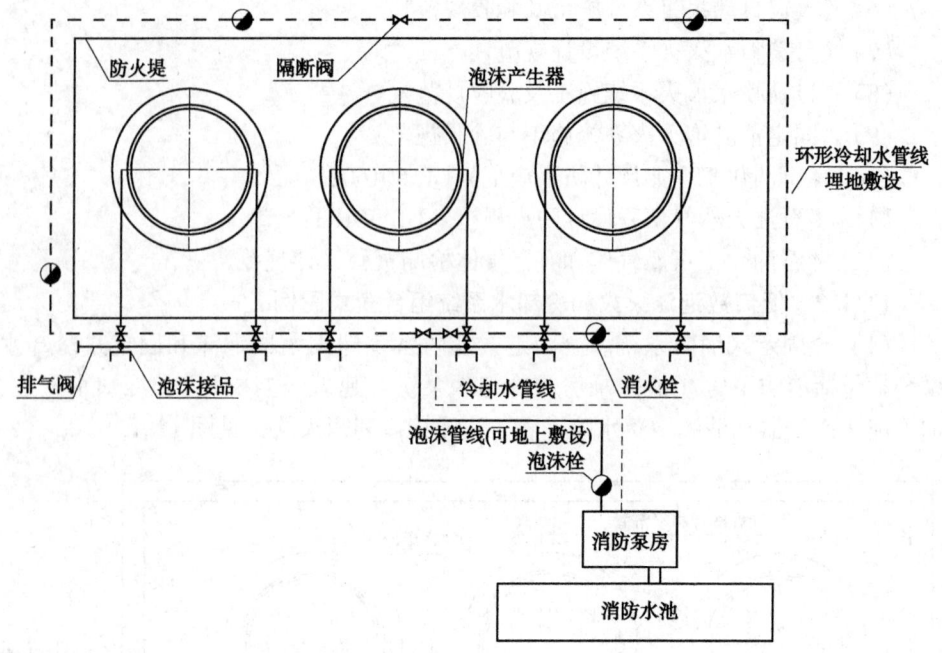

图 12.2　固定式泡沫与半固定式冷却水系统

（3）半固定式泡沫与半固定式冷却水系统。半固定式泡沫与半固定式冷却水系统有两种形式：其一，包括消防泵房（泡沫泵房和冷却水泵房合建）、泡沫管道和冷却水管道、泡沫接口和消火栓，油罐上不装泡沫产生器和冷落水喷淋管，见图 12.3。灭火时，泡沫栓接水带及泡沫枪或泡沫钩管供泡沫；冷却水则由水带接消火栓通过水枪喷淋。其二，只建冷却水泵房、冷却水管道和泡沫栓，油罐上装泡沫产生器但不装冷落水喷淋管，见图 12.4。灭火时，消防车供给泡沫产生器泡沫；冷却水则由水带接消火栓通过水枪喷淋油罐壁。

（4）移动式泡沫与半固定式冷却水系统。移动式泡沫与半固定式冷却水系统，只建冷却水泵房、冷却水管道和消火栓，油罐上不装泡沫产生器和冷落水喷淋管，见图 12.5。灭火时，消防车用水带直接向泡沫钩管或泡沫枪供给泡沫；供水系统可供给消防车用水和人体掩护、冷却地面及油罐附件的用水。

12.2.3　消防泵房建筑要求和工艺设计

12.2.3.1　消防泵房建筑要求

（1）消防泵房的位置宜选择在靠近油罐区，离油罐的距离应满足泵启动后将泡沫混合液送到最远着火的地上油罐的时间不超过 5min；到达最远着火覆土油罐的时间不宜超过 10min。

12 对"消防设施"的解读及应用

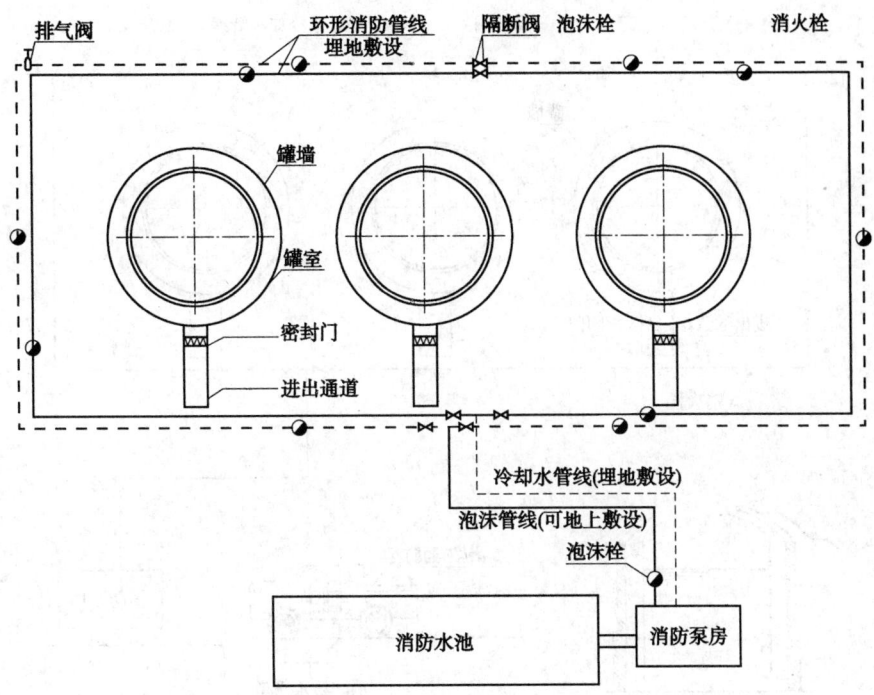

图 12.3 半固定式泡沫与半固定式冷却水系统（一）

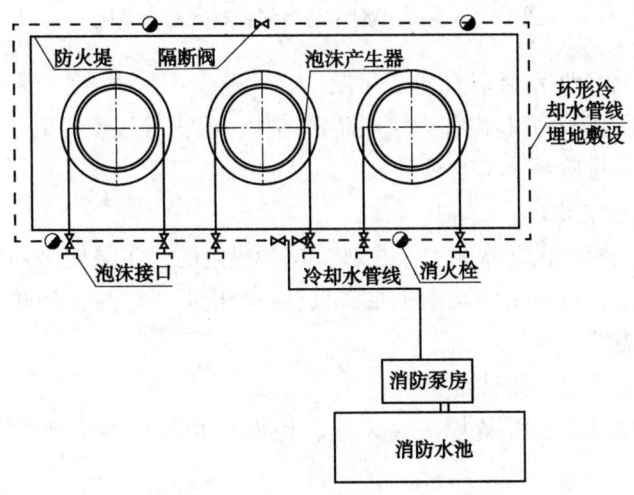

图 12.4 半固定式泡沫与半固定式冷却水系统（二）

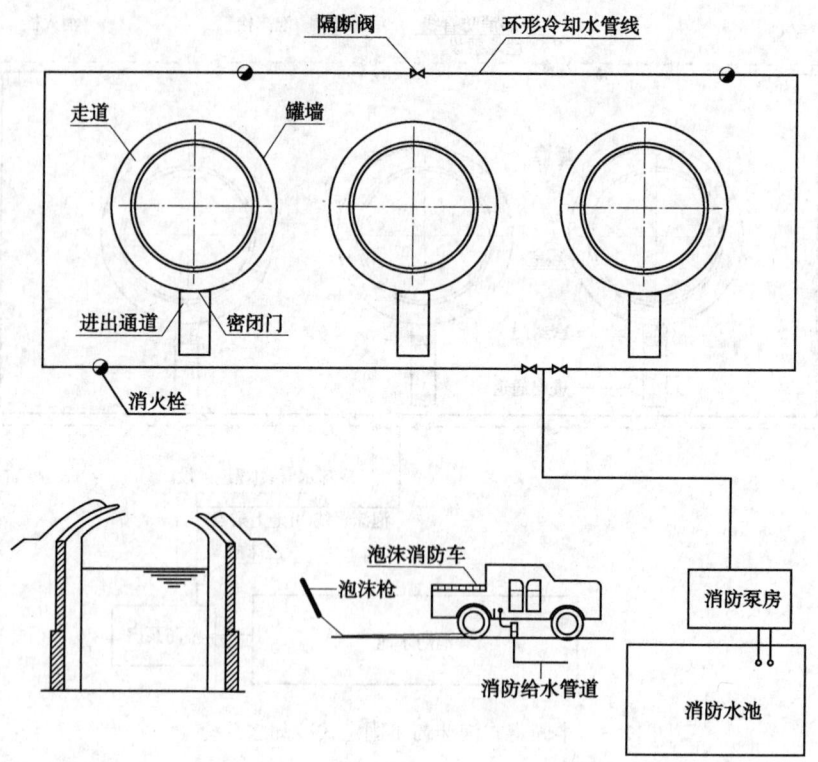

图 12.5 移动式泡沫与半固定式冷却水系统

（2）泡沫和消防水泵房宜合并建设。

（3）消防泵房建筑形式宜为一层砖混结构，耐火等级不应低于二级。

12.2.3.2 消防泵房工艺设计

（1）动力供应要求。

一、二、三级库消防水泵有两个独立电源供电时，主泵应采用电动泵，备用泵可采用电动泵，也可采用柴油机泵；只有一个电源供电时，消防水泵应采用下列之一的设置方式：

①主泵和备用泵均用柴油机泵；

②主泵用电动泵，配备规格（流量、扬程）和数量不小于主泵的柴油机泵作备用泵；

③主泵采用柴油机泵，备用泵用电动泵。

（2）消防泵吸水管和出水管的布置要求。

①吸水管的布置要求。一组消防水泵的吸水管不应少于两条，当其中一条损

坏时，其余的吸水管仍能通过全部用水量。

高压或临时高压消防给水系统，其每台消防泵（包括工作水泵和备用泵）应有独立的吸水管，从消防水池直接取水，保障供应火场用水。

当泵轴标高低于水源（或吸水井）的水位时，为自灌式引水。当用自灌式引水时，在水泵吸水管上应设阀门，以便于检查。

为了不使吸水管内积聚空气，吸水管应有向水泵渐渐上升坡度，一般采用不小于 0.5% 坡度。

吸水管与泵连接，应不使吸水管内积聚空气。

吸水管在吸水井内（或池内）与井壁、井底应保持一定距离。

吸水管直径一般应大于水泵进口直径。计算吸水管直径时，其流速一般采用下列数值：当直径小于 250mm 时，为 $1.0 \sim 1.2 \text{m/s}$；当直径不小于 250mm 时，为 $1.2 \sim 1.6 \text{m/s}$。

②出水管的布置要求。为保证环状管网有可靠的水源，当消防水泵出水管与环状管网连接时，其出水管不应少于两条。当其中一条出水管检修时，其余的出水管应仍能供应全部用水量。

消防水泵的出水管上应设置单向阀。同时为使水泵机件润滑，启动迅速，在水泵的出水管上应设检查和试验用的放水阀门。

(3) 泡沫比例混合器的选择及安装要求。

泡沫混合装置宜采用平衡比例泡沫混合或压力比例泡沫混合等流程。这里以压力比例泡沫混合器为例予以介绍。

压力比例混合器，其流程见图 12.6，由于中倍数泡沫液的混合比例为 8%，因此可采用 PHY 型，压力比例混合器适用于单罐容量相接近的油库。武汉消防器材厂生产的固定式压力比例混合器有 PHY-10 型、PHY-20 型和 PHY-30 型 3 种规格，另有 PHYT-6 型手推式压力比例混合器。

我国油库过去常用 PH 系列环泵式负压比例混合器，其安装流程见图 12.7，其规格有 PH-32 型、PH48 型和 PH64 型 3 种。这种混合器有一些缺点，故"新规范"不推荐采用。

(4) 泡沫液储罐的选择及安装要求。

采用负压比例混合器、平衡等压比例混合器的泡沫液储罐应选常压罐；而采用压力比例混合器的应选压力罐。储罐除了强度要求外，其内壁必须考虑防腐蚀措施。泡沫液储罐的附件应有进气阀、人孔、出液阀、排污阀、注液口等。

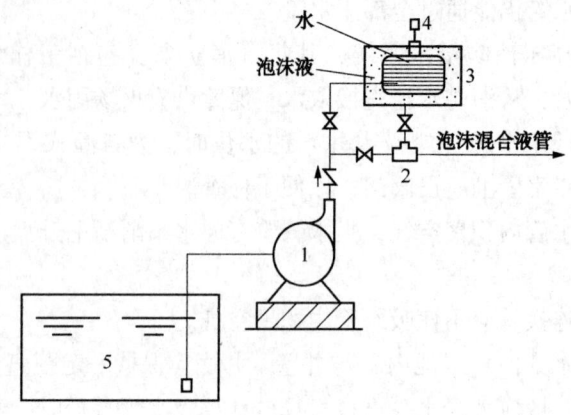

图 12.6　压力比例混合器流程
1—水泵；2—压力比例混合器；3—泡沫液压力罐；4—安全阀；5—水池

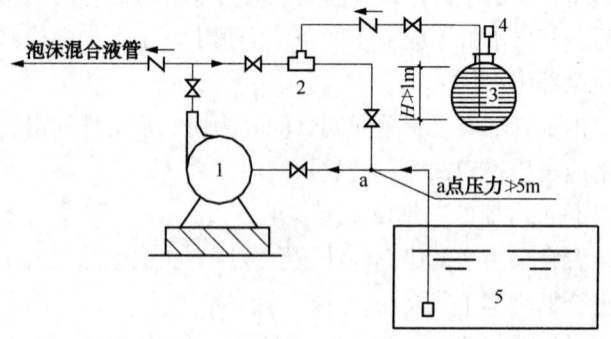

图 12.7　环泵式负压比例混合器流程
1—水泵；2—负压比例混合器；3—泡沫液罐；4—呼吸阀；5—水池

①常压罐的进液阀为了保证泡沫液罐储存质量，平时应关闭，但灭火时必须打开，因此该阀如采用手动，其安装位置必须便于操作。如果采用自动开关阀可采用天津生产的 XQ741F-DG50 型液动球阀，该阀当输送泡沫混合液时，由于泵的出口压力自动顶开，当停泵后阀门自动关闭。

向泡沫液储罐注入泡沫液可从排污阀用泵压入，也可从人孔倒入。

出液管上应设球阀、单向阀及环泵式负压比例混合器及真空表。

②压力储罐一般为立式，其高度较高。因此所有阀门必须安装在便于操作的位置，压力罐内装有胶囊时，罐的上部、下部各装设有出液阀，以免被胶囊堵死。泡沫液可用泵从注液口压入，压力水可从排出管排出。

12.2.4 消防泵房设计举例

12.2.4.1 消防水泵房设计举例

以建消防水的泵房为例,见图 12.8。两台消防冷却水泵可互为备用,有双电源时选用带电力启动装置的电动泵机组,建双电源困难或不经济时选用发动机泵机组。图中尺寸为一般情况下的控制数据,设计时应具体计算,并应按建筑模数取值。

图 12.8 中 L 和 B 分别为泵基础的长和宽度,其设备名称见表 12.9。

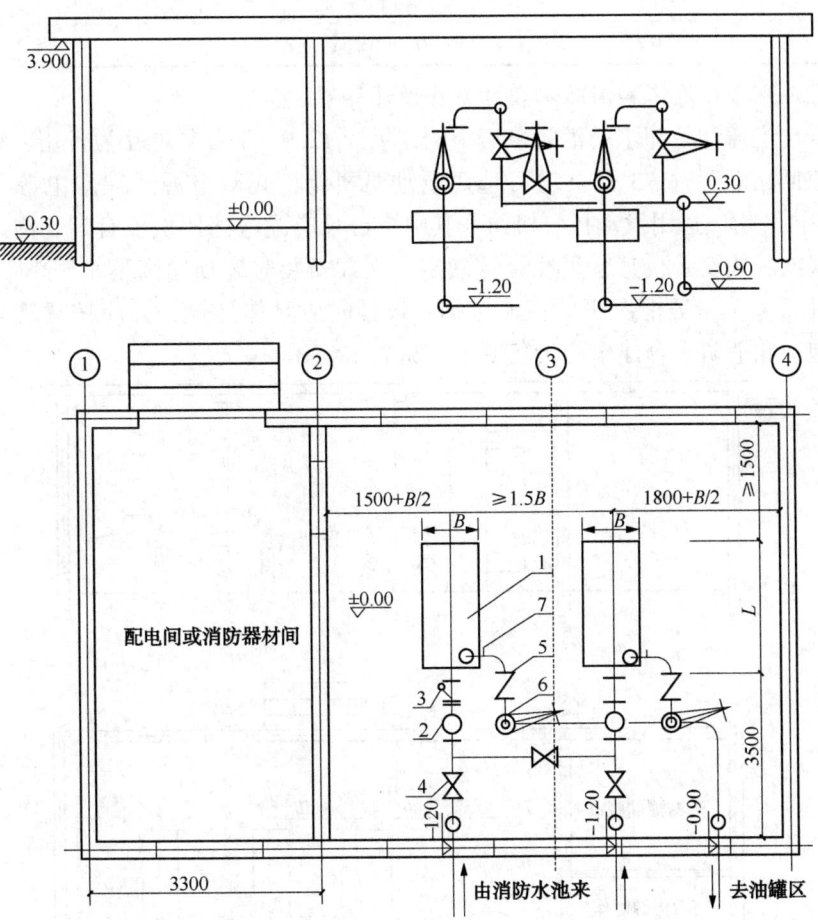

图 12.8 双泵消防泵房设计方案图

表12.9 消防水泵房明细表

序号	名称	性能	单位	数量
1	消防水泵	经计算确定型号	台	2
2	管道过滤器	DN、PN依吸入管径定	个	2
3	真空压力表	YZ150 760-0.1	个	2
4	闸阀	DN、PN依吸入管径定	个	3
5	止回阀	DN、PN依排出管径定	个	2
6	闸阀	DN、PN依排出管径定	个	2
7	压力表	Y-150 0~1.6MPa	个	2

12.2.4.2 泡沫和消防水合建泵房设计举例

合建泡沫和冷却水的消防泵房举例,见图12.9。3台泵可互为备用,有双电源或双回路电源时,3台泵均可选用电动泵机组,无双电源或建双电源不经济时,3台泵均应选用发动机泵机组。其中2台泵应配泡沫比例混合器,泡沫液罐可立式或卧式安装,其容量经计算确定,立式安装时罐顶净高不小于1.2m。图12.9中尺寸为一般情况下的控制数据,设计时应具体计算,并应按建筑模数取值。泡沫和消防水合建泵房设备明细,见表12.10。

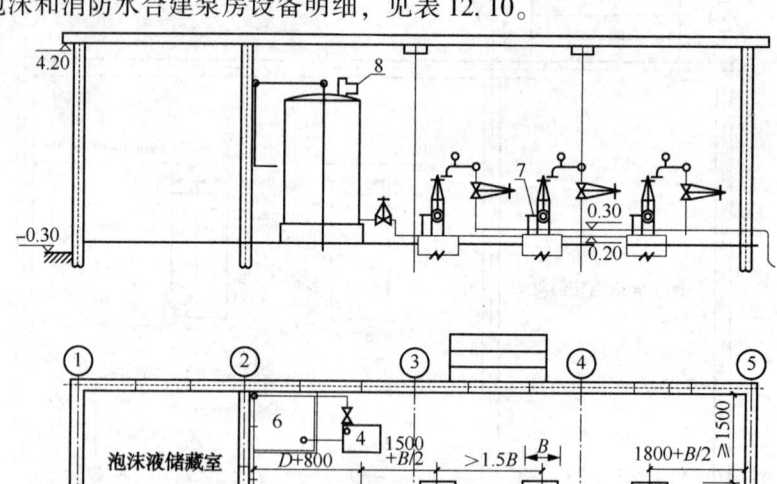

图12.9 泡沫、消防水合建泵房设计方案(单位:mm)

12 对"消防设施"的解读及应用

表 12.10　泡沫和消防水合建泵房设备明细表

序号	名称	性能	单位	数量
1	消防泡沫泵	经计算确定型号	台	1
2	消防冷却水泵	经计算确定型号	台	1
3	备用消防泵	经计算确定型号	台	1
4	泡沫提升泵	经计算确定型号	台	1
5	泡沫液储罐	与 PH 配套时选常压罐，与 PHY 配套时选压力罐	座	1
6	泡沫液池	1200×1200×1000	座	1
7	泡沫比例混合器	高位水池选 PHY 系列，其他水池选 PH 系列	个	2
8	呼吸阀	压力罐不用	个	1
9	压力表	YZ150　0~1.6MPa	只	3
10	真空压力表	YZ150　760-0.1	只	3
11	闸阀	Z41H、DN、PN 经计算确定	个	5
12	闸阀	Z41H、DN、PN 经计算确定	个	6
13	止回阀	Z41H、DN、PN 经计算确定	个	3
14	过滤器	DN、PN 依吸入管而定	个	3

13 对"给排水及污水处理"的解读及应用

13.1 对"给水"的解读及应用

13.1.1 对"给水"的解读

【"给水"13.1.1～13.1.4条原文与解读】

13.1.1～13.1.4条原文与解读见表13.1。

表13.1 "给水"13.1.1～13.1.4条原文与解读

条号	主题	条款原文	条款解读
13.1.1	石油库的水源、水质、水压要求	石油库的水源应就近选用地下水、地表水或城镇自来水。水源的水质应分别符合生活用水、生产用水和消防用水的水质标准。企业附属石油库的给水,应由该企业统一考虑。石油库选用城镇自来水做水源时,水管进入石油库处的压力不应低于0.12MPa	本条规定了石油库的给水来源和水质、水压要求。石油库的给水包括消防用水和生产、生活用水。消防用水是灭火所需,保证水量、水压要求尤其重要。生产、生活用水的水质要求都有专门标准。企业统一考虑其附属石油库的给水时,这样可经济合理
13.1.2	水源建设	石油库的生产和生活用水水源,宜合并建设。合并建设在技术经济上不合理时,亦可分别设置	石油库的生产、生活用水量一般均不大,两者合建可以节约建设资金,也便于操作和管理。特殊情况也可以分别建设,例如沿海地区,用量很大的消防用水可采用海水做水源
13.1.3	石油库水源工程供水量的确定	石油库水源工程供水量的确定,应符合右列规定	1 石油库的生产用水量和生活用水量应按最大小时用水量计算	这样规定符合实际,可满足要求,也不浪费,也是相关规范的规定
		2 石油库的生产用水量应根据生产过程和用水设备确定	因为不同的生产过程和用水设备用水量是不同的,因此规定本条
		3 石油库的生活用水宜按25～35L/(人·班)、用水时间为8h、时间变化系数为2.5～3.0计算。洗浴用水宜按40～60L/(人·班)、用水时间为1h计算。由石油库供水的附属居民区的生活用水量,宜按当地用水定额计算	石油库生产区的生活用水量和工作人员洗浴用水量引自国家标准《室外给水设计规范》GBJ 13。不同地区通常根据本地区人员的生活习惯、水源情况制定有当地的用水定额,石油库的附属居民区应遵循当地用水定额来计算用水量

13 对"给排水及污水处理"的解读及应用

续表

条号	主题	条款原文		条款解读
13.1.3	石油库水源工程供水量的确定	石油库水源工程供水量的确定，应符合右列规定	4 消防、生产及生活用水采用同一水源时，水源工程的供水量应按最大消防用水量的1.2倍计算确定。当采用消防水池（罐）时，应按消防水池（罐）的补充水量、生产用水量及生活用水量总和的1.2倍计算确定	在石油库的各项用水量中，消防用水量远大于生产用水量和生活用水量，又因为消防用水是在事故时才用，不可能与生产、生活同时用，所以当消防用水与生产、生活用水使用同一水源时，或消防用水与生产采用同一水源时，均按1.2倍最大消防用水量作为水源工程的供水量计算确定是可行的。但是应有事故时停止生产、生活用水而保证消防用水的措施。若有消防水池（罐）时，其中的储水量可作为备用水量考虑，此时计算总水量的方法，应按消防水池的补充水量和其他用水总和的1.2倍计算
			5 当消防与生产采用同一水源，生活用水采用另一水源时，消防与生产用水的水源工程的供水量应按最大消防用水量的1.2倍计算确定。采用消防水池（罐）时，应按消防水池（罐）的补充水量与生产用水量总和的1.2倍计算确定。生活用水水源工程的供水量应按生活用水量的1.2倍计算确定		
			6 当消防用水采用单独水源、生产与生活用水合用另一水源时，消防用水水源工程的供水量，应按最大消防用水量的1.2倍计算确定。设消防水池（罐）时，应按消防水池补充水量的1.2倍计算确定。生产与生活用水水源工程的供水量，应按生产用水量与生活用水量之和的1.2倍计算确定		
13.1.4	应急消防水源	石油库附近有江、河、湖、海等合适的地面水源时，地面水源宜设置为石油库的应急消防水源		在有条件的情况下，利用石油库附近的江、河、湖、海等作为石油库的应急消防水源，可满足在发生极端火灾事故时对大量消防水的需求

13.1.2 对"给水"的应用

13.1.2.1 "给水"设计还需遵循或参考的规范、标准

"给水"设计,除应执行本"新规范"外,还需遵循或参考的规范、标准如下:

(1)《给水排水管道工程施工及验收规范》;
(2)《石油化工给水排水管道工程施工及验收规范》;
(3)《地表水环境质量标准》GB 3838—2002;
(4)《地下水环境质量标准》GB/T 14848;
(5)《地下水质量标准》GB/T 14878—93;
(6)《生活饮用水卫生标准》GB 5749—2006;
(7)《饮用净水水质标准》CJ 94—2005。

13.1.2.2 油库用水水质标准

(1)地面水的水质要求。

地面水的水质要求见表13.2。

表13.2 地面水的水质卫生要求表

编号	指标项目	卫生要求
1	悬浮物	含有大量悬浮物质的工业废水不得直接排入地面水体
2	色、臭、味	不得呈现工业废水和生活污水所特有的颜色、异臭或异味
3	漂浮物质	水面上不得出现较明显的油膜和浮沫
4	pH值	6.5~8.5
5	生化需氧量(5日20℃)	不超过3~4mg/L
6	溶解氧	不低于4mg/L(东北地区、渔业水体应不低于5mg/L)
7	有害物质	不超过《地面水中有害物质的最高容许浓度》的规定
8	病原体	含有病原体的工业废水和医院污水,必须经过处理和严格消毒,彻底消灭病原体后方准排入地面水体

(2)地面水中有害物质最高允许浓度。

地面水中有害物质最高允许浓度见表13.3。

13 对"给排水及污水处理"的解读及应用

表13.3 地面水中有害物质的最高允许浓度表

编号	物 质 名 称	最高容许浓度（mg/L）	编号	物 质 名 称	最高容许浓度（mg/L）
1	乙腈	5.00	16	四乙基铅	不得检出
2	乙醛	0.05	17	四氯苯	0.02
3	二硫化碳	2.0	18	石油（包括煤油、汽油）	0.3
4	二硝基苯	0.5	19	甲基对硫磷	0.02
5	二硝基氯苯	0.5	20	甲醛	0.5
6	二氯苯	0.02	21	丙烯腈	2.0
7	丁基黄原酸盐	0.005	22	丙烯醛	0.1
8	三氯苯	0.02	23	对硫磷（E605）	0.003
9	三硝基甲苯（TNT）	0.5	24	乐戈（乐果）	0.08
10	马拉硫磷（4049）	0.25	25	异丙苯	0.25
11	己内酰胺	按地面水中生化需氧量计算	26	汞	0.001
12	六六六	0.02	27	吡啶	0.2
13	六氯苯	0.05	28	钒	0.1
14	内吸磷（E059）	0.03	29	松节油	0.2
15	水合肼	0.01	30	苯	2.5

（3）锅炉的水质标准。

①用固体燃料的水管锅炉和水火管组合锅炉及燃油和燃气锅炉的水质标准，见表13.4。

表13.4 锅炉水质标准

项 目		给 水			锅 炉 水		
工作压力	kPa	①≤98×10⁴	>98×10⁴ ≤156.8×10⁴	>156.8×10⁴ ≤254×10⁴	①≤98×10⁴	>98×10⁴ ≤156.8×10⁴	>156.8×10⁴ ≤254×10⁴
	kgf/cm²	≤10	>10 ≤16	>16 ≤25	≤10	>10 ≤16	>16 ≤25
悬浮物（mg/L）		≤5	≤5	≤5			
总硬度（mmol/L）		≤0.015	≤0.015	≤0.015			
总碱度（mmol/L）	无过热器				≤11	≤10	≤7
	有过热器					≤7	≤5
pH（25℃）		≥7	≥7	≥7	10~12	10~12	10~12

续表

项 目	给 水			锅 炉 水		
含油量（mg/L）	≤2	≤2	≤2			
溶解氧②（mg/L）	≤0.1	≤0.1	≤0.05			
溶解固形物（mg/L） 无过热器				<4000	<3500	<3000
溶解固形物（mg/L） 有过热器					<3000	<2500
PO_4^{-3}（mg/L）				③10~30	10~30	
SO_3^{-2}（mg/L）				10~40	10~40	10~40
相对碱度 $\left(\dfrac{游离\ NaOH}{溶解固形物}\right)$				<0.2	<0.2	<0.2

注：①当锅炉额定蒸发量不大于2t/h，采用锅内加药处理时，锅水溶解固形物应小于4000 mg/L。

②当锅炉额定蒸发量大于2t/h时，均要除氧；额定蒸发量不大于2t/h的锅炉，应尽量除氧和注意防腐。对于供汽轮机用汽的锅炉，给水含氧量均应不大于0.05mg/L。若采用化学除氧时，则应监测锅水的亚硫酸根含量。

③仅用于供汽轮机用汽的锅炉。

② 热水锅炉水质标准见表13.5。

表13.5 热水锅炉水质标准

项 目	供 水 温 度			
	≤95℃，或采用锅内加药处理		>95℃，或采用锅外化学处理	
	补给水	循环水	补给水	循环水
悬浮物（mg/L）	≤20		≤5	
总硬度（m mol/L）	≤1.75		≤0.3	
pH（25℃时）	≥7	10~12	≥7	8.5~10
溶解氧（mg/L）	≤0.1	≤0.1		
含油量（mg/L）			≤2	≤2

（4）化验室用水水质标准。

化验室用水水质标准见表13.6。

表13.6 化验室用水水质标准

名 称	一 级	二 级	三 级
外观	无色透明		
pH值范围（25℃）	—	—	5.0~7.5
电导率（25℃）（μs/cm）	0.1	1.0	5.0
可氧化物质的限度试验	—	符合	符合
吸光度（254mm，1cm 光程）	>0.001	>0.01	—
二氧化硅（mg/L）	<0.02	<0.05	—

13.1.2.3 油库水源及供水系统

(1) 油库水源及供水系统。

油库水源及供水系统，见图13.1。

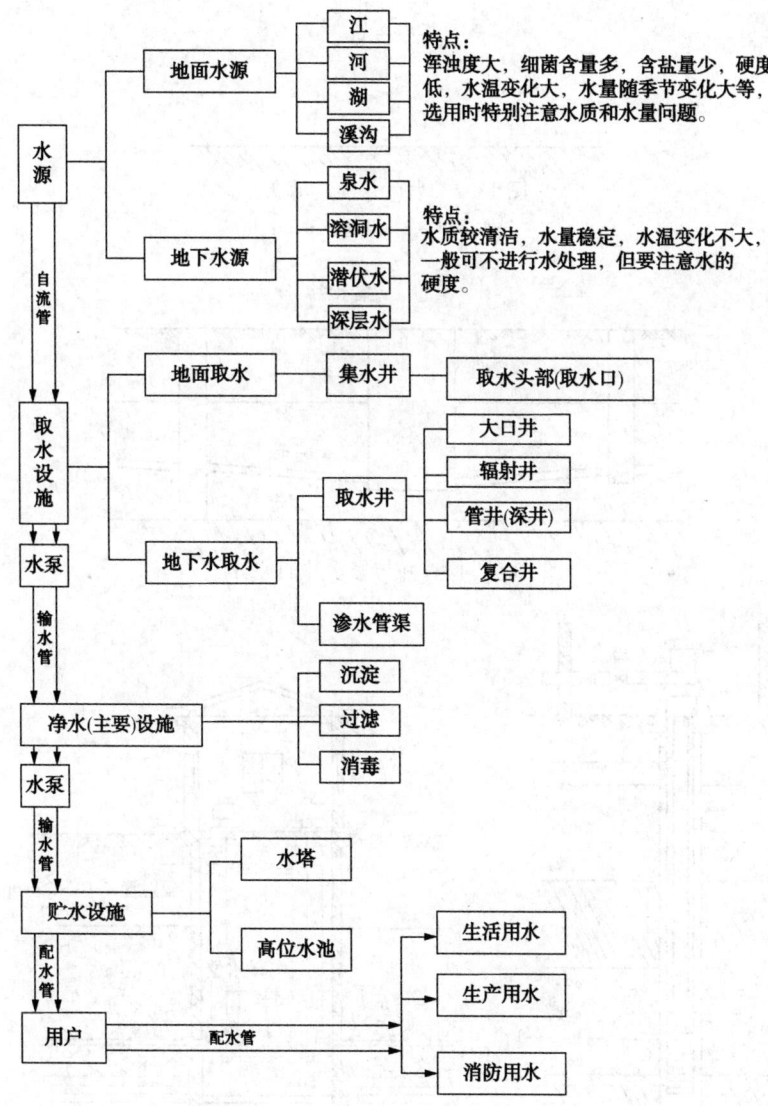

图 13.1 油库水源及供水系统方框图

(2) 地下水取水构筑物及适用范围。

①地下水取水构筑物示意图，见图13.2~图13.6。

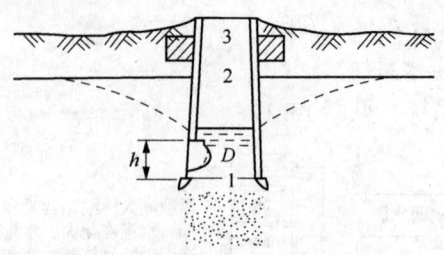

图 13.2　大口井构造示意
1—进水部分；2—井筒；3—井头

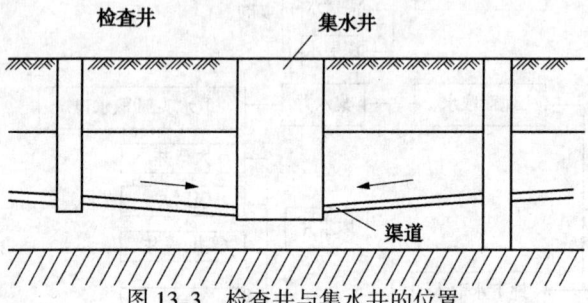

图 13.3　检查井与集水井的位置

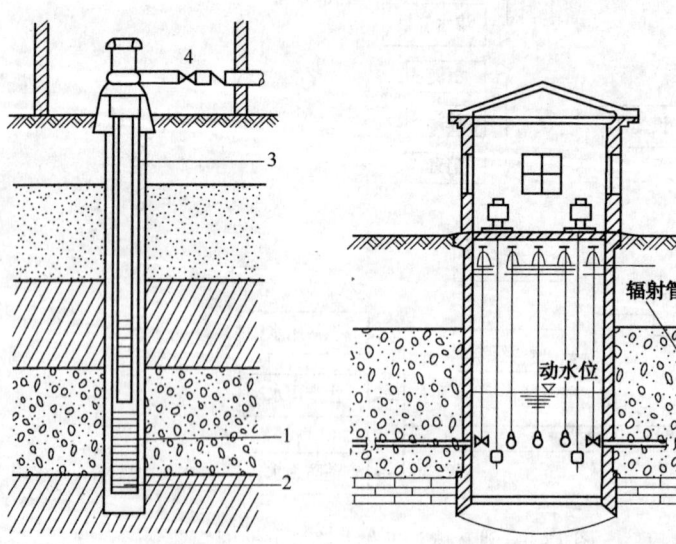

图 13.4　管井组成
1—滤水管；2—沉沙管；3—井管；4—井室

图 13.5　辐射井示意

13 对"给排水及污水处理"的解读及应用

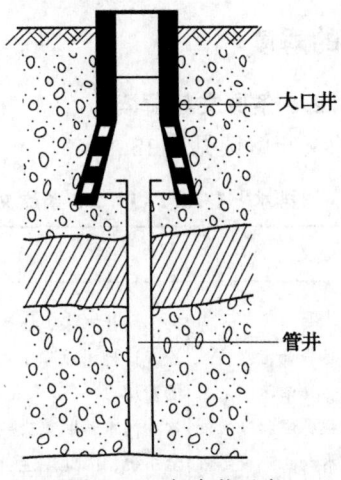

图 13.6 复合井示意

②地下水取水构筑物适用范围，见表 13.7。

表 13.7 地下水取水构筑物适用范围

取水构筑物			水文地质条件			出水量
型式	尺寸	深度	地下水埋深	含水层厚度	水文地质特征	
管井	井径为 0.15~1m，常用为 0.15~0.6m	井深一般为 20~1000m，常用为 300m 以内	在抽水设备能解决的情况下，不受限制	一般 5m 以上，或有几层含水层	适于任何砂卵石地层	单井出水量一般 500~6000m³/d
大口井	井径为 2~12m，常用为 4~8m	一般 30m 以内，常用为 6~12m	一般在 6m 以内	一般在 5~20m	补给条件良好，渗透系数最好在 20m³/d 以上，适于任何砂砾地区	单井出水量一般为 500~10000m³/d
辐射井	同大口井	同大口井	同大口井	能有效地开采水量丰富、含水层较薄的地下水或河床渗透水	补给条件良好，含水层最好为中粗砂或砾石层	单井出水量一般为 5000~50000m³/d
渗渠	管径为 0.45~1.5m，常用为 0.6~1m	一般为 10m 以内	一般在 2m 以内	一般 4~6m	补给条件良好，渗透性能好，适于中砂、粗砂、砾石或卵石层	一般为 15~30m³/(d·m)

13.2 对"排水"的解读

【"排水"13.2.1~13.2.5条原文与解读】

13.2.1~13.2.5其条原文与解读见表13.8。

表13.8 "排水"13.2.1~13.2.5条原文与解读

条号	主题	条款原文	条款解读
13.2.1	油库污水排放方式	石油库的含油与不含油污水,应采用分流制排放。含油污水应采用管道排放。未被易燃和可燃液体污染的地面雨水和生产废水可采用明沟排放,并宜在石油库围墙处集中设置排放口	为了防止污染,保护环境,石油库排水必须清、污分流,这样可以减少含油污水的处理量。节约污水处理的费用。含油污水若明渠排放时,一处发生火灾,很可能蔓延全系统,因此规定含油污水应采用管道排放。未被油品污染的雨水和生产废水采用明渠排放,可减少基建费用。为防止事故时油气外逸或库外火源蔓延到库内,在围墙处增设水封和暗管是必须的
13.2.2	罐区排水的切断措施	储罐区防火堤内的含油污水管道引出防火堤时,应在堤外采取防止泄漏的易燃和可燃液体流出罐区的切断措施	本条是控制扩大污染范围
13.2.3	水封井的设置	含油污水管道应在储罐组防火堤处、其他建(构)筑物的排水管出口处、支管与干管连接处、干管每隔300m处设置水封井	本条规定设置水封井的位置,是考虑一旦发生火灾时,互相间予以隔绝,使火灾不致蔓延
13.2.4	水封井和截断装置	石油库通向库外的排水管道和明沟,应在石油库围墙里侧设置水封井和截断装置。水封井与围墙之间的排水通道应采用暗沟或暗管	石油库通向库外的排水管道和明沟内可能有含油污水,为控制扩大污染范围而设本条
13.2.5	水封井的要求	水封井的水封高度不应小于0.25m。水封井应设沉泥段,沉泥段自最低的管底算起,其深度不应小于0.25m	只有这样做,才能起到水封的作用

13.3 对"污水处理"的解读及应用

13.3.1 对"污水处理"的解读

【"污水处理"13.3.1~13.3.8条原文与解读】

13.3.1~13.3.8条原文与解读见表13.9。

表13.9 "污水处理"13.3.1~13.3.8条原文与解读

条号	主题	条款原文	条款解读
13.3.1	污水处理及排放要求	石油库的含油污水和化工污水（包括接受油船上的压舱水和洗舱水），应经过处理，达到现行的国家排放标准后才能排放	这些污水对环境会污染，对生物有危害。所以必须经过处理，达到现行国家排放标准后才能排放。环境保护目前国内开始重视，原无处理设施的较大油库，现在已逐步增建污水处理设备或设施
13.3.2	处理污水设备设施	处理含油污水和化工污水的构筑物或设备，宜采用密闭式或加设盖板	本条的规定是为了安全防火，减少大气污染，保护工人健康，减少气温和雨雪的影响，提高处理效果
13.3.3	处理污水设备设施选择及布置	含油污水和化工污水处理，应根据污水的水质和水量，选用相应的调节、隔油过滤等设施。对于间断排放的含油污水和化工污水，宜设调节池。调节、隔油等设施宜结合总平面及地形条件集中布置	据"新规范"条文说明，石油库的含油污水情况比较复杂。有些油库由于有压舱水需要处理，含油污水处理的流程较长，从隔油、粗粒化、浮选一直到生化，直至污水处理合格后排放；有的油库含油污水极少，甚至有的油库除了储罐清洗时有一些污泥外，平时就没有含油污水的产生，这样的污水处理仅隔油、沉淀之后就可以达标排放。储罐的切水情况也各不相同，有的油库的储罐需要经常切水，以保证油品的质量，有的储备油库，几年也不会切一次水。因此，对于石油库的含油污水处理，只能原则性规定达到排放标准后再排放的要求，至于如何处理，应根据具体的情况，具体进行设计。当油库经常有少量含油污水排放时，可采用连续的隔油、浮选等处理方法进行处理；也可以设一个池子集中一段时间的污水进行间断的处理。当油库的污水排放不均匀，如有压舱水的处理，可设置调节池（罐），污水处理的设计流量可以降低，以达到较好地处理效果。当油库的污水排放量极少，甚至可以集中起来送至相关的污水处理场进行处理，油库本身可不设污水处理设施。处理含油污水的池子或设备应有盖或密闭式，以减少油气的散发。现在用于油库含油污水处理的设备较多，在条件许可时可优先选用。使用含油污水处理设备可以减少污水处理的占地面积，也可以改善污水处理的环境

续表

条号	主题	条款原文	条款解读
13.3.4		有毒液体设备和管道排放的有毒化工污水，应设置专用收集设施	有毒污水与含油污水处理要求不同，所以应设置专用收集设施
13.3.5		含Ⅰ、Ⅱ级毒性液体的污水处理宜依托有相应处理能力的污水处理厂进行处理	含Ⅰ级和Ⅱ级毒性液体污水的处理要求很高，石油库自建污水处理设施往往是不经济的，最好依托有相应处理能力的污水处理厂进行处理
13.3.6	有毒污水处理	石油库需自建有毒污水处理设施时，应符合现行国家标准《石油化工污水处理设计规范》GB 50747的有关规定	《石油化工污水处理设计规范》GB 50747的有专门规定，可遵照执行
13.3.7	设置取样点	在石油库污水排放处，应设置取样点或检测水质和测量水量的设施	处理后的污水在排出库外处设置取样点和计量设施，是为了有利于油库自己检测与环保部门的检查和监测
13.3.8	专用隔油池	某个罐组的专用隔油池需要布置在该罐组防火堤内，其容量不应大于150m³，与储罐的距离可不受限制	为安全起见，防火堤内的专用隔油池有最大容量限定

13.3.2 对"污水处理"的应用

13.3.2.1 "污水处理"设计还需遵循或参考的规范、标准

"污水处理"设计，除应执行本"新规范"外，还需遵循或参考的规范、标准如下：

（1）《给水排水管道工程施工及验收规范》；
（2）《石油化工给水排水管道工程施工及验收规范》；
（3）《石油化工污水处理设计规范》GB 50747；
（4）《污水综合排放标准》；
（5）《含油污水处理工程技术规范》HJ 580。

13.3.2.2 含油污水的来源及污水量

含油污水的来源及污水量，见表13.10。清洗油罐的污水量，见表13.11和表13.12。

表13.10 含油污水的来源及污水量

含油污水的来源	污 水 量
储油洞库的油罐渗漏油品与洞内山体渗水混合后产生的污水	这部分污水量与山体渗水量及油罐渗油量的大小有关。可测量排水沟的排水流量得知。其污水中的含油量可通过化验水质确定
清洗油罐及管线产生的污水	这部分污水量与油罐大小、管径管长，冲洗的方法有关
冲洗储油洞库地面及油库内其他设备产生的污水	这部分水量与地面及设备脏的程度及冲洗方法有关。一般可按 $1m^2$ 表面积 $1~2L/s$ 来估算。每秒 $1~2L$，并不能等于每小时 $3.6~7.2m^3$。因为不可能 1h 内不停顿地冲洗，而是冲冲停停，冲停间隔进行
洗修桶间、更生间排出的洗修油桶、更生时产生的含油污水	其污水量可根据油冲、水冲等泵流量及每天工作的时间估算
清洗灌桶间、汽车加油场、桶装油仓库及有油存在的建、构筑物地坪产生的污水	这部分水量与地面及设备脏的程度及冲洗方法有关。一般可按 $1m^2$ 表面积 $1~2L/s$ 来估算。每秒 $1~2L$，并不能等于每小时 $3.6~7.2m^3$。因为不可能 1h 内不停顿地冲洗，而是冲冲停停，冲停间隔进行

表13.11 立式油罐清洗污水量表

油罐容量 (m^3)	用水冲洗时产生的污水量（m^3/h）	用水和蒸汽冲洗时	
		冲洗水量（m^3/h）	总污水量（m^3/h）
100	0.23	0.15	0.18
200	0.36	0.24	0.29
300	0.42	0.28	0.34
400	0.53	0.35	0.43
500	0.56	0.37	0.45
700	0.66	0.44	0.54
1000	0.87	0.58	0.71
2000	1.34	0.89	1.09
3000	2.15	1.43	1.74
5000	2.82	1.87	2.29

表 13.12　卧式油罐清洗污水量

油罐容量 （m³）	油罐筒体 内径（m）	油罐筒体 长度（m）	总内表面积 （m²）	污水量 （m³）	用水量 （L/m²）
10	1.60	5.00	28.05	0.303	11
15	2.00	4.80	34.66	0.374	
20	2.00	6.40	44.71	0.483	
30	2.60	5.60	53.27	0.575	
60	2.60	11.20	99.01	1.069	
60	2.80	9.60	93.15	1.006	

13.3.2.3　含油污水的排放标准及排放要求

（1）含油污水的排放标准。

我国油库污水的水质指标范围和排放水标准见表13.13。

表 13.13　油库含油污水的指标范围与排放标准

项　目		污水成分	排放允许浓度
水　色		混浊，有浮油、呈浅褐色或铁锈色	水中无明显油膜、泡沫、杂物
pH 值		4.5~8.8	6~9
含油量 （mg/L）	轻污染	50~2000	10
	重污染	1500~60000	
悬浮物（mg/L）		100~1550	500
残渣（mg/L）		600~850	0
五日生化需氧量（mg/L）		150~670	60
化学耗氧量（mg/L）		72~274	100
四乙基铅（mg/L）		1.0~2.0	0.1
硫化物（mg/L）		1.0~24	1
挥发酚（mg/L）		0.5~10.5	0.5

（2）含油污水的排放要求。

①油库的含油与不含油污水，必须采用分流制排放。含油污水应采用管道排放。未被油品污染的地面雨水和生产废水可采用明渠排放，但在排出油库围墙之前必须设置水封装置。水封装置与围墙之间的排水通道必须采用暗渠或暗管。

②油罐区防火堤内的含油污水管道引出防火堤时，应在堤外采取防止油品流出罐区的切断措施。

③含油污水管道应在下列各处设置水封井：

a. 油罐组防火堤或建筑物、构筑物的排水管出口处；
　　b. 支管与干管连接处；
　　c. 干管每隔300m处；
　　d. 在通过油库围墙处。

④水封井的水封高度不应小于0.25m。水封井应设沉泥段，沉泥段自最低的管底算起，其深度不应小于0.25m。

⑤油库的含油污水（包括接受油船上的压舱水和洗舱水）必须经过处理，达到现行的国家排放标准后才能排放。

⑥油库污水排放处，应设置取样点或检测水质和测量水量的设施。

⑦覆土油罐罐室和人工洞油罐罐室应设排水管，并应在罐室外设置阀门等封闭装置。

13.3.2.4 油库污水成分及处理方法

（1）油库污水的大体成分。

一般油库含油污水大体上的成分，见表13.14。

表13.14 油库污水成分

名　　称	数　　值
含油量（mg/L）	400~12000
悬浮物（mg/L）	100~600
残渣（mg/L）	600~850
四乙铅（mg/L）	1.0~2.0
五日生化需氧量（BOD_5）（mg/L）	150~670
pH值	7.2~7.8

（2）含油污水的处理方法。

含油污水处理，应根据污水的水质和水量，选用相应的调节、隔油、过滤等设施。对于间断排放的含油污水，宜设调节池。调节池、隔油池等设施宜结合总平面及地形条件集中布置。当含油污水中含有其他有毒物质时，尚应采用其他相应的处理措施。

处理含油污水的构筑物或设备，宜采用密闭式或加设盖板。

含油污水的处理，主要是除去污水中的油分。油分在污水中通常以3种状态存在：第一种是浮油，它是以较大颗粒存于水中，处于不稳定状态，重度比水小，由于重度差的关系，它易于从水中分离出来，上浮至水面而被撇除。此种浮油约占水中总油量的60%~80%。第二种状态是乳化油，在油罐和油桶清洗时，就会产生一部分乳化的油品，它以较小的颗粒较稳定地分散悬浮在水里，用一般简易隔油方法很难把它们分离出来。第三种状态是溶解油,但因为石油在水中的溶解度甚小,一般约为 5~15mg/L。

对于以上 3 种状态的含油污水,可有不同的处理方法,一般处理方法见表 13.15。

表 13.15 不同状态的含油污水处理方法

颗粒直径(m)	>10^{-4}	10^{-5}~10^{-9}	<10^{-9}
存在状态	浮油	乳化油	溶解油
处理方法	隔油	浮选,絮凝,过滤粗粒化	吸附,化学氧化

因为溶解油含量极少,所以含油污水处理主要是去除污水中的浮油和乳化油,因此下面就浮油和乳化油的去除方法加以介绍。

①隔油。主要是根据油与水的重度差,利用物理方法,将污水中的浮油分离出来,其设施称隔油池。它是油库处理含油污水的主要构筑物。

隔油的工作效率决定于石油颗粒的上升速度,而上升速度又和隔油池的水力条件(即隔油池的结构、长、宽、高的比例)有关。

②浮选。浮选就是向含油污水中通入空气,使污水的乳化油黏附在空气泡上,随气泡一起浮升至水面而去除乳化油的一种处理方法。

为了提高浮选效果,还可向污水中加少量浮选剂。目前采用的浮选方法有溶气浮选和微孔管浮选。

③絮凝。絮凝的基本原理就是向污水中投入电解质(混凝剂),压缩油粒的双电层,使其达到电中性而促使油粒相互凝聚。

常用的混凝剂有硫酸铝、硫酸铁、硫酸亚铁等。

絮凝体沉淀到池底而被分离。絮凝体也可利用空气漂浮液面,然后用刮板撇出。

絮凝可采用加速澄清池或平流式絮凝澄清池。

④过滤。含油污水经过隔油池后,往往采用滤池来处理污水中的剩余油分。过滤设备通常有干草过滤器和砂滤池。油库一般采用干草过滤器比较适宜。

⑤粗粒化。采用聚结材料使水中微小油滴聚结成大油珠,再凭借重度差达到油水分离,这就是粗粒化除油或称聚结除油。粗粒化除油是一种新近发展起来的新技术,它采用的设备简单、效率高、占地面积小、费用低、不投加药剂、不产生废渣,聚结材料可使污水中的油粒径增大数百倍,因而有可能仅一次处理就使污水达到排放标准的要求。

斜板隔油池也具有粗粒化的作用,只不过粗粒化程度较低。

以上处理称为一级处理。如经过一级处理达不到排放标准时,可进一步采用生物滤池、活性污泥和氧化塘等生化处理，这些称为二级处理，生化处理主要是利用微生物来氧化分解污水中的有机物，除去污水中溶解的和胶体状态的有机物。

在对污水排放有更高要求的地方，还应对污水进行深度处理，即三级处理。深度处理的方法有活性炭吸附法、臭氧氧化法和反渗透法。但这些方法技术比较复杂，处理成本高，因而生产上未被广泛采用。

13.3.2.5 含油污水处理设备及构筑物

（1）隔油池。隔油池的形式有多种，有普通油水分离池、平流式隔油池、平行波纹板式隔油池和斜板隔油池等。

①普通油水分离池。普通油水分离池是目前储油洞库采用的一种简单的隔油构筑物，一般多设在洞外口部，是用砖砌筑的地下池。它由进污水格、收油格、排除污水的阀门格组成，结构见图13.7。这种池施工简单，造价低，占地小，不需专人管理。但隔油效果较差，经它处理的污水一般达不到排放标准。所以污水不能直接排放，应与油库其他含油污水汇集，再行统一处理。或者将这污水排到凹坑，曝晒蒸发或点火焚烧。

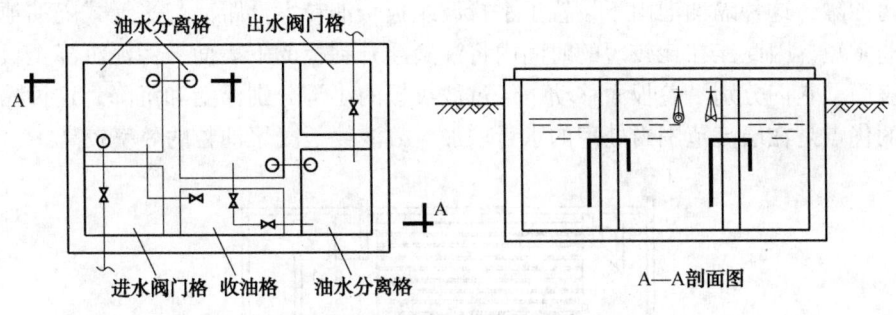

图13.7　隔油池结构示意图

②平流式隔油池（API隔油池）。平流式隔油池的结构见图13.8所示。含油污水由进水管进入配水槽，经进水闸流入隔油池，污水在隔油池中缓缓流动，石油从水中分离出来漂浮至水面，固体杂质沉降于池底。水面的浮油由集油管收集起来，输入污油罐。链带刮泥机的作用，其一将水面浮油刮至集油管，其二将池底淤泥和沉渣刮至排泥管，由排泥阀排除出去。

集油管常用直径为300mm的钢管，在顶部开有与圆心角成60°的槽口，排油时，把集油管转一角度，使槽口浸入油层面以下，浮油就自动流入管内排出池外。

隔油池池底设0.01~0.02的坡度，坡向污泥斗，污泥斗侧面倾角为45°。

在寒冷地区，为了防止隔油池内浮油的凝结，应设加热设备。

平流式隔油池的缺点是生产能力低，占地面积大。

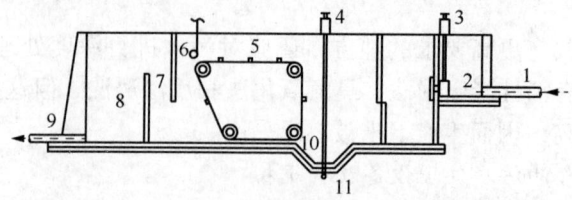

图 13.8　平流式隔油池结构示意图

1—进水管；2—配水槽；3—进水闸；4—排泥阀；5—链带刮泥机；6—集油管；
7—截油板；8—出水槽；9—出水管；10—污泥斗；11—排泥管

③平行波纹板式隔油池（PPI 隔油池）。平行波纹板式隔油池的结构如图 13.9 所示。它的特点是在隔油池中设置了 10 多片像百叶窗一样的平行波纹板，板的间距为 10cm，倾斜角与水平角成 45°。含油污水通过时，油粒上浮碰到平行板，细小的油粒就在板下凝聚成比较大的油膜而汇集到池面，然后污油从这里导向污油罐，这种隔油池由于设置了平行波纹板，油粒上浮距离与平流式隔油池相比非常短，因此能在比较短的时间内将油滴浮升到板的下表面，污泥沉降至板的上表面，它们分别沿着板面移动，经过波纹板的小沟分别浮上和沉降。这种隔油池的优点是在层流范围内处理的水量增加，故波纹板凝聚油粒的效率较高。

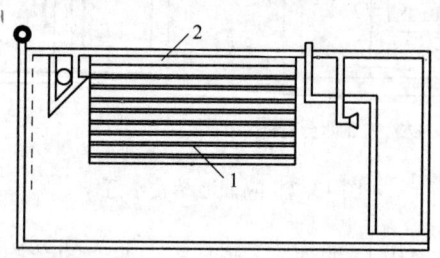

图 13.9　平行波纹板隔油池结构示意图

1—平行波纹板；2—浮油

④斜板隔油池（TPI 隔油池）。斜板隔油池的结构如图 13.10 所示。它由进水槽、除油区、沉泥区和出水槽等部分组成。进水槽主要起缓冲、调节水流的作用，以保证溢流堰布水均匀。除油区设有安装成 45° 的倾斜波纹板，波纹板用塑料或玻璃钢制作，板的间距为 2~4cm，污水在波纹板中通过，使污水中的油粒和泥渣进行分离。

波纹板前设有格栅,污水通过格栅时除去其中大的悬浮物,不但可以减轻斜板的负荷,提高布水均匀性,还能防止波纹板被堵塞。

此种隔油池可除去直径为 50μm 的油粒。其占地面积约为平流式隔油池的 1/6~1/3。

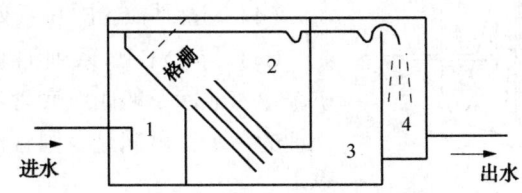

图 13.10　斜板隔油池结构示意图
1—进水槽;2—除油区;3—沉泥区;4—出水槽

(2) 溶气浮选设备。

溶气浮选设备是浮选处理的一种设备。溶气浮选是用水泵将污水送入溶气罐,同时注入空气,在 0.294~0.392MPa 压力下停留几分钟,使空气溶解于污水中,成过饱和状态,然后通过减压阀将污水送入浮选池。由于突然减至常压,水中溶解的过饱和空气就形成许多细小气泡,油粒就黏附于气泡上而逸出水面,在水面形成泡沫,用刮板将其连续地排入泡沫收集槽。

溶气浮选设备的流程如图 13.11 所示。

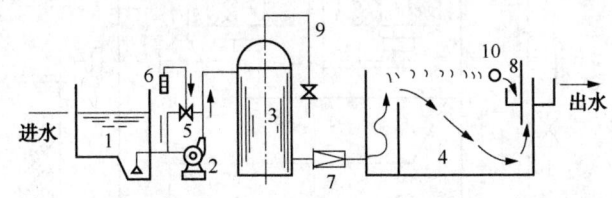

图 13.11　溶气浮选设备流程图
1—集水池;2—水泵;3—溶气罐;4—浮选池;5—射水器;6—浮子流量计;
7—减压阀;8—泡沫收集槽;9—放气管;10—刮沫板

(3) 加速澄清池。

加速澄清池是混凝、絮凝形成和沉淀 3 种过程综合一起设计出的构筑物。其结构见图 13.12。

含油污水经过一个中心圆筒进入装置,在这里与混凝剂进行快速搅拌(搅拌时间大约 30s~5min)。混凝剂可以与污水一起加入,也可直接导入快速搅拌区。污水从混合区出来后进入一个较大的中间地带,在这里它们可以进行缓慢的循环以导致絮凝体的生成和成长。然后水成辐射状流出向上进入澄清区,澄清区的型式是由底部到顶部面积逐步增大,当水上升时,它的速度就逐渐降低而使絮凝体沉降并凝聚于装置底部,澄清水经过溢流堰流出。

(4) CYF 与 CYF-B 系列油水分离器。

CYF 与 CYF-B 系列油水分离器适用于工矿企业、油库及船舶舱底含油污水的处理。经处理的污水,可满足我国含油污水排放标准的要求。

整个装置由分离器、专用泵、排油控制箱及其他附件等组成。图 13.13 表示了 CYF-B 系列装置的工作原理图。

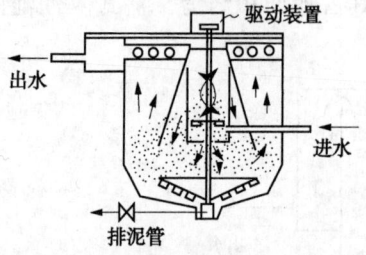

图 13.12 加速澄清池结构示意图

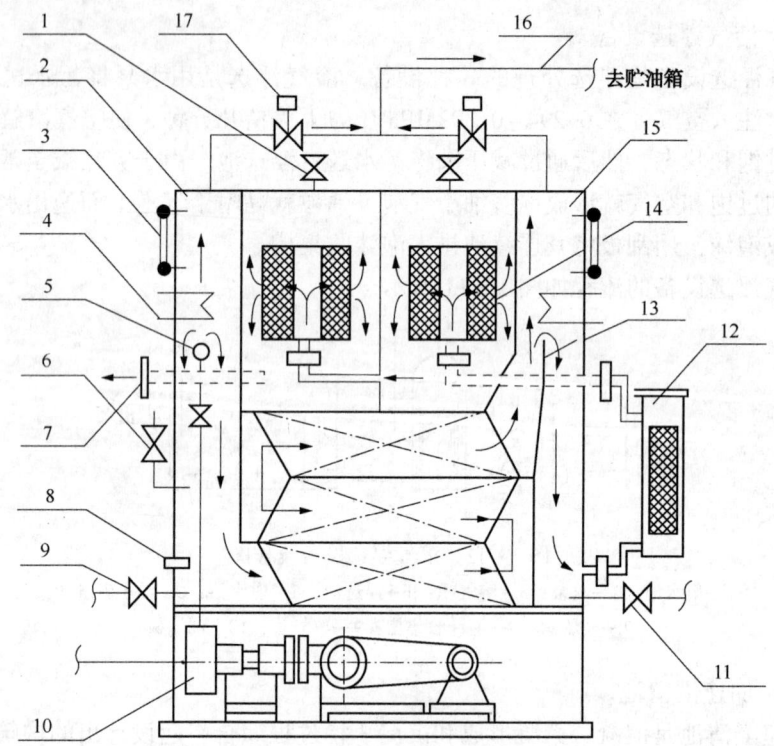

图 13.13 油水分离装置工作原理示意图

1—手动排油阀;2—左集油室;3—油位检测器;4—加热器;5—油污水进口;6—安全阀;
7—清水排放口;8—蒸汽冲洗喷嘴;9—泄放阀;10—油污水泵;11—泄放阀;12—细滤器;
13—隔板;14—粗鲁粒化元件;15—右集油室;16—污油排油管;17—自动排油阀

13 对"给排水及污水处理"的解读及应用

【"漏油及事故污水收集"13.4.1~13.4.4条原文与解读】

13.4.1~13.4.4条原文与解读见表13.16。

表13.16 "漏油及事故污水收集"13.4.1~13.4.4条原文与解读

条号	主题	条款原文	条款解读
13.4.1	漏油污水收集系统组成	库区内应设置漏油及事故污水收集系统。收集系统可由罐组防火堤、罐组周围路堤式消防车道与防火堤之间的低洼地带、雨水收集系统、漏油及事故污水收集池组成	本条规定是为了将事故漏油和火灾时的消防所用冷却水收集起来,防止漏油及含油污水四处蔓延,避免漏油及含油污水流到库外。当漏油及含油污水量比较大,收集池容纳不下时,需要排放部分消防水,要求收集池采取隔油措施可以防止油品流出收集池
13.4.2	漏油及事故污水收集池要求	一、二、三、四级石油库的漏油及事故污水收集池容量,分别不应小于1000m³、750m³、500m³、300m³;五级石油库可不设漏油及事故污水收集池。漏油及事故污水收集池宜布置在库区地势较低处。漏油及事故污水收集池应采取隔油措施	为了减少损失、减少污染、减少事故蔓延,"新规范"增加了这一条。按油库等级提出收集池的具体容量,使设计更有据可依
13.4.3	雨水收集系统利用	在防火堤外有易燃和可燃液体管道的地方,地面应就近坡向雨水收集系统。当雨水收集系统干道采用暗管时,暗管宜采用金属管道	利用雨水收集系统收集漏油是简便易行的方式。要求雨水收集系统主干道采用金属暗管,是为了使雨水收集系统主干道具有一定强度的抗爆性能
13.4.4	设水封井	雨水暗管或雨水沟支线进入雨水主管或主沟处,应设水封井	水封隔断设施可以阻断火焰传播路径,本条规定是为了避免火情迅速蔓延

14 对"电气"的解读及应用

14.1 对"供配电"的解读及应用

14.1.1 对"供配电"的解读

【"供配电"14.1.1~14.1.8条原文与解读】

14.1.1~14.1.8条原文与解读见表14.1。

表14.1 "供配电"14.1.1~14.1.8条的原文与解读

条号	主题	条款原文	条款解读
14.1.1	供电负荷等级	石油库生产作业的供电负荷等级宜为三级,不能中断生产作业的石油库供电负荷等级应为二级。一、二、三级石油库应设置供信息系统使用的应急电源。设置有电动阀门(易燃和可燃液体定量装车控制阀除外)的一、二级石油库宜配置可移动式应急动力电源装置。应急动力电源装置的专用切换电源装置宜设置在配电间处或罐组防火堤外	据"新规定"条文说明,石油库的电力负荷多为装卸油作业用电,中断供电,一般不会造成较大经济损失,根据电力负荷分类标准,定为3级负荷。不能中断生产作业的(如兼作长输管道首、末站或中转库的石油库),是指中断供电会造成较大经济损失的石油库,故这样的石油库其供电负荷定为2级负荷。目前国内石油库自动化水平越来越高,火灾自动报警、温度和液位自动检测等信息系统,在一、二、三级石油库应用较为广泛,若油库突然停电,这些系统就不能正常工作,还可能会损坏系统或丢失信息。因此信息系统供电应设应急电源。石油库发生火灾事故时,供电设备可能被毁坏,配置可移动式应急动力电源装置,在紧急情况下,能保证必要的电力供应。一、二级石油库是比较大的油库,所以对其要求高一些。可移动式应急动力电源装置主要是为电动阀门提供应急动力,可以采用可移动式应急动力蓄电池,也可以采用车载柴油发电机组
14.1.2	供电电源	石油库的供电宜采用外接电源。当采用外接电源有困难或不经济时,可采用自备电源	石油库采用外接电源供电,具有建设投资少、经营费用低、维护管理方便等优点,故应尽量采用外接电源。但有些石油库位于偏僻的山区,距外电源太远,采用外接电源在技术和经济方面均不合理,在此情况下,也可采用自备电源

14 对"电气"的解读及应用

续表

条号	主题	条款原文	条款解读
14.1.3	应急照明	一、二、三级石油库的消防泵站和泡沫站应设应急照明,应急照明可采用蓄电池作备用电源,其连续供电时间不应少于6h	一、二、三级石油库的消防泵站是比较重要的场所,如不设应急照明电源,照明电源突然停电,会给消防泵的操作带来困难
14.1.4	变配电装置及变配电间的要求	10kV以上的变配电装置应独立设置。10kV以下的变配电装置的变配电间与易燃液体泵房(棚)相毗邻时,应符合右列规定 1 隔墙应为不燃材料建造的实体墙。与变配电间无关的管道,不得穿过隔墙。所有穿墙的孔洞,应用不燃材料严密填实 2 变配电间的门窗应向外开,其门应设在泵房的爆炸危险区域以外。变配电间的窗宜设在泵房的爆炸危险区域以外;如窗设在爆炸危险区以内,应设密闭固定窗和警示标志 3 变配电间的地坪应高于油泵房室外地坪至少0.6m	据"新规范"条文说明:10kV以上的变配电装置一般均设在露天,独立设置较为安全。机泵是石油库的主要用电设备,电压为10kV及以下的变配装置的变配电间与易燃液体泵房(棚)相毗邻布置给机泵配电较为方便、经济。由于变配电间的电器设备是非防爆型,操作时容易产生电弧,而易燃液体泵房又属于爆炸和火灾危险场所,故它们相毗邻时,应符合一定要求。 第1款规定是为了防止易燃液体泵房(棚)的油气通过墙孔洞、沟道窜入变配电间而发生爆炸火灾事故,且当油泵发生火灾时,也可防止其蔓延到变配电间。 第2款规定变配电间的门窗应向外开,是为了当发生事故时便于工作人员撤离现场。变配电间的门窗应设在爆炸危险区以外的规定,是为了防止易燃液体泵房的可燃气体通过门窗进入变配电间。 第3款规定是因为可燃气体一般比空气重,易于在低洼处流动和积聚,按可燃气体在室外地面的迂回范围和高度,故要求变配电间的地坪应高出油泵房的室外地坪0.6m
14.1.5	电缆选型及敷设	石油库主要生产作业场所的配电电缆应采用铜芯电缆,并应采用直埋或电缆沟充砂敷设,局部地段确需在地面敷设的电缆应采用阻燃电缆	本条要求"石油库主要生产作业场所的配电电缆应埋地或电缆沟充砂敷设",是为了保护电缆在火灾事故中免受损坏。要求地面敷设的电缆采用阻燃电缆,是为了使电缆具有一定的耐火性,尽量保证在发生火灾事故时不被烧毁

续表

条号	主题	条款原文	条款解读
14.1.6	不得同沟敷设	电缆不得与易燃和可燃液体管道、热力管道同沟敷设	电缆若与热力管道同沟敷设，会受到热力管道的温度影响，对电缆散热不利，会使电缆温度升高，缩短电缆的使用寿命。易燃、可燃液体管道管沟容易积聚可燃气体或泄漏的液体，电缆若敷设在里面，一旦电缆破坏，产生短路电弧火花，就可能引起爆炸。故规定电缆不得与输油管道、热力管道敷设在同一管沟内。另外输油管道管沟内常有油气积聚，易形成爆炸混合气体，电缆若敷设在里面，一旦电缆破坏，产生短路电弧火花，就会引起爆炸。故规定电缆不得和易燃和可燃液体管道、热力管道敷设在同一管沟内
14.1.7	爆炸危险区域的等级及电气设备选型	石油库内易燃液体设备、设施爆炸危险区域的等级及电气设备选型，应按现行国家标准《爆炸和火灾危险环境电力装置设计规范》GB 50058 执行，其爆炸危险区域划分应符合本规范附录 B 的规定	据"新规范"条文说明：现行国家标准《爆炸和火灾危险环境电力装置设计规范》GB 50058—92 第 2.3.2 条明确指出，该规范不包含石油库的爆炸危险区域范围的确定。本规范附录 B 给出的"石油库内易燃液体设备、设施的爆炸危险区域划分"，是参照现行国家标准《爆炸和火灾危险环境电力装置设计规范》GB 50058 等国内外标准，并结合石油库内各场所易燃液体蒸发与可燃气体排放的特点制订的
14.1.8	系统选择	石油库的低压配电系统接地型式应采用 TN-S 系统，道路照明可采用 TT 系统	这是较合理可靠的系统

14.1.2 对"供配电"的应用

14.1.2.1 "供配电"设计还需遵循或参考的规范、标准

"供配电"设计，除应执行本"新规范"外还需遵循或参考的规范、标准如下：

(1)《供配电系统设计规范》；
(2)《爆炸和火灾危险环境电气装置设计规范》GB 50058；
(3)《电气装置安装工程爆炸和火灾危险环境电气装置施工及验收规范》GB 50257；
(4)《电气装置安装工程电缆线路施工及验收规范》GB 50168；
(5)《建筑电气工程施工质量验收规范》GB 50303；
(6)《石油化工仪表供电设计规范》SHT 3082。

14.1.2.2 油库供配电系统布局

油库供配电系统布局，通常有两种方案。一种为放射式，一种为树干式。

（1）放射式方案。

本方案适用于油库区较紧凑，用电设备集中，低压配电辐射半径一般不大于350m的情况。油库用电设施应根据具体情况增减。本方案示意，见图14.1。

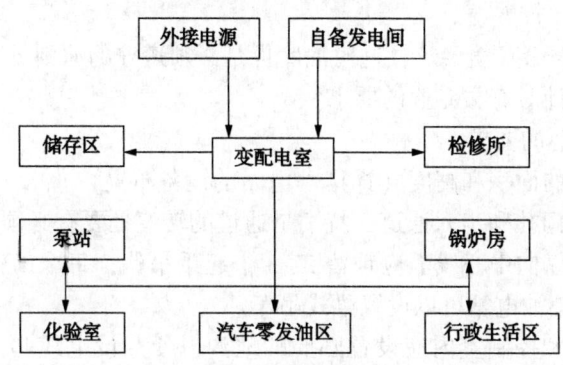

图14.1 放射式方案

（2）树干式方案。

本方案适用于库区分散，用电设备分布较广，采用低压配电不经济或不安全的情况。升压变压器应根据外电源的具体情况确定是否使用。本方案示意，见图14.2。

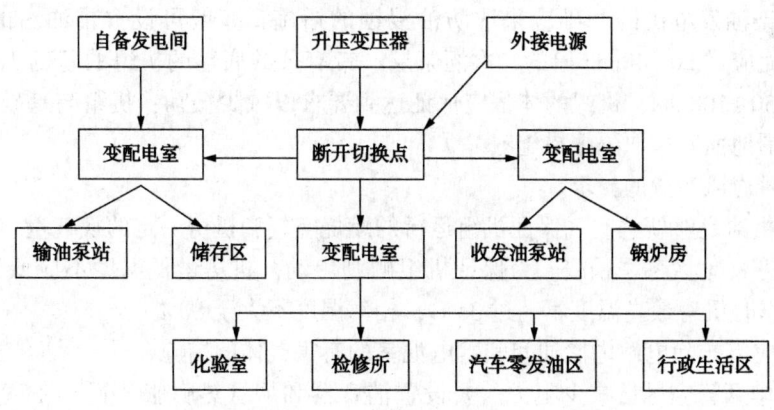

图14.2 树干式方案

14.1.2.3 油库自发电站设计

常用的自发电站为柴油发电站，它具有效率高、起动快、耗水量少、设备紧凑、运输方便及操作维护简单等优点。

（1）柴油发电站的设置位置。

①应靠近负荷中心，尽量缩短供电距离，减少电能损失。

②应远离要求安静的工作区和生活区。

③交通运输比较方便。

④进、排水比较方便。

⑤烟气排放符合环境要求，这对油库也是必须遵守的原则。

（2）电站设计对有关专业的要求。

①对建筑专业的要求。

a. 要有足够的面积和高度（详见《电站的设备布置》）。

b. 应有足够门孔和出入通道，特别是通道的转弯处要有必须的转弯半径。

c. 在机组的纵向中心线上应预留2~3个起重吊钩，每个吊钩承重按机组总重考虑；大型的柴油电站可以设置梁式吊车。

d. 电站机房和控制室内应设置必要的地沟以便敷设电缆和油、水管道，管道要尽量减少长度，避免交叉，减少弯曲，符合工艺流程要求；地沟应有一定的坡度便于排水。

e. 机房和控制室应尽量分设，相邻的隔墙上设置观察窗，并应采取隔音措施。

f. 电站机房和控制室的地面，一般采用压光水泥地面，有条件时控制室可采用水磨石地面。

g. 柴油发电机的基础应采取防油浸蚀的措施，一般可设置排油污的沟槽；基础表面应做20~40mm厚的二次灌浆层；带有公共底盘的机组的基础表面应高出地面50~100mm；机组的体积应保证达到要求以减少振动；机组与基础间，基础与周围地面间采取隔振措施。

②对通风专业的要求。

a. 供给足够新鲜空气保证机组运行的燃烧空气和机房一定的换气量。

b. 寒冷地区冬季采暖。为保证机组顺利启动，机房最低温度不应低于5℃；机组工作时机房最高温度不超过35℃，相对湿度不大于80%。

c. 应有排除电站内储油间和蓄电池室的有害气体的措施。

d. 排烟管应尽量减少阻力。要设置消音器和烟管热膨胀装置，在室内烟管要有保温层。

③对给、排水和供油专业的要求。

a. 要有足够的冷却水量，其水质应满足柴油机使用维护说明书的要求。

b. 应设两个以上柴油储油桶，便于新油沉淀，油箱的最低油面应高出柴油机的地面1m左右，以便自流供油。

c. 自启动的机组的冷却水应能自流供给。

d. 电站内适当设置洗手池，拖布池以及排除积水的地漏。

（3）自发电站设置的其他要求。

自发电站设置的其他要求，见表14.2。

表14.2 自发电站设置的其他要求

项 目	要 求
总装机容量	常用电站的总装机容量应满足油库总计算负荷的需要，并考虑10%~15%的计算负荷的备用量。在选择机组台数时至少应设置一台备用机组。 备用电站的总装机容量一般按保证必须的输油作业所需电力负荷和照明负荷的容量考虑，一般不设备用机组
常用电站机组台数和单机容量	常用电站为保证重要负荷供电，一般设两段母线。因此常用电站最少应设3台机组，用两台备一台，根据油库用电负荷变化较大（输油时泵站工作，不输油时动力负荷很少），为保证机组经济运行，可选用单机容量较小、台数较多的方案。单台机组的容量一般按启动异步电动机容量确定
备用电站机组台数和供电负荷	备用电站一般只设一台机组，其容量按应急供电负荷和启动最大的异步电动机确定

（4）电站的设备布置。

电站的主要设备有：柴油发电机组、控制屏、机组操作台、动力配电屏、冷却水系统、燃油供给系统、启动系统、维护检修设备、进风与排风系统等。装机容量较小的电站上述有的设备可以不设。

①电站的布置方式。电站的布置方式因机组容量大小和台数多少而异。油库备用电站可以采用机房和控制室合一的布置，而大多数的常用电站为改善工作条件，把电站分为机房和控制室两大部分布置。机组和辅助系统布置在机房内，电气控制和运行测量设备布置在控制室内。

②机房布置的要求。机房内的主要设备是柴油发电机组，还有与之配套的启动、供油、进风、排风等辅助系统，这些设备的布置应满足以下要求：

a. 操作维护方便，减少管线的交叉和弯曲，力求布置紧凑，整齐美观。

b. 为安装检修方便，留出足够的机组搬运通道，设置一定的检修场地。机组中心线上方不应安装管道。机组维护通道的2.2m以下空间不应安装管道和其他设备。

c. 电缆沟与水、油管沟应分开设置并避免交叉。

d. 如设置储油箱和储水箱应互相隔开单独布置，特别是储油箱，要符合防火要求。

③机组在机房内的布置形式及尺寸。

a. 单列平行布置。机组的中心线与机房的纵向轴线平行（图14.3），这种布置机房跨度小，管线交叉少，但管线较长。适用于坑道式和掘开式电站。

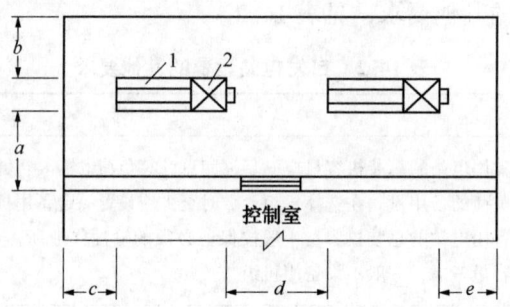

图 14.3　机组在机房内平行布置
1—柴油机；2—发电机

b. 垂直布置。机组中心线与机房的轴线相垂直（图14.4），这种布置操作管理方便，管线短，但机房跨度大。

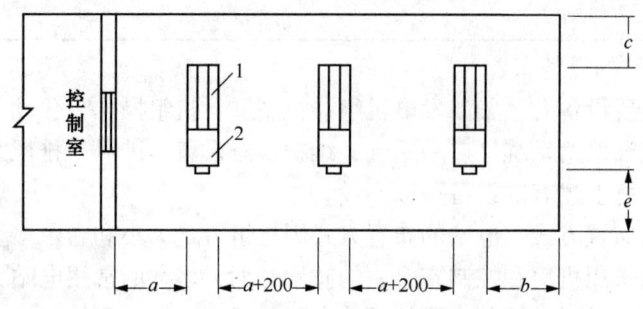

图 14.4　机组在机房内垂直布置
1—柴油机；2—发电机

c. 双列平行布置。机组中心线与机房的轴线平行，双列布置（图14.5）。这种布置机组公用一条搬运通道，布置紧凑，管线短，但机房跨度大。适用于台数较多的电站。

d. 机组布置尺寸。

ⅰ. 进、排风管道，排烟管道架空敷设于机组两侧2.2m以上空间。

ⅱ. 机组搬运通道在平行布置的机房中安排在机组操作面；对于垂直布置的机房考虑在柴油机端；对于双列布置的机房安排在两排机组之间。

14 对"电气"的解读及应用

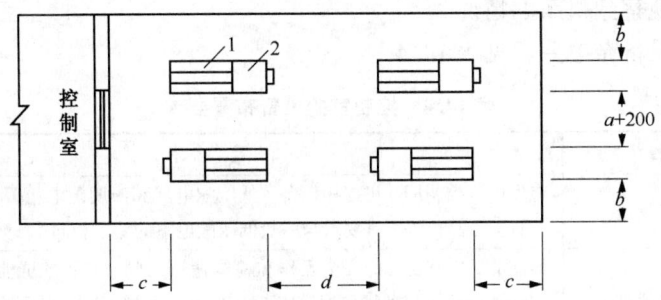

图 14.5 机组在机房内双列平行布置
1—柴油机;2—发电机

ⅲ. 机房高度按机组安装或检修时用预留吊钩用起重设备起吊活塞、连杆、曲轴所需的高度考虑,见图14.6。

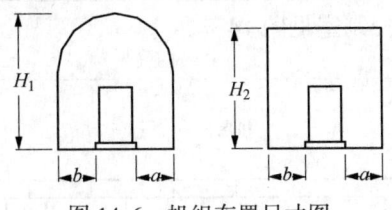

图 14.6 机组布置尺寸图

ⅳ. 电缆和油水管路分别设置在地沟内,地沟净深一般为 0.5~0.8m,并设置支架。

ⅴ. 常用机组布置推荐尺寸见表 14.3。

表 14.3 常用柴油机组布置推荐尺寸表

柴油发电机型号		4105 4120	4135 6135	8V135 12V135	6160 6160A	6250 6250Z
机组容量(kW)		40以下	40~75	120~150	84~120	200~300
机组操作面	a (m)	1.5~1.7	1.7~1.9	1.9~2.1	1.9~2.1	2.0~2.2
机组背面	b (m)	1.3~1.5	1.4~1.7	1.5~1.8	1.6~1.9	1.7~2.0
柴油机端	c (m)	1.5~1.7	1.7~2.0	1.7~2.0	2.2~2.4	2.2~2.4
机组间距	d (m)	1.7~1.9	1.9~2.1	2.1~2.3	2.4~2.6	2.4~2.6
发电机端	e (m)	1.6~1.7	1.7~1.9	1.9~2.2	1.7~2.2	1.9~2.2
机房净高	H (m)	3.5~3.7	3.7~4.0	3.9~4.2	3.9~4.2	4.2~4.5
地沟深	h (m)	0.5~0.6	0.5~0.6	0.6~0.7	0.7~0.8	0.7~0.8

④ 控制室的设备布置。

a. 控制室的布置应使操作人员能够很容易观察控制屏或台上的仪表,并能通过观察窗观察到机组的情况。

控制室设备布置要求见表14.4。

表14.4 控制室的设备布置要求

项 目	要 求
控制室主要设备	有发电机控制屏、机组操作台、低压配电屏和照明配电箱等。还有值班桌、工具、备品柜等。其要求与一般低压配电室的要求相同
屏前屏后的安全操作和检修通道	屏前屏后应有足够的安全操作和检修通道,单列布置的屏前通道应不小于1.5m,双列布置的屏前通道应不小于2m;离墙安装的屏后通道不小于1m
配电装置距屋顶距离	配电装置的最高点距屋顶不小于0.5m
低压配电屏前后通道	低压配电屏应留有备用屏的位置,单列长度大于6m时,屏前至屏后应有两个通道。屏侧距墙不小于0.8m
机组操作台的台前操作通道	不小于1.2m,如设在控制屏前,台后距屏前1.2~1.4m

b. 典型的单列布置控制室见图14.7。

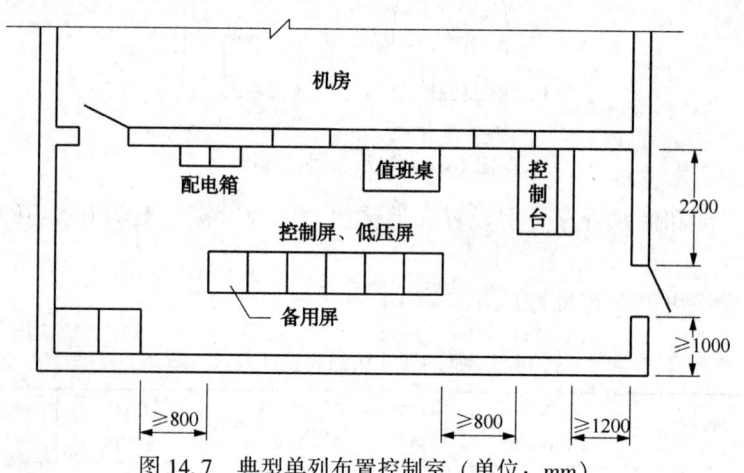

图14.7 典型单列布置控制室(单位:mm)

⑤辅助房间的设计。

电站的辅助房间一般有储油间、调节水箱间、机修间、休息室等,输油泵设在储油间内,储油间内应设防爆灯具及防爆照明开关。

⑥发电机房布置举例。

a. 布置方案一(200kW一台)。

ⅰ. 本方案适用于一台容量为200kW、闭式循环、电起动的分装式应急发电机组,也可采用集装式机组。

土建部分仅供参考。

14 对"电气"的解读及应用

ⅱ. 本方案适用油库主要生产作业负荷的总功率不大于170kW的情况。

ⅲ. 本方案仅采用一台机组,可作为油库用电临时停电的补充,因仅安装一台发电机组,故平时应加强保养维护,使机组始终处于良好的工作状态。

本方案平、立面图见图14.8,编号及名称见表14.5。

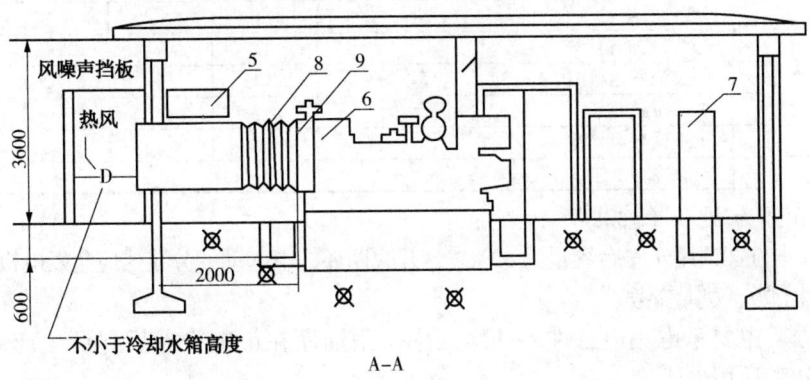

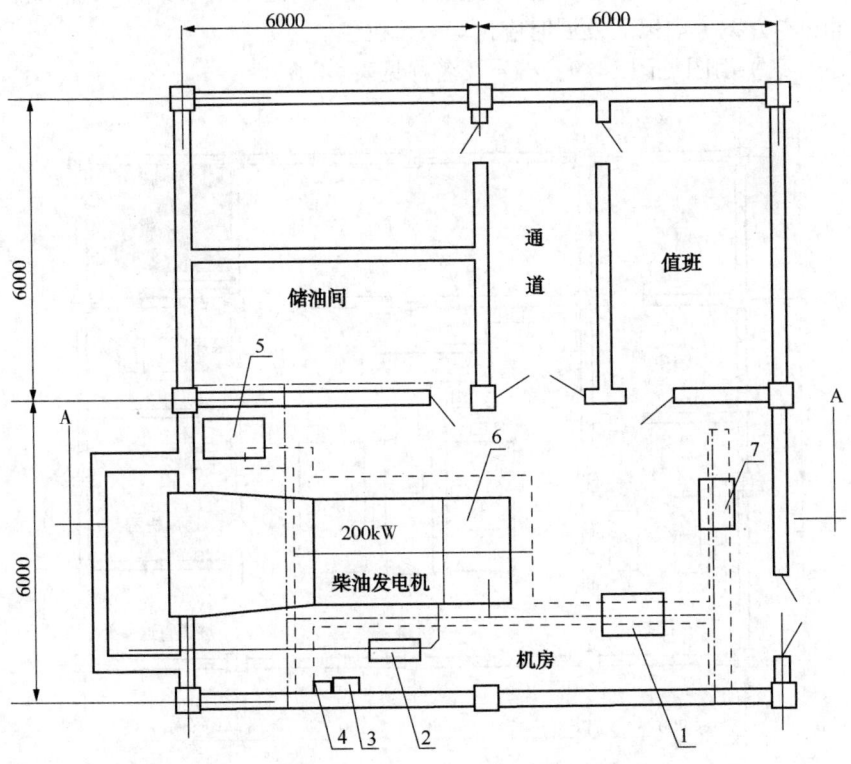

图14.8 发电机房布置方案一平立面图(单位:mm)

表14.5 发电机房布置方案一编号及名称

编号	名称	单位	数量	备注
1	操作台	个	1	
2	消音器	个	1	
3	充电机	个	1	
4	蓄电池	组	1	
5	燃油箱	个	1	
6	柴油发电机组	套	1	200kW
7	控制柜	台	1	
8	挠性导风接管		1	
9	冷却水箱			

b. 布置方案二（320kW一台）。

ⅰ. 本方案适用于一台容量为320kW、开式循环、电起动的分装式应急发电机组。土建部分仅供参考。

本方案主要考虑用电条件差的地区中小型油库在市电中断后保证生产用电，兼顾部分生活用电。

ⅱ. 本方案适用油库主要生产作业负荷的总功率不大于255kW的情况。

ⅲ. 本方案考虑以后发展时应预留一台机位。

本方案平面图见图14.9，编号及名称见表14.6。

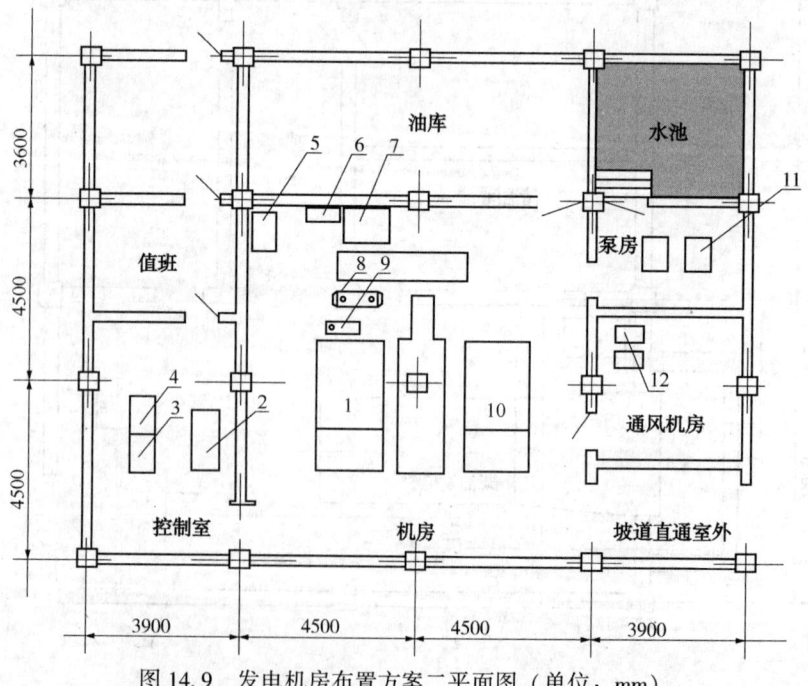

图14.9 发电机房布置方案二平面图（单位：mm）

14 对"电气"的解读及应用

表14.6 发电机房布置方案二编号及名称

编 号	名 称	单 位	数 量	备 注
1	柴油发电机组	套	1	320kW
2	操作台	台	1	
3	机组控制屏	台	1	
4	预留机组控制屏	台	1	
5	充电机	台	1	
6	蓄电池	组	2	
7	燃油箱	台	1	
8	润滑滑箱	组	1	
9	润滑滑冷却器	个	1	
10	预留发电机位	个	1	
11	水泵	个	1	
12	通风机	组	2	

c. 布置方案三（200kW、100kW一台）

ⅰ. 本方案选用两台不同容量、开式循环、电起动的分装式应急发电机组。土建部分仅供参考。

ⅱ. 本方案适用油库主要生产作业负荷的总功率不大于240kW的情况。

ⅲ. 本方案采用容量不同的两台机组进行组合，既可在小负荷时启动小功率发电机组以便经济，又可在需要大功率时启动大机组或大小并机组合，机动灵活。

本方案平面图见图14.10，编号及名称见表14.7。

表14.7 发电机房布置方案三编号及名称

编 号	名 称	单 位	数 量	备 注
1	机组控制屏	台	1	
2	机组控制屏	台	1	
3	并车屏	台	1	
4	操作台	台	1	
5	蓄电池	组	1	
6	充电机	个	1	
7	柴油发电机组	台	1	100kW
8	润滑滑冷却器	个	1	
9	润滑滑箱	个	1	

续表

编 号	名 称	单 位	数 量	备 注
10	燃油箱	个	1	
11	燃油箱	个	1	
12	润滑滑冷却器	个	1	
13	柴油发电机组	台	1	200kW
14	润滑滑箱	个	1	
15	水泵	台	1	

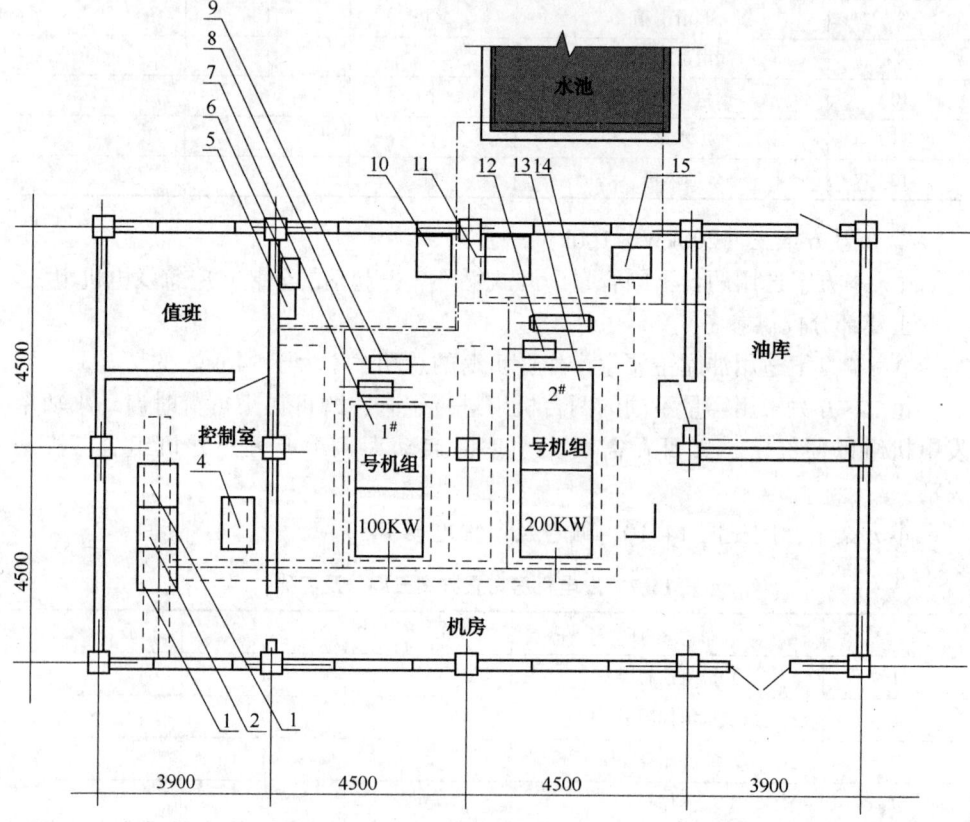

图 14.10 发电机房布置方案三平面图

14.2 对"防雷"的解读

【"防雷"14.2.1~14.2.13 条原文与解读】

14.2.1~14.2.13 条原文与解读见表 14.8。

14 对"电气"的解读及应用

表14.8 "防雷"14.2.1~14.2.13条原文与解读

条号	主题	条款原文	条款解读
14.2.1	必须做防雷接地	钢储罐必须做防雷接地，接地点不应少于两处	在钢储罐的防雷措施中，储罐良好接地很重要，它可以降低雷击点的电位、反击电位和跨步电压。
14.2.2	接地点及接地电阻	钢储罐接地点沿储罐周长的间距，不宜大于30m，接地电阻不宜大于10Ω	规定防雷接地装置的接地电阻不宜大于10Ω，是根据国内各部规程的推荐。 这两条规定与旧规范GB 50074—2002完全相同
14.2.3	储罐防雷设计	储存易燃液体的储罐防雷设计，应符合右列规定 1 装有阻火器的地上卧式储罐的壁厚和地上固定顶钢储罐的顶板厚度大于或等于4mm时，不应装设接闪杆（网）。铝顶储罐和顶板厚度小于4mm的钢储罐，应装设接闪杆（网）。接闪杆（网）应保护整个储罐	装有阻火器的固定顶钢储罐在导电性能上是连续的，当罐顶钢板厚度大于或等于4mm时，对雷电有自身保护能力，不需要装设接闪杆（网）保护。当钢板厚度小于4mm时，为防止直接雷电击穿储罐钢板引起事故，故需要装设接闪杆（网）保护整个储罐。 规范编制组曾于1980年8月和1981年3月，与中国科学院电工研究所合作，进行了石油储罐雷击模拟试验。模拟雷电流的幅值为146.6~220kA（能量为133.4~201.8J），钢板熔化深度为0.076~0.352mm。考虑到实际上的各种不利因素（如材料的不均匀性，使用后的钢板腐蚀等）及富余量。我们认为，厚度大于或等于4mm的钢板，对防雷是足够安全的。 实践经验表明，钢板厚度不小于4mm的钢储罐，装有阻火器，做好接地，完全可以不装设接闪杆（网）保护。 新中国成立前建的钢储罐，都没有装设接闪杆（网）保护。新中国成立后根据苏联专家的意见，有的补加了接闪杆（网），有些石油库的钢储罐至今没有装设接闪杆（网）（如新中国成立建的上海916石油库和广州市第三石油库等）。浙江省所有的商业石油库都没有装设接闪杆（网）。因为储罐钢板厚度都大于4mm，且装有阻火器，接地装置良好，投产使用几十年，从未发生过储罐被雷击坏着火的事故。 由此可见，钢板厚度不小于4mm的钢储罐，装有阻火器，做好接地，完全可以不装设接闪杆（网）保护。 这条规定与"旧规范"GB 50074—2002完全相同

续表

条号	主题	条款原文	条款解读
14.2.3	储罐防雷设计	储存易燃液体的储罐防雷设计，应符右列规定 2 外浮顶储罐或内浮顶储罐不应装设接闪杆（网），但应采用两根导线将浮顶与罐体做电气连接。外浮顶储罐的连接导线应选用截面积不小于 $50mm^2$ 的扁平镀锡软铜复绞线或绝缘阻燃护套软铜复绞线；内浮顶储罐的连接导线应选用直径不小于 5mm 的不锈钢钢丝绳	浮顶储罐由于浮顶上的密封严密，浮顶上面的油气较少，一般都达不到爆炸下限，即使雷击着火，也只发生在密封圈不严处，容易扑灭，故不需装设接闪杆（网）浮顶储罐采用两根横截面不小于 $50mm^2$ 的软铜复绞线将金属浮顶与罐体进行的电气连接，是为了导走浮盘上的感应雷电荷和油品传到金属浮盘上的静电荷。对于内浮顶储罐，浮盘上没有感应雷电荷，只需导走油品传到金属浮盘上的静电荷，因此，内浮顶储罐连接导线用直径不小于 5mm 的不锈钢钢丝绳就可以了；要求用不锈钢钢丝绳，主要是为了防止接触点发生电化学腐蚀，影响接触效果，造成火花隐患
		3 外浮顶储罐应利用浮顶排水管将罐体与浮顶做电气连接，每条排水管的跨接导线应采用一根横截面不小于 $50mm^2$ 扁平镀锡软铜复绞线	外浮顶储罐的浮顶排水管及转动浮梯可利用来做电气连接
		4 外浮顶储罐的转动浮梯两侧，应分别与罐体和浮顶各做两处电气连接	
		5 覆土储罐的呼吸阀、量油孔等法兰连接处，应做电气连接并接地，接地电阻不宜大于10Ω	据"新规范"条文说明，对于覆土储罐，国内外不少资料都表明"凡覆土厚度在0.5m以上者，可以不考虑防雷措施"。特别是德国规范，经过几次修改，还是规定覆土储罐不需要进行任何的专门防雷。这是因为储罐埋在土里或设在覆土的罐室内，受到土壤的屏蔽作用。当雷击储罐顶部的土层时，土层可将雷电流疏散导走，起到保护作用，故可不再装设接闪杆（网）。但其呼吸阀、阻火器、量油孔、采光孔等，一般都没有覆土层，故应做良好的电气连接并接地

14 对"电气"的解读及应用

续表

条号	主题	条款原文	条款解读
14.2.4	储存可燃液体的钢储罐防雷接地	储存可燃液体的钢储罐，不应装设接闪杆（网），但应做防雷接地	储存可燃液体的储罐的气体空间，可燃气体浓度一般均达不到爆炸极限下限，加之可燃液体闪点高，雷电作用的时间很短（一般在几十微秒以内），雷电火花不能点燃可燃液体而造成火灾事故。故储存可燃液体的金属储罐不需装设接闪杆（网）。仅做防雷接地即可
14.2.5	仪表及控制系统要求	装于地上钢储罐上的仪表及控制系统的配线电缆应采用屏蔽电缆，并应穿镀锌钢管保护管，保护管两端应与罐体做电气连接	本条规定是为了使钢管对电缆产生电磁封锁，减少雷电波沿配线电缆传输到控制室，将信息系统装置击坏
14.2.6	信号电缆敷设要求	石油库内的信号电缆宜埋地敷设，并宜采用屏蔽电缆。当采用铠装电缆时，电缆的首末端铠装金属应接地。当电缆采用穿钢管敷设时，钢管在进入建筑物处应接地	本条要求"石油库内的信号电缆宜埋地敷设"，是为了保护电缆在火灾事故中免受损坏。要求"当电缆采用穿钢管敷设时，钢管在进入建筑物处应接地"，是为了尽可能减少雷电波的侵入，避免建筑物内发生雷电火花，发生火灾事故
14.2.7	信号远传仪表电气连接	储罐上安装的信号远传仪表，其金属外壳应与储罐体做电气连接	本条规定是为了信息系统仪表与储罐罐体做等电位连接，防止信息仪表被雷电过电压损坏
14.2.8	电气和信息系统的防雷	电气和信息系统的防雷击电磁脉冲应符合现行国家标准《建筑物防雷设计规范》GB 50057 的相关规定	《建筑物防雷设计规范》GB 50057 的相关规定可供借鉴
14.2.9	泵房（棚）的防雷	易燃液体泵房（棚）的防雷应按第二类防雷建筑物设防	这两条是对易燃液体泵房（棚）的防雷类别的规定
14.2.10		在平均雷暴日大于 40d/a 的地区，可燃液体泵房（棚）的防雷应按第三类防雷建筑物设防	

续表

条号	主题	条款原文	条款解读
14.2.11	鹤管和装卸栈桥防雷要求	装卸易燃液体的鹤管和液体装卸栈桥（站台）的防雷应符合右列规定： 1 露天进行装卸易燃液体作业的，可不装设接闪杆（网） 2 在棚内进行装卸易燃液体作业的，应采用接闪网保护。棚顶的接闪网不能有效保护爆炸危险1区时，应加装接闪杆。当罩棚采用双层金属屋面，且其顶面金属层厚度大于0.5mm、搭接长度大于100mm时，宜利用金属屋面作为接闪器，可不采用接闪网保护 3 进入液体装卸区的易燃液体输送管道在进入点应接地，接地电阻不应大于20Ω	露天进行装卸油作业的，雷雨天不应也不能进行装卸油作业，不进行装卸油作业，爆炸危险区域不存在，所以不装设接闪杆（网）防直击雷 当在棚内进行装卸油作业时，雷雨天可能要进行装卸油作业，这样就存在爆炸危险区，所以要安装接闪杆（网）防直击雷。雷击中棚是有概率的，爆炸危险区域内存在爆炸危险混合物也是有概率的。1区存在的概率相对2区存在的概率要高些，所以接闪杆（网）只保护1区 装卸油作业区属爆炸危险场所，进入装卸油作业区的输油（油气）管道在进入点接地，可将沿管道传输过来的雷电流泄入地中，减少作业区雷电流的侵入，防止反击雷电火花
14.2.12	工艺管道防雷措施	在爆炸危险区域内的工艺管道，应采取右列防雷措施： 1 工艺管道的金属法兰连接处应跨接。当不少于5根螺栓连接时，在非腐蚀环境下可不跨接 2 平行敷设于地上或非充沙管沟内的金属管道，其净距小于100mm时，应用金属线跨接，跨接点的间距不应大于30m。管道交叉点净距小于100mm时，其交叉点应用金属线跨接	根据有关规范规定，法兰盘做跨接主要是防止在法兰连接处发生雷击火花 本款规定，是防止在管道之间产生雷电反击火花，将其跨接后，使管道之间形成等电位，反击火花就不会产生了
14.2.13	接地电阻	接闪杆（网、带）的接地电阻，不宜大于10Ω	本条是接地电阻要求值

14.3 对"防静电"的解读

【"防静电"14.3.1~14.3.18条的原文与解读】

14.3.1~14.3.18条原文与解读见表14.9。

表14.9 "防静电"14.3.1~14.3.18条原文与解读

条号	主题	条款原文		条款解读
14.3.1	钢储罐防静电	储存甲、乙、丙A类液体的钢储罐，应采取防静电措施		输送甲、乙、丙A类易燃和可燃液体时，由于液体与管道及过滤器的摩擦会产生大量静电荷，若不通过接地装置把电荷导走就会聚集在储罐上，形成很高的电位，当此电位达到某一间隙放电电位时，可能发生放电火花，引起爆炸着火事故。因此提出本条规定
14.3.2	防雷兼作防静电	钢储罐的防雷接地装置可兼作防静电接地装置		防雷接地通常均比防静电接地要求高，它们也可共用一个接地体，故防雷接地装置当然可兼作防静电接地装置
14.3.3	外浮顶储罐防静电	外浮顶储罐应按右列规定采取防静电措施	1 外浮顶储罐的自动通气阀、呼吸阀、阻火器和浮顶量油口应与浮顶做电气连接	本条前4款是针对外浮顶储罐顶部附件、部件的电气连接要求、具体做法及连接导线的横截面和线型。只有这样连接，才会使这些附件、部件与浮顶及罐体等电位，不发生电位集聚而放电，造成事故
			2 外浮顶储罐采用钢滑板式机械密封时，钢滑板与浮顶之间应做电气连接，沿圆周的间距不宜大于3m	
			3 二次密封采用I型橡胶刮板时，每个导电片均应与浮顶做电气连接	
			4 电气连接的导线应选用横截面不小于$10mm^2$镀锡软铜复绞线	
			5 外浮顶储罐浮顶上取样口的两侧1.5m之外应各设一组消除人体静电装置，并应与罐体做电气连接。该消除人体静电装置可兼作人工检尺时取样绳索、检测尺等工具的电气连接体	人员上罐顶作业，会因走路与罐顶摩擦而产生静电；量油、取样时也会因测量尺、取样器与空气及油品摩擦而产生静电，静电集聚到一定值即会放电引燃油气着火爆炸，所以要设消除人体静电装置

续表

条号	主题	条款原文	条款解读
14.3.4	铁路装卸区防静电	铁路罐车装卸栈桥的首、末端及中间处，应与钢轨、工艺管道、鹤管等相互做电气连接并接地	为使鹤管和储罐车形成等电位，避免鹤管与储罐车之间产生电火花，故铁路装卸设施的钢轨、管道、鹤管和金属栈桥等应互相做电气连接并接地
14.3.5	电气化铁路的要求	石油库专用铁路线与电气化铁路接轨时，电气化铁路高压电接触网不宜进入石油库装卸区	石油库专用铁路线与电气化铁路接轨时，铁路高压接触网电压高（27.5kV），会对石油库的装卸油作业产生危险影响，在设计时应首先考虑电气化铁路的高压接触网不进入石油库装卸油作业区。当确有困难必须进入时，应采取相应的安全措施
14.3.6	电气化铁路	当石油库专用铁路线与电气化铁路接轨，铁路高压接触网不进入石油库专用铁路线时，应符合右列规定： 1 在石油库专用铁路线上，应设置2组绝缘轨缝。第一组应设在专用铁路线起始点15m以内，第二组应设在进入装卸区前。2组绝缘轨缝的距离，应大于取送车列的总长度 2 在每组绝缘轨缝的电气化铁路侧，应设一组向电气化铁路所在方向延伸的接地装置，接地电阻不应大于10Ω 3 铁路罐车装卸设施的钢轨、工艺管道、鹤管、钢栈桥等应做等电位跨接并接地，两组跨接点间距不应大于20m，每组接地电阻不应大于10Ω	石油库专用铁路线与电气化铁路接轨，铁路高压接触网不进入石油库专用铁路线时，铁路信号及铁路高压接触网仍会对石油库产生一定危险影响。本条的3款规定，是为了消除这种危险影响。 （1）在石油库专用铁路线上，设置两组绝缘轨缝，是为了防止铁路信号及铁路高压接触网的回流电流进入石油库装卸作业区。要求两组绝缘轨缝的距离要大于取送列车的总长度，是为了防止在装卸油作业时，列车短接绝缘轨缝，使绝缘轨缝失去隔离作用。 （2）在每组绝缘轨缝的电气化铁路侧，装设一组向电气化铁路所在方向延伸的接地装置，是为了将铁路高压接触网的回流电流引回电气化铁路，减少或消除回流电流进入石油库装卸油作业区，确保石油库装卸油作业的安全。 （3）跨接是使钢轨、输油管道、鹤管、钢栈桥等形成等电位，防止相互之间存在电位差而产生火花放电，危及石油库装卸油的安全

14 对"电气"的解读及应用

续表

条号	主题		条款原文	条款解读
14.3.7	电气化铁路	当石油库专用铁路与电气化铁路接轨,且铁路高压接触网进入石油库专用铁路线时,应符合右列规定:	1 进入石油库的专用电气化铁路线高压电接触网应设2组隔离开关。第一组应设在与专用铁路线起始点15m以内,第二组应设在专用铁路线进入铁路罐车装卸线前,且与第一个鹤管的距离不应小于30m。隔离开关的入库端应装设避雷器保护。专用线的高压接触网终端距第一个装卸油鹤管,不应小于15m	据"新规定"条文说明,石油库专用铁路线与电气化铁路接轨,铁路高压接触网进入石油库专用铁路线时,铁路信号及铁路高压接触网会威胁石油库的安全。本规范不赞成这样设置,当不得不这样做时,一定要采取本条5款规定的防范措施。 (1) 设2组隔离开关的主要作用,是保证装卸油作业时,石油库内高压接触网不带电。距作业区近的一组开关除调车作业外,均处于常开状态,避雷器是保护开关用的。距作业区远的一组(与铁路起始点15m以内),除装卸油作业外,一般处于常闭状态。 (2) 石油库专用铁路线上,设2组绝缘轨缝与回流开关,是为了保证在调车作业时,高压接触网电流畅通;在装卸油作业时,装卸作业区不受高压接触网影响。使铁路信号电、感应电通过绝缘轨缝隔离,不致于侵入装卸油作业区,确保装卸作业安全。 (3) 绝缘轨缝的铁路侧安装向电气化铁路所在方向延伸的接地装置,主要是为了将铁路信号及高压接触网的回流电流引回铁路专用线,确保装卸油作业区安全。 (4) 在第二组隔离开关断开的情况下,石油库内的高压接触网上,由于铁路高压接触网的电磁感应关系,仍会带上较高的电压。设置供搭接的接地装置,可消除接触网的感应电压,确保人身安全。 (5) 本款规定的目的是防止因电位差而发生雷电或杂散电流闪击火花
			2 在石油库专用铁路线上,应设置2组绝缘轨缝及相应的回流开关装置。第一组应设在专用铁路线起始点15m以内,第二组应设在进入铁路罐车装卸线前	
			3 在每组绝缘轨缝的电气化铁路侧,应设一组向电气化铁路所在方向延伸的接地装置,接地电阻不应大于10Ω	
			4 专用电气化铁路线第二组隔离开关后的高压接触网,应设置供搭接的接地装置	
			5 铁路罐车装卸设施的钢轨、工艺管道、鹤管、钢栈桥等应做等电位跨接并接地,两组跨接点的间距不应大于20m,每组接地电阻不应大于10Ω	

续表

条号	主题	条款原文	条款解读
14.3.8	汽车罐车或灌桶防静电	甲、乙、丙A类液体的汽车罐车或灌桶设施,应设置与罐车或桶跨接的防静电接地装置	本条规定,是为了导走汽车储罐车和油桶上的静电,确保作业安全
14.3.9	装卸码头防静电	易燃和可燃液体装卸码头,应设为油船跨接的防静电接地装置。此接地装置应与码头上的液体装卸设备的静电接地装置合用	为消除油船在装卸油品过程中产生的静电积聚,需在油品装卸码头上设置跨接油船的防静电接地装置。此接地装置与码头上的油品装卸设备的静电接地装置合用,可避免装卸设备连接时产生火花
14.3.10	工艺管道接地装置	地上或非充沙管沟敷设的工艺管道的始端、末端、分支处以及直线段每隔200~300m处,应设置防静电和防雷击电磁脉冲的接地装置	地上或管沟(指非充沙管沟)敷设的工艺管道,由于其不与土壤直接接触,管道输送产生的静电荷或雷击产生的感应电压不易被导走,容易在管道的始端、末端、分支处积聚电荷和升高电压,而且随管道的长度增加而增加。因此在这些部位要设置接地装置
14.3.11	接地装置合用及接地电阻值	地上或非充沙管沟敷设的工艺管道的防静电接地装置可与防雷击电磁脉冲接地装置合用,接地电阻不宜大于30Ω,接地点宜设在固定管墩(架)处	当输油管道的静电接地装置与防感应雷接地装置合用时,接地电阻不宜大于30Ω是按防感应雷的接地装置设置的。接地点设在固定管墩(架)处,是为了防止机械或外力对接地装置的损害
14.3.12	防静电接地仪器	用于易燃和可燃液体装卸场所跨接的防静电接地装置,宜采用能检测接地状况的防静电接地仪器	易燃和可燃液体装卸设施设静电接地装置,是防止静电事故很重要的措施,因此要求专为油品装卸设施跨接的防静电接地仪,具有能辨别接地线和接地装置是否完好、接地装置接地电阻值是否符合规范要求、装卸时跨接线是否已连通和牢固等功能。将其纳入控制系统,还可以实现智能控制装卸泵或电动阀门的电源。因此,采用防静电接地仪可有效地防止静电事故
14.3.13	移动式的接地连接线	移动式的接地连接线,宜采用带绝缘护套的软导线,通过防爆开关,将接地装置与液体装卸设施相连	移动式的接地连接线,在与油品装卸设施相连的瞬间,若油品装卸设施上集聚有静电荷,就会发生静电火花。若通过防爆开关连接,火花在防爆开关内形成,就可以避免或消除因此而产生的静电事故

14 对"电气"的解读及应用

续表

条号	主题	条款原文	条款解读
14.3.14	消除人体静电装置	下列甲、乙、丙A类液体作业场所应设消除人体静电装置： 1 泵房的门外； 2 储罐的上罐扶梯入口处； 3 装卸作业区内操作平台的扶梯入口处； 4 码头上下船的出入口处	由于人们穿着人造织物衣服极为普遍，人造织物极易产生静电，往往积聚在人体上。为防静电可能产生的火花，需对进入易燃液体泵房、储罐顶上、作业区的操作平台，以及爆炸危险区域等处的扶梯上或入口处设置消除人体静电的装置。此消除静电装置是指用金属管做成的扶手，在进入这些场所之前人体应抚摸此扶手以消除人体静电，避免进入爆炸危险环境发生放电，导致爆炸事故
14.3.15	缓和时间	当输送甲、乙类液体的管道上装有精密过滤器时，液体自过滤器出口流至装料容器入口应有30s的缓和时间	甲、乙类油品经过输送管道上的精密过滤器时，由于油品与精密过滤器的摩擦会产生大量静电积聚，有可能出现危险的高电位，据规范组试验证明，油品经精密过滤器时产生的静电高电位需有30s时间才能消除，故制定本条规定
14.3.16	接地电阻值	防静电接地装置的接地电阻，不宜大于100Ω	据"新规定"条文说明，对防静电接地装置的接地电阻值的规定是参照现行国家标准《液体石油产品静电安全规程》GB 13348—2009 中第 3.1.2 条中规定"专用的静电接地体的接地电阻不宜大于100Ω，在山区等土壤电阻率较高的地区，其接地电阻值不应大于1000Ω"，国外也有些标准要求不大于1000Ω。本规范为尽量保证安全，只规定了"不宜大于100Ω"
14.3.17	共用接地装置	石油库内防雷接地、防静电接地、电气设备的工作接地、保护接地及信息系统的接地等，宜共用接地装置，其接地电阻应按其中要求最小的接地电阻值确定。当石油库设有阴极保护时，共用接地装置的接地材料不应使用腐蚀电位比钢材正的材料	近些年来，国标类似标准、规范、规定，均允许将这些接地装置合用，只要接地电阻值达到其最小的接地电阻值，即会安全。这样做大大节约了材料，减低了投资。 腐蚀电位比钢材正的其他材料主要指铜、铜包钢等
14.3.18	接地装置的位置	防雷防静电接地电阻检测断接接头、消除人体静电装置，以及汽车罐车装卸地的固定接地装置，不得设在爆炸危险1区	要求这些装置不设在爆炸危险1区，是为了检测接地电阻时人员安全

【对"14.2防雷、14.3防静电"的综合解读】

石油库供配电设计并不复杂,但其中防雷、防静电设计却非常重要,因为它涉及石油库的安全。对石油库防雷、防静电接地的选材、做法及接地电阻值要求等非常严格,其含义应准确理解,因此对本节的解读,多数引用了"新规范"的条文说明。

14.4 对"防雷、防静电"的应用

14.4.1 "防雷、防静电"设计还需遵循或参考的规范、标准

"防雷、防静电"设计,除应执行本"新规范"外还需遵循或参考的规范、标准如下:

(1)《建筑物防雷设计规范》GB 50057;
(2)《建筑物防雷工程施工与质量验收规范》;
(3)《石油与石油设施雷电安全规范》GB 15599;
(4)《石油化工装置防雷设计规范》GB 50650;
(5)《液体石油产品静电安全规程》(2009)
(6)《石油化工静电接地设计规范》SH 3097;
(7)《石油工业防静电推荐做法》SY/T 6340;
(8)《液体石油产品静电安全规程》GB 13348;
(9)《电气装置安装工程接地装置施工及验收规范》GB 50169;
(10)《石油化工仪表接地设计规范》SH/T 3081。

14.4.2 防静电接地

(1)防静电接地范围。

除已进行防雷电措施的设施、设备无需再静电接地外,还应考虑防静电接地的设施、设备有:金属、非金属地面油罐及洞式、覆土式油罐;输油管线;油泵房、灌桶间、洗修桶间等工艺设备;金属通风管线;铁路装卸油设备设施;码头装卸油设备设施;汽车加油场、加油站工艺设备及加油枪等。

(2)油库防静电接地要求及具体做法。

油库设备、设施防静电接地在本"新规范"及其他防止静电危害安全规程中都有具体要求,现摘编见表14.10。

油库主要设备设施防静电接地要求及具体做法,见表14.10。

14 对"电气"的解读及应用

表 14.10　油库主要设备设施防静电接地要求及具体做法

项　目	防静电接地要求及具体作法
洞库防静电接地系统做法	储油洞库内的油罐、油管、油气呼吸管、金属通风管（非金属通风管的金属件）、管件等都应用导静电引线（$\phi 8mm$ 或 $\phi 10mm$ 钢筋）连接。在主通道内设导静电干线（一般用 40mm×4mm 扁钢），引线和干线连接形成导静电系统。干线引至洞外找适当位置设接地体。如有两个以上洞口，最好向两口引出接地干线，每口设一组接地体。 洞库防静电系统图，见图 14.11
地面油罐防静电接地做法	地面金属油罐外壁应设防静电接地点，其接地点应不少于两处，对称设置，且间距不大于 30m，并连接成环形闭合回路。油罐测量孔应设接地端子，以便采样器、测温盒导电绳、检尺工具接地。油罐内壁需涂漆时，应涂比所装介质电导率大的漆，其电阻率应在 $10^{14}\Omega \cdot cm$ 以下。 地面立式油罐防静电接地装置示意图，见图 14.12。 覆土立式油罐防静电接地装置示意图，见图 14.13。 地面卧式油罐防静电接地装置示意图，见图 14.14
输油管路防静电接地做法	地上、管沟中的输油管路其两端、分岔、变径、阀门等处以及较长管道每隔 200m 左右（本"新规范"中要求 200~300m）都应接地一次。防静电接地可与防感应雷接地合用，接地电阻不宜大于 30Ω。 输油胶管的外壁应有金属绕线。 所有管件、阀门的法兰处都应设导静电跨接。当法兰连接螺栓多于 5 个时，在非腐蚀环境下可不跨接。 平行敷设的管线之间在管道支架（固定座）处应做跨接。 平行敷设的地上管线之间间距小于 100mm 时，每隔 30m 应用 40mm×4mm 扁钢互相跨接。 输油管线已装阴极防护的区段，不应再做静电接地。 输油管线防静电接地示意，见图 14.15 和图 14.16
铁路装卸油场防静电接地做法	铁路装卸油场的设施设备，如钢轨、钢制装卸油栈桥、集油管、鹤管、油槽车等都应做防静电连接并设接地体。每座装卸油栈桥的两端及中间处各设一组连接线及接地体。 两组跨接点的间距不应大于 20m，每组接地电阻不应大于 10Ω。 铁路装卸油作业区防静电连接及接地示意图见图 14.17
码头装卸油设施设备防静电接地做法	码头区内的所有输油管线、设备和建（构）筑物的金属体，均应连成电气通路并进行接地。码头的装卸船位应设置接地干线和接地体，接地体应至少有一组设置在陆地上。在码头（趸船）的合适位置，设置若干个接地端子板，以便与油（驳）船接地连接。码头引桥、趸船等之间应有两处相互连接并进行接地。连接线可选用 $35mm^2$ 多股铜芯电线。见图 14.18
自动化计量设备的接地	液位计仪表及部件须与油罐体作可靠的电气连接。 自动电子计量灌装设备的防静电联锁装置必须可靠、完好

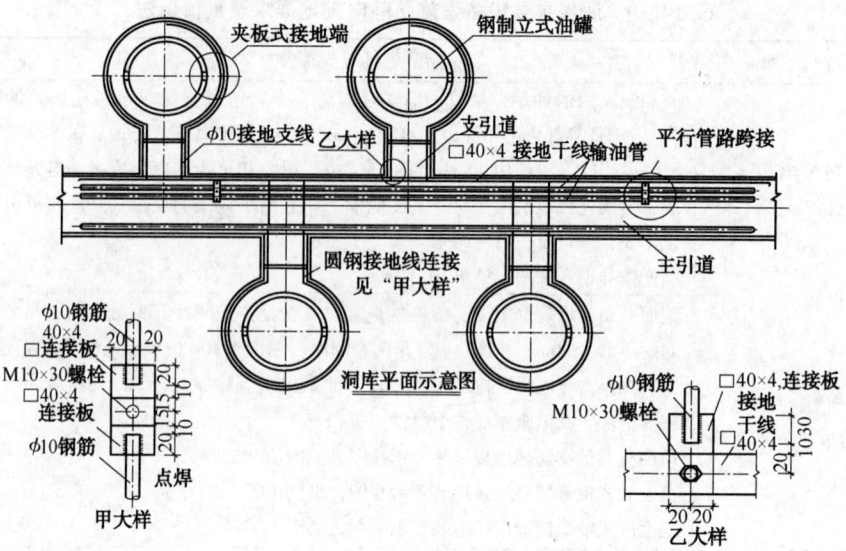

图 14.11 洞式油罐、油管防静电系统（单位：mm）

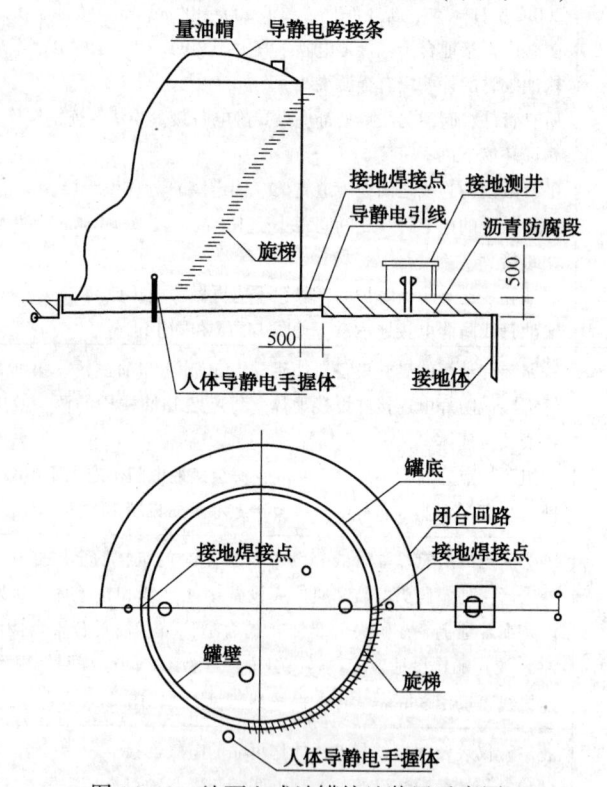

图 14.12 地面立式油罐接地装置示意图

14 对"电气"的解读及应用

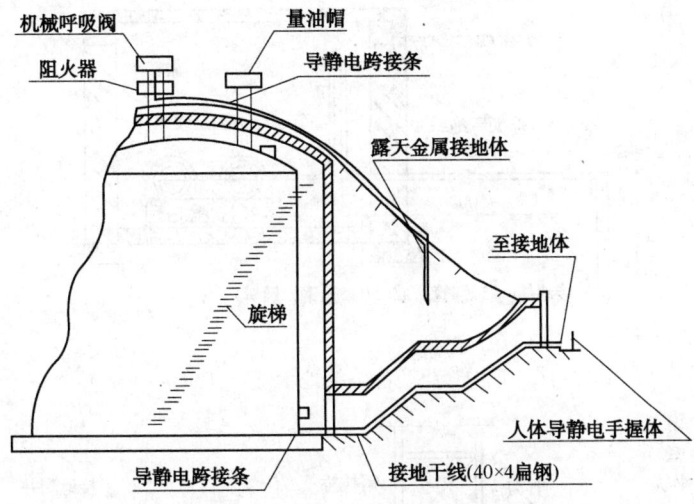

图 14.13 覆土立式油罐接地装置示意图(单位:mm)

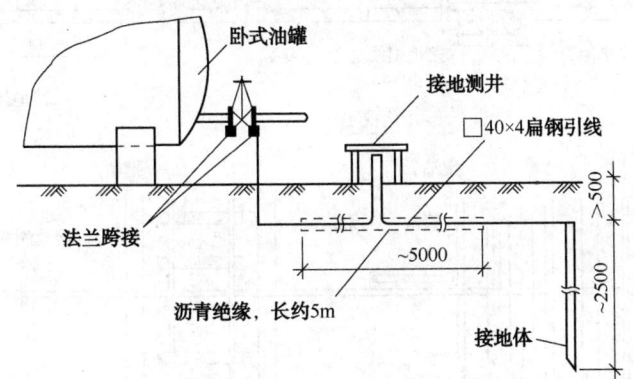

图 14.14 卧式地面油罐接地装置示意图(单位:mm)

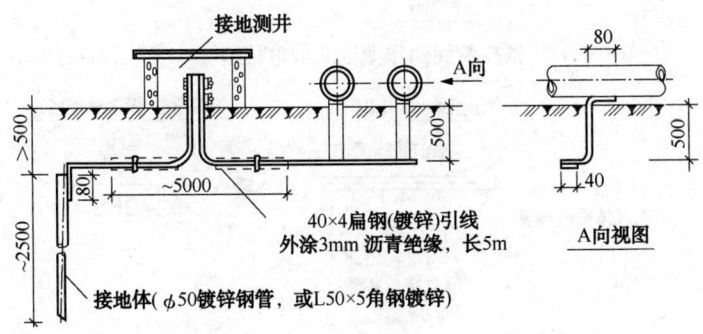

图 14.15 地上管路防静电接地示意图

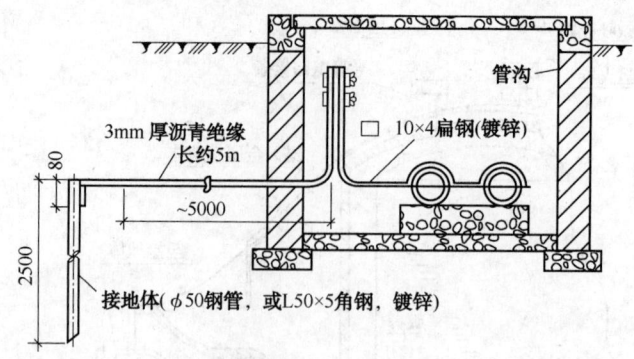

图 14.16 管沟管路防静电接地示意图（单位：mm）

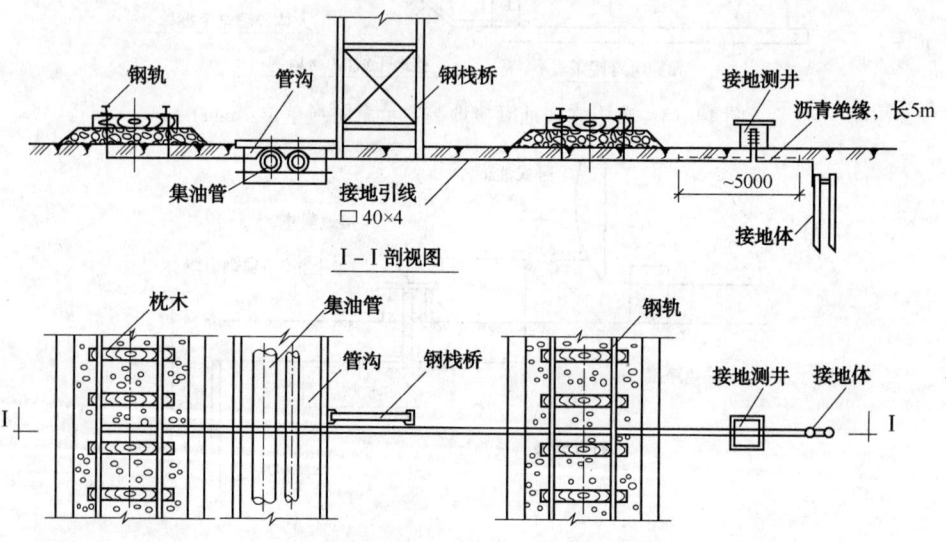

图 14.17 铁路装卸油作业区防静电接地（单位：mm）

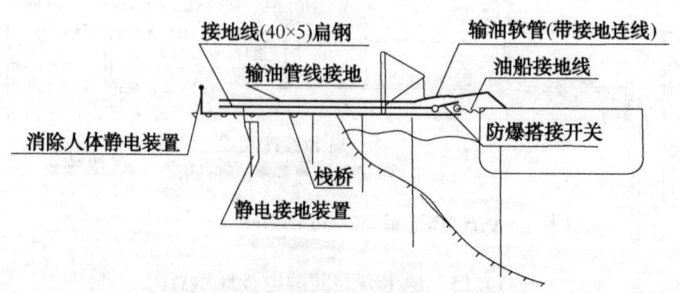

图 14.18 码头装卸油作业区防静电接地（单位：mm）

（3）电气化铁路专用线的防静电做法。

《石油库设计规范》GB 50074 和"油库设计其他相关规范"对油库电气化铁路专用线的规定摘编见表 14.11。

表 14.11 油库专用铁路线与电气化铁路接轨时防静电要求

项　目		要　求
总原则及要求		（1）电气化铁路高压电接触网不宜进入油库装卸区。 （2）铁路油品装卸设施的钢轨、输油管道、鹤管、钢栈桥等应做等电位跨接并接地，相邻两组跨接点的间距不应大于 20m，每组接地电阻不应大于 10Ω。 （3）在可能产生静电危害的爆炸危险场所入口处，应设置导静电手握体。手握体并应用引线与接地体相连
两种情况的不同要求	当铁路高压接触网不进入油库专用铁路线时	（1）在油库专用铁路线上，应设置两组绝缘轨缝。第一组设在专用铁路线起始点 15m 以内，第二组设在进入装卸区前。两组绝缘轨缝的距离，应大于取送车列的总长度； （2）在每组绝缘轨缝的电气化铁路侧，应设 1 组向电气化铁路所在方向延伸的接地装置，接地电阻不应大于 10Ω
	当铁路高压电接触网进入油库专用铁路线时	（1）进入油库的专用电气化铁路线高压电接触网应设两组隔离开关。第一组隔离开关应设在与专用铁路线起始点 15m 以内，第二组隔离开关应设在专用铁路线进入装卸油作业区前，且与第一个鹤管的距离不应小于 30m。隔离开关的入库端应装设避雷器保护。专用线的高压接触网终端距第一个装卸油鹤管，不应小于 15m； （2）在油库专用铁路线上，应设置两组绝缘轨缝及相应的回流开关装置。第一组绝缘轨缝设在专用铁路线起始点 15m 以内，第二组绝缘轨缝设在进入装卸区前； （3）在每组绝缘轨缝的电气化铁路侧，应设 1 组向电气化铁路所在方向延伸的接地装置，接地电阻不应大于 10Ω； （4）专用电气化铁路线第二组隔离开关后的高压接触网，应设置供搭接的接地装置

（4）接地测井或测量箱的设置。

①接地测井的位置应离开易燃易爆部位，且选在不受外力伤害，便于检查、维护和测量的地方。

②防雷接地测井中的接地干线与接地体之间不设断接螺栓，直接测量接地电阻值。

③防静电接地测井中的接地干线与接地体之间应设断接螺栓，测量接地体的电阻时应断开接地干线。为保证测量数据的精度，对距测点 5m 的接地干线应涂

以 3~5mm 厚的沥青绝缘。

④接地测量井图，见图 14.19。

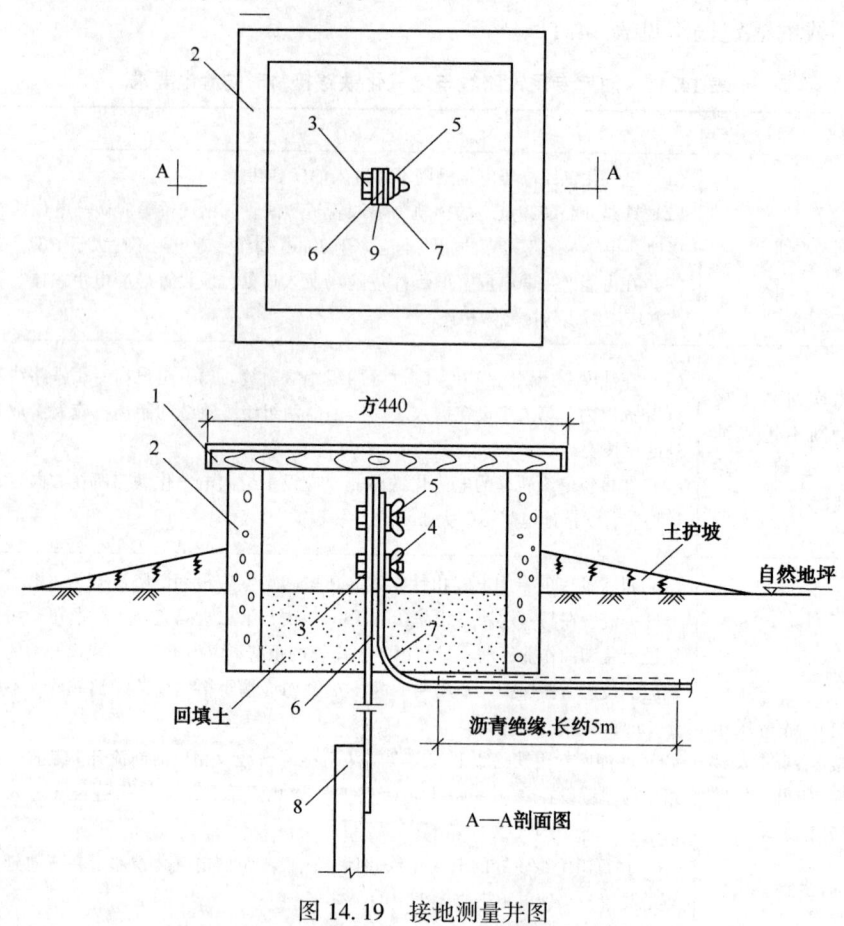

图 14.19　接地测量井图

1—盖板；2—井壁；3—螺栓；4—蝶形螺母；5—弹簧垫片；
6,7,8—接地扁钢；7—接地引线；8—接地体；9—分割条

14.4.3　接地装置的材料及安装要求

（1）油库防雷接地装置。

防雷接地装置由接闪器、引下线和接地体 3 部分组成，其具体要求见表 14.12。

（2）接地装置安装的其他要求。

①一般接地体与建筑物距离不宜小于 1.5m，独立避雷针及其接地装置与道路或建筑物的出入口等的距离应大于 3m。

14 对"电气"的解读及应用

表 14.12　常用防雷装置规格及技术要求

	材料规格	技术要求
接闪器	主要指避雷针，宜采用钢管或圆钢制成，其直径不应小于下列数值： 针长1m以下：圆钢为φ12mm；钢管为φ20mm。 针长1~2m：圆钢为φ16mm；钢管为φ25mm	不应采用装有放射性物质的接闪器。 用钢管时应将尖端打扁并焊接封口。 几段管段连接时，应有250mm以上的搭接长度，并焊接。接闪器应镀锌
引下线	宜采用圆钢或扁钢，优先采用圆钢。其尺寸不应小于下列数值： 圆钢直径为φ8mm；扁钢截面为48mm²，扁钢厚度为4mm	当引下线为多根时，为了便于测量接地电阻及检查引下线、接地线的连接情况，宜在各引下线于距地面0.8m以下处设置断接卡；引下线在易受机械损坏的地方，地下0.3m至地上约1.7m段应加保护设施；引下线应镀锌
接地体	垂直埋设的接地体，宜采用角钢、钢管、圆钢等，水平埋设的接地体宜用扁钢、圆钢等。 人工接地体的尺寸不应小于下列数值： 钢管直径为φ32~60mm，长2~3m； 角钢为40×40×5~50×50×5mm，长2~3m	在腐蚀性较强的土壤中，应采取热镀锌等防腐措施或加大截面。 垂直接地体长度宜为2.5m。为了减少相邻接地体的屏蔽效应，垂直接地体间的距离及水平接地体间的距离宜5m。 接地体距保护物的水平距离不小于3m。 接地体埋深不小于0.5~0.8m

②接地体必须采用焊接连接。如采用塔接焊，其搭接长度必须是扁钢宽度的2倍或圆钢直径的6倍。焊接部位应补刷防腐漆，接地体引出线埋地部分应作防腐处理。

③接地体回填土内不应夹有大石块、建筑材料或垃圾等，在土壤电阻率较高地区可掺合化学降阻剂，以降低接地电阻。

④接地体在地面上必须设立标桩，标桩刷白底漆，标以黑色字样，以区别接地体的类别及编号。

（3）接地干线和接地体材料。

接地干线和接地体材料见表14.13。

表 14.13　接地干线和接地体材料规格选用

材料	地上（mm）		地下（mm）
	室内	室外	
扁钢	25×4	40×4	40×4
圆钢	φ8	φ10	φ16

续表

材料	地上（mm）		地下（mm）
	室内	室外	
角钢			∠50×50×5
钢管			DN50

（4）不同类型接地引线的最小截面积。

油库设备的保护接地，在不同位置可用不同类型的接地引线，其最小截面积，见表14.14。

表14.14　不同类型接地线的最小截面积　　　　单位：mm^2

接地线	最小截面积		
	铜	铝	钢
明敷裸线	4	6	12
绝缘导线	1.5	2.5	—
电缆的接地芯线或与相线在同一外壳内的多芯导线的接地芯线	1.0	1.5	—

（5）接地电阻值要求。

接地电阻值要求见表14.15。

表14.15　接地电阻值要求

接地电阻类型	接地体的接地电阻值（Ω）
仅作静电接地的接地装置	≤100
防静电与防感应雷接地装置共同设置	≤30
防雷保护接地	≤10
设备保护接地	≤4

15 对"自动控制和电信"的解读

15.1 对"自动控制系统及仪表"的解读

【"自动控制系统及仪表"15.1.1~15.1.13条原文与解读】

15.1.1~15.1.13条原文及解读见表15.1。

表15.1 "自动控制系统及仪表"15.1.1~15.1.13条的原文与解读

条号	主题	条款原文		条款解读
15.1.1	液位测量远传仪表	容量大于100m³的储罐应设液位测量远传仪表,并应符合右列规定	1 液位连续测量信号应采用模拟信号或通信方式接入自动控制系统	据"新规范"条文说明,相对于旧规范2002版,本次修订提高了石油库的自动化监控水平。这是与我国现阶段经济实力、技术水平、安全和环保需求相适应的。液位是储罐需要监控的最重要参数,故本条要求"储罐应设液位测量远传仪表"。对第1款和第4款说明如下:
			2 应在自动控制系统中设高、低液位报警	(1) 第1款。为防止储罐溢油引起火灾、爆炸,在储罐上最好设液位计和高液位报警器。只要有信号远传仪表,就可以很方便地设置报警。储罐都有测量远传仪表,这样就充分利用了仪表资源。
			3 储罐高液位报警的设定高度应符合现行行业标准《石油化工储运系统罐区设计规范》SH/T 3007的有关规定	(2) 第4款。本款规定,是为了提醒操作人员,使用过程中应避免泵发生汽蚀和浮顶落底。外浮顶罐和内浮顶罐的浮顶一般情况下漂浮在液面上,直接与液面接触,可以有效抑制油气挥发,且除密封圈处外没有气相空间,极大地消除了爆炸环境。浮顶一旦落底,就会在液面与浮顶之间出现气相空间,对于易燃液体来说,有气相空间就会有爆炸性气体,就大大增加了火灾危险性。2010年发生的北方某大型油库火灾事故中,有多个$10×10^4 m^3$储罐在10余米的近距离受到火焰的烘烤,但只有103号被引燃并最终被烧毁,主要原因是该罐当时浮顶已落地,罐内有少量存油,在火焰的烘烤下,存在于气相空间的油气很容易就被引爆起火了。
			4 储罐低液位报警的设定高度应满足泵不发生汽蚀的要求,外浮顶储罐和内浮顶储罐的低液位报警设定高度(距罐底板)宜高于浮顶落底高度0.2m及以上	

续表

条号	主题	条款原文	条款解读
15.1.2	高液位报警及联锁	下列储罐应设高液位报警及联锁，高液位报警应能同时联锁关闭储罐进口管道控制阀： 1 年周转次数大于6次，且容量大于或等于10000m³的甲B、乙类液体储罐； 2 年周转次数小于或等于6次，且容量大于20000m³的甲B、乙类液体储罐； 3 储存Ⅰ、Ⅱ级毒性液体的储罐	周转次数大的储罐，储罐达到高液位的几率就大，发生溢油的几率就大；单罐容量大的储罐、毒性液体的储罐，发生事故损失大。所以提出对这些储罐应设高液位报警及联锁，可及时关进口阀防止储罐进油时溢油
15.1.3	低液位报警	容量大于或等于50000m³的外浮顶储罐和内浮顶储罐应设低液位报警。低液位报警设定高度（距罐底板）不应低于浮顶落底高度，低液位报警应能同时联锁停泵	低液位报警开关的设置是为了避免浮顶支腿降落到罐底。由于大型储罐一旦发生事故危害性也大，所以对等于和大于50000m³的储罐提出这条要求
15.1.4	液位连续测量仪表或液位开关	用于储罐高、低液位报警信号的液位测量仪表应采用单独的液位连续测量仪表或液位开关，并应在自动控制系统中设置报警及联锁	"单独的液位连续测量仪表或液位开关"是指，除了"应设液位测量远传仪表"外，还需设置一套专门用于储罐高、低液位报警及联锁的液位测量仪表
15.1.5	温度测量仪表	需要控制和监测储存温度的储罐应设温度测量仪表，并应将温度测量信号远传到控制室	温度也是储罐的重要参数，需要对储罐储油温度实时监测
15.1.6	自动控制方式	容量大于或等于50000m³的外浮顶储罐，其泡沫灭火系统应采用由人工确认的自动控制方式	容量大，事故时损失也大，所以应要求高
15.1.7	现场操作外，尚应能在控制室进行控制和显示状态	一级石油库的重要工艺机泵、消防泵、储罐搅拌器等电动设备和控制阀门除应能在现场操作外，尚应能在控制室进行控制和显示状态。二级石油库的重要工艺机泵、消防泵、储罐搅拌器等电动设备和控制阀门除应能在现场操作外，尚宜能在控制室进行控制和显示状态	一、二级石油库，总容量大，事故时损失大，这样规定可以实时监测电动设备状态，及时处理异常情况，减少损失 此条一、二级石油库要求程度有差异。一级库为"尚应"，二级库为"尚宜"
15.1.8	压力测量仪表	易燃和可燃液体输送泵出口管道应设压力测量仪表，压力测量仪表应能就地显示，一级石油库尚应将压力测量信号远传至控制室	输油泵出口压力是反映输油泵和管道是否正常运转的重要参数，对泵出口压力进行实时监测，有利于安全管理

15 对"自动控制和电信"的解读

续表

条号	主题	条款原文		条款解读
15.1.9	可燃气体检测器设置	有毒气体和可燃气体检测器设置应符合右列规定	1 有毒液体的泵站、装卸车站、计量站、储罐的阀门集中处和排水井处等可能发生有毒气体泄漏和积聚区域,应设置有毒气体检测器	
			2 设有甲、乙A类易燃液体设备的房间内,应设可燃气体浓度自动检测报警装置	
			3 一级石油库的甲、乙A类液体的泵站、装卸车站、计量站、地上储罐的阀门集中处和排水井处等可能发生可燃气体泄漏积聚的露天场所,应设置可燃气体检测器;覆土罐和其他级别石油库的露天场所可配置便携式可燃气体检测器	设可燃气体浓度自动检测报警装置和可燃气体检测器,可对场所的可燃气体浓度实施监控,达到危险浓度时可及时采取措施,防止事故发生
			4 一级石油库的可燃气体和有毒气体检测报警系统设计,应符合现行国家标准《石油化工可燃气体和有毒气体检测报警设计规范》GB 50493 的有关规定	GB 50493 中对可燃气体和有毒气体检测报警系统有详细规定,可供参照
15.1.10	消防部分的监测、顺序控制等操作	一级石油库消防部分的监测、顺序控制等操作应采用下述两种方式之一: 1 采用专用监控系统,并经通信接口与石油库的自动控制系统通信; 2 在石油库的自动控制系统中设置单独的I/O卡件和单独的显示操作站		本条规定是为了方便对消防系统进行监控管理,并保证其可靠性
15.1.11	消防控制室实现远程启停控制	一级石油库消防泵的启停、消防水管道及泡沫液管道上控制阀的开关均应在消防控制室实现远程启停控制,总控制台应显示泵运行状态和控制阀的阀位信号		本条规定可以保证快速启动消防系统,及时对火灾实施扑救。但实现远程启停控制投资大,所以只对一级石油库提出这样的要求

续表

条号	主题	条款原文	条款解读
15.1.12	仪表及计算机监控管理系统	仪表及计算机监控管理系统应采用UPS不间断电源供电，UPS的后备电池组应在外部电源中断后提供不少于30min的交流供电时间	据"新规范"条文说明，本条是参照相关规范制定的，意在发生停电事故时，计算机监控管理系统仍有供电保证，以便采取紧急处理措施
15.1.13	室外仪表电缆敷设	自动控制系统的室外仪表电缆敷设应符合右列规定： 1 在生产区敷设的仪表电缆宜采用电缆沟、电缆保护管、直埋等地下敷设方式。采用电缆沟时，电缆沟应充沙填实	本条规定是为了保护仪表电缆在火灾事故中免受损坏。"生产区局部地段确需在地面敷设的电缆"，主要指仪表、阀门、设备电缆接头等处以及其他不便采取地面下敷设的电缆。电缆槽比桥架的保护功能好，如果采用桥架，电缆就要采用铠装，大大增加成本。为减少雷击影响，规定应采用金属电缆槽，不能采用合成材料
		2 生产区局部地段确需在地面敷设的电缆，应采用镀锌钢保护管或带盖板的全封闭金属电缆槽等方式敷设	
		3 非生产区的仪表电缆可采用带盖板的全封闭金属电缆槽在地面以上敷设	非生产区相对安全，故可采用这种敷设

15.2 对"电信"的解读

【"电信"15.2.1~15.2.8条原文与解读】

15.2.1~15.2.8条原文与解读见表15.2。

表15.2 "电信"15.2.1~15.2.8条原文与解读

条号	主题	条款原文	条款解读
15.2.1	电话、无线电通信及电视监视系统等	石油库应设置火灾报警电话、行政电话系统、无线电通信系统、电视监视系统。一级石油库尚应设置计算机局域网络、入侵报警系统和出入口控制系统。可根据需要设置调度电话系统、巡更系统	石油库设置电信系统的作用在于为生产和管理提供电信支持，为石油库提供防火、防盗、防破坏等安全方面的保障。本条规定了石油库电信系统一般应包括的内容，这些电信设施是保证石油库通信可靠畅通、保障石油库安全的有效手段
15.2.2	电信设备供电	电信设备供电应采用220V AC/380V AC作为主电源，当采用直流供电方式时，应配备直流备用电源；当采用交流供电方式时，应采用UPS电源。小容量交流用电设备，也可采用直流逆变器作为保障供电的措施	据"新规范"条文说明，本条要求配置备用电源是参照相关规范制定的，意在发生停电事故时，电信设备仍有供电保证，以便采取紧急处理措施

15 对"自动控制和电信"的解读

续表

条号	主题	条款原文	条款解读
15.2.3	室内电信线路敷设	室内电信线路，非防爆场所宜暗敷设，防爆场所应明敷设	采取明敷设便于检查维修
15.2.4	室外电信线路敷设	室外电信线路敷设应符合右列规定：1 在生产区敷设的电信线路宜采用电缆沟、电缆管道埋地、直埋等地下敷设方式。采用电缆沟时，电缆沟应充沙填实 2 生产区局部地段确需在地面以上敷设的电缆，应采用保护管或带盖板的电缆桥架等方式敷设	本条规定是为了保护电信线路在火灾事故中免受损坏。"生产区局部地方确需在地面以上敷设的电缆"，主要指与设备电缆接头处以及其他不便采取地面下敷设的电缆
15.2.5	无线电通信设备	石油库流动作业的岗位，应配置无线电通信设备，并宜采用无线对讲系统或集群通信系统。无线通信手持机应采用防爆型	石油库一般占地面积较大，为现场操作和巡检人员配备无线电通信设备，是提高管理水平的必要措施
15.2.6	电视监视系统	电视监视系统的监视范围应覆盖储罐区、易燃和可燃液体泵站、易燃和可燃液体装卸设施、易燃和可燃液体灌桶设施和主要设施出入口等处。电视监视操作站宜分别设在生产控制室、消防控制室、消防站值班室和保卫值班室等地点。当设置火灾自动报警系统时，宜与电视监视系统联动控制	本条规定的电视监视系统的监视范围，覆盖了石油库主要生产区域和重要场所。生产控制室、消防控制室、消防站值班室和保卫值班室等处都经常有人在监视油库的安全。火灾自动报警系统与电视监视系统联动控制，可更提起警觉
15.2.7	入侵报警系统	入侵报警系统宜沿石油库围墙布设，报警主机宜设在门卫值班室或保卫办公室内。入侵报警系统宜与电视监视系统联动形成安防报警平台	入侵者多从围墙而来，所以应在围墙上布设入侵报警系统。报警主机应装在安全保卫部门
15.2.8	计算机局域网络	计算机局域网络应满足石油库数据通信和信息管理系统建设的要求。信息插座宜设在石油库办公楼、控制室、化验室等场所	为使油料部门信息上下沟通，故现在油库通常都加了这条要求

【对"自动控制和电信"的综合解读】

目前国内多数石油库的自动化、信息化水平还不高，发展也不平衡，兼于石油库性质、人员素质、经营管理费用等的差异，各库的普及程度、使用维护效果差别也大。自动控制和电信的设备、仪表的性能、价格相差也大。所以对本章的条文应深入理解、仔细推敲，作者唯恐理解不准，故解读也多引用了"新规范"的条文说明。

16 对"采暖通风"的解读

16.1 对"采暖"的解读

【"采暖"16.1.1条原文】

16.1.1 集中采暖的热媒，应采用热水。特殊情况下可采用低压蒸汽。

【对"采暖"16.1.1条解读】

采用热水作为集中采暖的热媒，保温时间长，温度升降比较缓慢，对人的适应性较好，比低压蒸汽作为热媒又较安全。采用热水作为热媒，这已是现在多用的集中采暖的热媒。若有低压蒸汽的余热可利用时，也可利用。

【"采暖"16.1.2条原文】

16.1.2 石油库设计集中采暖时，房间的采暖室内计算温度，宜符合表16.1.2的规定。

表16.1.2 房间的采暖室内计算温度

序号	房间名称	采暖室内计算温度（℃）
1	易燃和可燃液体泵房、水泵房、消防泵房、柴油发电机间、汽车库、空气压缩机间	5
2	铁路罐车装卸暖库	12
3	灌桶间、修洗桶间、机修间	14
4	计量室、仪表间、化验室、办公室、值班室、休息室	18
5	盥洗室	14
5	厕所	12
6	浴室、更衣间	25
7	更衣室	23

注：易凝、易燃和可燃液体泵房，可根据实际需要确定采暖室内计算温度。

【对"采暖"16.1.2条解读】

根据"新规范"的条文说明，本条规定是参照现行国家标准《采暖通风与空气调节设计规范》GB 50019—2003 的相关规定制定的。既满足人们对温度的要求，方便人员工作和生活，又不浪费能源。

16.2 对"通风"的解读

【"通风"16.2.1~16.2.6条原文与解读】

16.2.1~16.2.6条原文与解读见表16.1。

表16.1 "通风"16.2.1~16.2.6条原文与解读

条号	主题	条款原文	条款解读
16.2.1	泵房、灌桶间等通风要求	易燃和有毒液体泵房、灌桶间及其他有易燃和有毒液体设备的房间,应设置机械通风系统和事故排风装置。机械通风系统换气次数宜为5~6次/h,事故排风换气次数不小于12次/h	这些房间有着火爆炸的危险,故不能只靠自然通风,还应设机械通风。本条提出了事故排风的换气次数为不小于12次/h,这个换气次数不是指在正常通风5~6次/h的基础上再附加12次/h,而是指在发生事故时,应能保证不少于12次/h的通风量
16.2.2	有害物质的操作地点的通风	在集中散发有害物质的操作地点(如修洗桶间、化验室通风柜等),宜采取局部机械通风措施	只在集中散发有害物质的操作地点设局部机械通风,即可保证安全,这样可省一点投资
16.2.3	通风口的设置	通风口的设置应避免在通风区域内产生空气流动死角	有空气流动死角,就可能有爆炸危险气体存在,产生不安全因素
16.2.4	风机、电机选型	在爆炸危险区域内,风机、电动机等所有活动部件应选择防爆型,其构造应能防止产生电火花。机械通风系统应采用不燃烧材料制作。风机应采用直接传动或联轴器传动。风管、风机及其安装方式均应采取防静电措施	这条规定主要是从油库安全考虑。因为不防爆电气设备或防爆电气设备不采取防静电措施,在爆炸危险区域内使用都很危险
16.2.5	甲、乙A类易燃液体设备的房间,设机械通风的要求	在布置有甲、乙A类易燃液体设备的房间内,所设置的机械通风设备应与可燃气体浓度自动检测报警系统联动,并应设有就地和远程手动开启装置	在布置有甲、乙A类易燃液体设备的房间内,有爆炸着火的可能,所以应加强通风,所设机械通风设备应与可燃气体浓度自动检测报警系统联动,并应设有就地和远程手动开启装置,这才能保证安全
16.2.6	SH/T 3004规范	石油库生产性建筑物的通风设计除应执行本节的规定外,尚应符合现行行业标准《石油化工采暖通风与空气调节设计规范》SH/T 3004的有关规定	SH/T 3004规范对通风规定的更具体,可供参照执行

17 对"附录"的解读

17.1 对"附录A 计算间距的起讫点"解读

【"附录A"原文与解读】

"附录A 计算间距的起讫点"原文与解读见表17.1。

表17.1 "附录A 计算间距的起讫点"原文与解读

序号	建（构）筑物、设施和设备	计算间距的起讫点	图解
1	道路	路边	
2	铁路	铁路中心线	
3	管道	管子中心（指明者除外）	
7	架空电力和通信线路	线路中心	
8	埋地电力和通信电缆	电缆中心	
4	地上立式储罐、地上和覆土卧式储罐	罐外壁	
5	覆土立式油罐	罐室内墙壁及其出入口	

17 对"附录"的解读

续表

序号	建（构）筑物、设施和设备	计算间距的起讫点	图解
6	设在露天（包括棚下）的各种设备	最突出的外缘	
9	建筑物或构筑物	外墙轴线	
13	工矿企业、居住区	建筑物或构筑物外墙轴线	
14	医院、学校、养老院等公共设施	围墙轴线；无围墙者为建（构）筑物外墙轴线	
10	铁路罐车装卸设施	铁路罐车装卸线中心线，端部罐车的装卸口中心	
11	汽车罐车装卸设施	汽车罐车装卸作业时鹤管或软管管口中心	
12	液体装卸码头	前沿线（靠船的边缘）	

255

续表

序号	建(构)筑物、设施和设备	计算间距的起讫点	图解
15	架空电力线杆(塔)高、通信线杆(塔)高	电线杆(塔)和通信线杆(塔)所在地面至杆(塔)顶的高度	杆(塔)，杆(塔)高

注：本规范中的安全距离和防火距离未特殊说明的，均指平面投影距离。

【对"附录A 计算间距的起讫点"的综合解读】

计算间距的起讫点附录，各个规范基本都有这一条，且大同小异。当用到此规范时，就必须认真按此规范起讫点的规定来计算间距。

17.2 对"附录B 石油库内易燃液体设备、设施的爆炸危险区域划分"的解读

【"附录B" B.0.1~B.0.24原文】

"附录B 石油库内易燃液体设备、设施的爆炸危险区域划分"的示图及原文，见表17.2。

表17.2 "附录B 石油库内易燃液体设备、设施的爆炸危险区域划分"的示图及原文

条号	场所	防爆等级划分示图	防爆等级划分条文
B.0.1			爆炸危险区域的等级定义应符合现行国家标准《爆炸和火灾危险环境电力装置设计规范》GB 50058的规定
B.0.2			易燃液体设施的爆炸危险区域内地坪以下的坑、沟划为1区
B.0.3	储存易燃液体的地上固定顶储罐	（图：3m，R=1.5m，通气口，液体表面，3m，防火堤，0区，1区，2区）	1 罐内未充惰性气体的液体表面以上空间划为0区。 2 以通气口为中心，半径为1.5m的球形空间划为1区。 3 距储罐外壁和顶部3m范围内及防火堤至罐外壁，其高度为堤顶高的范围划为2区

256

17 对"附录"的解读

续表

条号	场所	防爆等级划分示图	防爆等级划分条文
B.0.4	储存易燃液体内浮顶罐		1 浮盘上部空间及以通气口为中心、半径为1.5m范围内的球形空间划为1区。 2 距储罐外壁和顶部3m范围内及防火堤至储罐外壁,其高度为堤顶高的范围划为2区。
B.0.5	储存易燃液体外浮顶罐		1 浮盘上部至罐壁顶部空间为1区。 2 距储罐外壁和顶部3m范围内及防火堤至罐外壁,其高度为堤顶高的范围内划为2区。
B.0.6	储存易燃液体的地上卧式罐		1 罐内未充惰性气体的液体表面以上的空间划为0区。 2 以通气口为中心,半径为1.5m的球形空间划为1区。 3 距罐外壁和顶部3m范围内及罐外壁至防火堤,其高度为堤顶高的范围划为2区。
B.0.7	储存易燃液体的覆土卧式罐		1 罐内部液体表面以上的空间应划分为0区。 2 人孔(阀)井内部空间,以通气管管口为中心、半径为1.5m(0.75m)的球形空间和以密闭卸油口为中心、半径为0.5m的球形空间,应划分为1区。 3 距人孔(阀)井外边缘1.5m以内、自地面算起1m高的圆柱形空间,以通气管管口为中心、半径为3m(2m)的球形空间和以密闭卸油口为中心、半径为1.5m的球形并延至地面的空间,应划分为2区。 注:采用油气回收系统的储罐通气管管口爆炸危险区域用括号内数字

续表

条号	场所	防爆等级划分示图	防爆等级划分条文
B.0.8	易燃液体泵房、阀室	表 B.0.8 危险区边界与释放源的距离 | 释放源名称	距离（m）	
---	---	---
	L_1	L_2
易燃液体输送泵 工作压力≤1.6MPa	$L+3$	$L+3$
易燃液体输送泵 工作压力>1.6MPa	15	$L+3$，且不小于7.5
易燃液体法兰、阀门	$L+3$	$L+3$		1 易燃液体泵房和阀室内部空间划为1区。 2 有孔墙或开式墙外与墙等高、L_2范围以内且不小于3m的空间及距地坪0.6m高、L_1范围以内的空间划为2区。 3 危险区边界与释放源的距离应符合表B.0.8的规定
B.0.9	易燃液体泵棚、露天泵站	表 B.0.9 危险区边界与释放源的距离 | 释放源名称	距离（m）	
---	---	---
	L	R
易燃液体输送泵 工作压力≤1.6MPa	3	1
易燃液体输送泵 工作压力>1.6MPa	15	7.5
易燃液体法兰、阀门	3	1		1 以释放源为中心，半径为R的球形空间和自地面算起高为0.6m、半径为L的圆柱体的范围划为2区。 2 危险区边界与释放源的距离应符合表B.0.9的规定

17 对"附录"的解读

续表

条号	场所	防爆等级划分示图	防爆等级划分条文
B.0.10	易燃液体灌桶间	（图示：有孔墙或开式墙、封闭墙、释放源、液体表面；$L_2 \leq 1.5m$ 时，$L_1 = 4.5m$；$L_2 > 1.5m$ 时，$L_1 = L_2 + 3m$。尺寸：$\geq 3m$、0.6m、7.5m）	1　桶内液体表面以上的空间划为0区。 2　灌桶间内空间划为1区。 3　有孔墙或开式墙外距释放源 L_1 距离以内、与墙等高的室外空间和自地面算起0.6m高、距释放源7.5m以内的室外空间划为2区
B.0.11	易燃液体灌桶棚或露天灌桶场所	（图示：灌桶口、液体表面、桶；$R=4.5m$、$R=1.5m$）	1　桶内液体表面以上空间划为0区。 2　以灌桶口为中心、半径为1.5m的球形并延至地面的空间划为1区。 3　以灌桶口为中心、半径为4.5m的球形并延至地面的空间划为2区
B.0.12	易燃液体重桶库房	（图示：有孔墙或开式墙、封闭墙；1m）	建筑物内空间及有孔或开式墙外1m与建筑物等高的范围内划为2区
B.0.13	易燃液体汽车罐车棚、重桶堆放棚	（图示：棚内空间）	棚的内部空间划为2区
B.0.14	铁路罐车、汽车罐车卸易燃液体时	（图示：卸油口、密闭卸油口、液体表面；$R=1.5m$、$R=3m$、$R=1.5m$、$R=0.5m$）	1　罐车内的液体表面以上空间划为0区。 2　以卸油口为中心、半径为1.5m的球形空间和以密闭卸油口为中心、半径为0.5m的球形空间划为1区。 3　以卸油口为中心、半径为3m的球形并延至地面的空间、以密闭卸油口为中心、半径为1.5m的球形并延至地面的空间划为2区

续表

条号	场所	防爆等级划分示图	防爆等级划分条文
B.0.15	铁路罐车、汽车罐车敞口灌装易燃液体时		1 罐车内的液体表面以上空间划为0区。 2 以罐车灌装口为中心、半径为3m的球形并延至地面的空间划为1区。 3 以灌装口为中心、半径为7.5m的球形空间和以灌装口轴线为中心线、自地面算起高7.5m、半径为15m的圆柱形空间划为2区
B.0.16	铁路罐车、汽车罐车密闭灌装易燃液体时		1 罐车内部的液体表面以上空间划为0区。 2 以罐车灌装口为中心、半径为1.5m的球形空间和以通气口为中心、半径为1.5m的球形空间划为1区。 3 以罐车灌装口为中心、半径为4.5m的球形并延至地面的空间和以通气口为中心、半径为3m的球形空间，应划为2区
B.0.17	油船、油驳敞口灌装易燃液体时		1 油船、油驳内的液体表面以上空间划为0区。 2 以油船、油驳的灌装口为中心、半径为3m的球形并延至水面的空间划为1区。 3 以油船、油驳的灌装口为中心，半径为7.5m并高于灌装口7.5m的圆柱形空间和自水面算起7.5m高、以灌装口轴线为中心线、半径为15m的圆柱形空间划为2区
B.0.18	油船、油驳密闭灌装易燃液体时		1 油船、油驳内的液体表面以上空间应划为0区。 2 以灌装口为中心、半径为1.5m的球形空间及以通气口为中心半径为1.5m球形空间应划为1区。 3 以灌装口为中心、半径为4.5m的球形并延至水面的空间和以通气口为中心、半径为3m的球形空间，应划为2区

17 对"附录"的解读

续表

条号	场所	防爆等级划分示图	防爆等级划分条文
B.0.19	油船、油驳卸易燃液体时	(图：卸油口，$R=1.5m$，$R=3m$，0区，液体表面，油船、油驳，水面；0区、1区、2区图例)	1 油船、油驳内部的液体表面以上空间应划为0区。 2 以卸油口为中心、半径为1.5m的球形空间划为1区。 3 以卸油口为中心、半径为3m的球形并延至水面的空间，应划为2区
B.0.20	易燃液体的隔油池、漏油及事故污水收集池	(图：池顶，4.5m，1.5m，3m，坑或沟，盖板，液体表面)	1 有盖板的，池内液体表面以上的空间应划为0区。 2 无盖板的，池内液体表面以上空间和距隔油池内壁1.5m、高出池顶1.5m至地坪范围内的空间划为1区。 3 距池内壁4.5m、高出池顶3m至地坪范围内的空间划为2区
B.0.21	含易燃液体的污水浮选罐	(图：通气口，3m，$R=1.5m$，液体表面，3m)	1 罐内液体表面以上空间划为0区。 2 以通气口为中心、半径为1.5m的球形空间划为1区。 3 距罐外壁和顶部3m以内范围应划为2区
B.0.22	储存易燃油品的覆土立式油罐	(图：采光通风，通气管，$R=4.5m$，$R=3.0m$，$R=1.5m$，0.6m，$R=3.0m$，通道，液体，$R=15.0m$，$R=15.0m$，3.0m)	1 油罐内液体表面以上空间应划为0区。 2 以通气管口为中心、半径为1.5m的球形空间、油罐外壁与罐室护体之间的空间，通道口门以内的空间，应划为1区。 3 以通气管口为中心、半径为4.5m的球形空间，以采光通风口为中心、半径为3m的环形空间，通道口周围3m范围以内的空间及以油罐通气口为中心、半径为15m、高0.6m的圆柱形空间，应划为2区

261

续表

条号	场所	防爆等级划分示图	防爆等级划分条文
B.0.23	易燃液体阀门井		1 阀门井内部空间划为1区。 2 距阀门井内壁1.5m、高1.5m的柱形空间应划为2区
B.0.24	易燃液体管沟		1 有盖板的管沟内部空间应划为1区。 2 无盖板的管沟内部空间划为2区

【对"附录B 石油库内易燃液体设备、设施的爆炸危险区域划分"的综合解读】

本附录与旧规范GB 50074—2002比较略有改变：

（1）去掉人工洞油库爆炸危险区域划分。

（2）增加了B.0.7储存易燃液体的覆土卧式罐、B.0.11易燃液体灌桶棚或露天灌桶场所、B.0.13易燃液体汽车罐车棚、重桶堆放棚。

（3）对下列7条略加修改：B.0.8易燃液体泵房、阀室、B.0.9易燃液体泵棚、露天泵站、B.0.12易燃液体重桶库房、B.0.15铁路罐车、汽车罐车敞口灌装易燃液体时、B.0.17油船、油驳敞口灌装易燃液体时、B.0.20易燃液体的隔油池、漏油及事故污水收集池、B.0.22储存易燃油品的覆土立式油罐。

18 后 论

油料是易燃易爆的物资，油库是储存、收、发油料的仓库，是很危险的场所，所以油库建设与管理均有专门的要求，并制订有专门"规章"。油库"规章"分"建设规章"和"管理规章"两大类，而油库"建设规章"又包括油库勘察、设计、施工、监理等方面。其中"设计规范"不但与"建设规章"中其他方面有不可分割的密切关系，而且与"管理规章"也有紧密联系。因此本书特加了后论这一章，也对油库"管理规章"加以概述；并对"规章"（规范）的地位作用、基本属性、新旧"规范"版本的总体变化予以阐述；进而将"规范"提高到"法"的高度，将《石油库设计规范》称谓石油库设计的"母法"加以论述；对执行"新规范"提出了要点。

18.1 油库"规章"的概述

18.1.1 油库"规章"的名称与作用

油库"规章"内容纷呈，名目繁多，分类繁杂，发挥的作用各异。现行油库"规章"主要有条例、标准、规范、规则、规程、规定、制度、程序、职责、守则、责任制等。其名称、作用见表18.1。

表18.1 油库"规章"的名称、作用

序号	分类	含义	适用范围	作用与主要特点	示例
1	条例	既定法式	行业领域组织与职权	规范行业的行为准则，具有行业综合特性，是行业的"母法"	油料条例
2	标准	衡量事物的准则	不同的标准适用于不同的机、物、环境等	明确考量机、物、环境等的准则，是考量机、物、环境等质量档次与优劣的依据。具有针对性强、专一性	油库建设标准
3	规范	既定标准、法式	专业领域的设计、施工	明确专业设计、施工各个环节全过程的准则。具有专业综合特性，对其他规章具有牵一挂十作用	石油库设计规范
4	规则	既定原则	专业领域人员应共同遵守的各项要求	明确专业领域人、机、物、环境等的管理任务、环节、方法、措施、手段等。在该专业领域具有管理"母法"的作用	油库管理规则

续表

序号	分类	含义	适用范围	作用与主要特点	示例
5	规程	一定的程式	适用于设备设施的操作	明确设备设施操作方法、步骤、要求。具有很强的操作性和步骤感	各种设备设施的操作规程
6	规定	约定	适用于不同场所或事项	对未明确的事宜或补充说明事项的要求。便于进行有效的管理，具有较强的针对性	油库用火安全管理规定
7	制度	定式及规定	适用于特殊工作或具体工作	明确工作内容、做法、要求以及注意事项。如进行必要的延伸、量化，具有较强操作性	油库工作及上下班制度
8	程序	程式、次序	用于各项作业活动	明确作业活动的要领、过程和先后顺序，规定各环节间的联系。具有简捷、明了、示意性强的特点	油料、油料装备收发作业程序
9	职责	职权、责任	岗位人员职权、责任范围	明确各级、各层次、各类人员职责、责任范围。具有较强的专用性和特殊性	油库各类人员职责
10	守则	遵循的原则	适用于人员共同遵守的方面	明确人员必须遵守的内容、要求。具有共同性强，内容较为抽象、原则	油料文明服务守则
11	责任制	责任的约定	适用于人员、部门、场所等重要事项管理	对人员、部门、场所等专项管理提出明确的要求，具有很强责任性	油库安全责任制

18.1.2 油库"管理规章"的分类

油库"管理规章"主要针对管人、管物、管环境而制定，大体可归纳为人员、财物、场所、专业、作业、设备、专项、临时等8方面而制订，且每个方面都是一个严密的系统。

(1) 人员管理。除了运用社会道德、职业道德等规范人员外，油库规章主要有人员职责、岗位职责、共同遵循的守则以及工作标准等。

(2) 财物管理。财物是油库人员生活与油库运行的保障。为有效运用财物，都应制订相应的管理规则，以便于管理与监督的实施。

(3) 场所管理。油库各个场所都具有其独特功能、不同的危险，是油库管理的一个重要方面，应制订相应的管理规定，使场所的管理落实到部门、单位，并明确责任人。

(4) 专业管理。油库涉及专业较多，且不同专业有其独特规律，每个专业都应有相应的规章，围绕专业全过程的主要环节，应有配套完整的职责、程序、规则、规定、规程等。

（5）作业管理。油库各项作业活动是油库运行的主要内容。为确保油库安全运行，都应制订相应的作业程序。

（6）设备管理。油库设备设施是油库正常、安全运行，实现规定功能的物质基础，每台设备、每种设施都应有维护保养、技术鉴定、操作使用等规定、规程。

（7）专项管理。油库的油罐清洗、高空作业、动土作业等专项工作，都具有一定的危险性，必须有相应的规章、细则进行规范，以确保安全。

（8）临时管理。油库经常会有一些临时委托的工作任务，这些任务的完成也应有规章做保证。

上述 8 个方面的油库规章都必须明确对执行人的要求，分工协调的严密界定，监督检查的范围和内容，管理层的权限和考核依据，且必须具有可操作性及量化标准。

18.1.3 油库"管理规章"的结构与体系

油库管理规章是几十年来，为满足油库管理需求，需什么就建立什么，经过几代油库工作者努力而自然形成的。这样给人的感觉是油库管理规章很多，也很全，多得有些记不住。其原因是：在油库管理规章形成与发展过程中，由于历史条件的局限，油库管理规章的建立主要是根据油库管理的要求，对已有的实践经验加以概括、提炼而形成，很少从理性原则出发，从宏观、整体角度思考油库管理规章的结构与体系。

从提出"科学管库"以后，油库工作者开始以现代管理科学理论为指导，结合油库实际，从宏观、整体角度思考油库管理规章的结构与体系，研究油库管理规章是否符合现代管理的思想，能否跟上时代的步伐。在研究的基础上，经过这几年的调整和充实，初步形成了油库管理规章的结构与体系（图 18.1）。油库管理规章都可以从这个结构体系中找到自己的位置。反过来说，油库管理规章应按照这个结构体系来调整、充实、完善。

（1）第一层次——总纲要求。

该层次是油库管理规章的最高层次。主要是确立油库工作的指导思想、基本原则、基本任务；从宏观上调整油库内外工作关系；将油库管理的性质、地位、作用，以法规的形式确定下来。这个层次的《仓库工作条例》和《油料条例》等都是由国家一级颁发执行的。

（2）第二层次——油库行业规范。

从现代经济运行理论来讲，仓储（油库是仓储的重要成员之一）是物资流通中的一个重要环节,也是资源配置、调控中的"蓄能站"。从后勤理论来讲,油库是后勤保障网络中的一个结点,起着承上启下的作用,是保证油料供应保障过程中正常运行的支撑点。

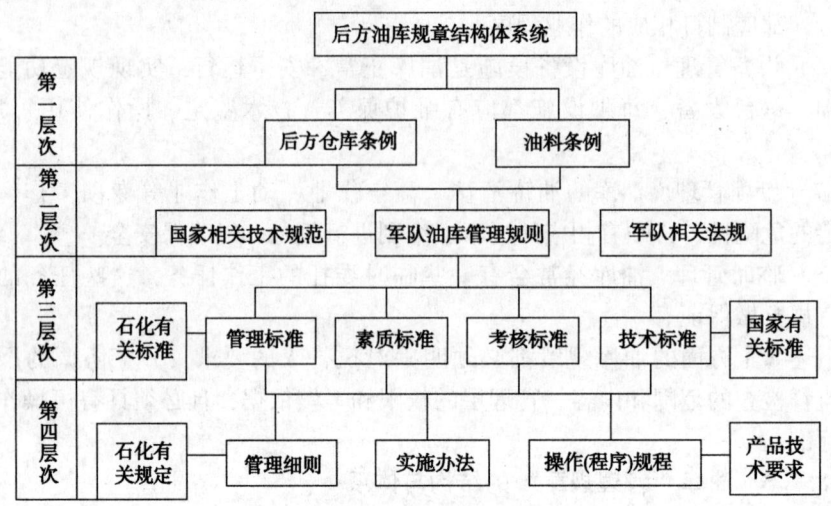

图18.1 油库管理规章结构体系框图

为保证国民经济和国防事业的正常运行而建立了油库行业。那么,有了油库行业就必须有配套的行业规范。从现行的规范来讲:国家的规范主要是规范油库建设行为的;油库行业规范主要是规范油库管理行为的。这个层次的规范,对于国家来说,主要由国家综合行政机关(如国家技术监督、劳动部等)颁发;对于军队来说,主要由总部级单位颁发;对石油石化系统来说,由石油石化集团总公司颁发。

该层次的油库管理规章及相关规章主要有:《油库管理规则》《油料供应管理规则》《油料技术工作规则》《油料仓库建设标准》《油料仓库设计规范》《石油库设计规范》等。

(3)第三层次——油库分类规范。

油库作为一个专业(行业),需要管理的范围很广、对象很多。由于管理对象和性质的差异,所以应分别制订具体规章。即从管理、技术、素质、考核等4个方面制订一系列的规章。这些规章的最大特点是共同性和通用性,需在全行业油库范围内执行。所以,这些规章由行业油料部门颁发。

该层次现行主要规章共分4类30多种。

(4)第四层次——实施细则(办法)。

由于各油库在编制体制、地理环境、工作方法上的差别,以及设备设施规格、型号的不同，所以应根据上级规章的总体要求，结合本单位实际情况制订实施细则、办法。有操作规程、管理细则、实施办法等3个方面。

18.2 油库"规章"（规范）的地位与作用

没有规矩不成方圆。家有家规，国有国法。油库行业也应有其独具特色的原则。原则的具体化就是油库"规章"（规范）。这个"规章"（规范）具有继承、实践、权威、规范、科学、保护等特性。

继承性：油库"规章"（规范）是油库历代人智慧的结晶，几十年油库管理经验的总结；

实践性：油库"规章"（规范）是前人通过实践，总结正面经验和反面教训，上升到理性的体现；

权威性：油库"规章"（规范）是根据权威机关颁发条例、标准、规范、规程等确定其规定性的；

规范性：油库"规章"（规范）是规范油库工作者思想行为的准则；

科学性：油库"规章"（规范）是各项作业活动的客观反应，具有实践性和理论性；

保护性：油库"规章"（规范）的出发点和归宿点都是为保护工作者的身体健康及国家财产不受损失。

油库"规章"（规范）的地位与作用可从以下4个方面充分体现：

（1）"规章"（规范）能陶冶油库行业人员的情操，培养良好的职业道德。

油库是实现油料保障有力的执行者，是油料系统的窗口。油库工作者在实施储存、供应管理功能的过程中，既要与人交往，又要与物交往。而这种交往是在油库这个特定的环境中，按照油库"规章"（规范）的原则和要求进行的。当将执行原则和要求变为自觉行动时，其情操和道德则上升为理性，为人民、为社会服务的思想确立。

（2）"规章"（规范）能约束和改造油库行业人员的思想。

油库收发、储存的物资大都是易燃易爆的油品。与具有极大危险性的油品交往，如果思想上不重视，就可能导致重大事故的发生，造成无法挽回的损失，甚至自己的生命。油库行业人员通过学习认识油品的危险性，理解执行"规章"（规范）的必须性，就自觉地用"规章"（规范）约束和改造思想，使之适应油库的客观要求。

（3）"规章"（规范）能规范油库行业人员的行为。

油库"规章"（规范）是前人实践经验的总结，并上升到理性的体现，是客观规律的反映。油库行业人员只有用"规章"（规范）规范自己的行为，才能实现安全作业。否则，违犯"规章"（规范）就会酿成灾害，甚至葬送自己和他人的生命。这种油品及其作业活动的危险性，促使油库行业人员自觉用"规章"（规范）规范其行为。

（4）"规章"（规范）是油库一切作业活动的准则。

油库"规章"（规范）明确规定了干什么，怎么干的要求，使油库行业人员有法可依，有章可循。只要按"规章"（规范）要求办事，就能顺利完成各项任务，到达胜利的彼岸，实现保障有力。否则，油库储存、供应管理功能难以实现，各项任务也难以完成，甚至会造成不应有的损失。

油库"规章"（规范）既然能陶冶人情操，培养良好的职业道德，又能约束规范人员的思想和行为，是指导油库各项作业活动的准则，可见其是油库组成中不可缺少部分。"规章"（规范）能否发挥其应有作用，关键在学习、宣传、教育的效果，油库行业人员理解的深度。

18.3 油库"规章"（规范）的基本属性

油库"规章"（规范）在油库管理中具有什么样的地位？这不是谁怎么说所能臆定的，而是由其基本属性来决定的。作为油品仓储部门和防火重点单位的油库，要按照一定的管理模式、作业程序运行，如没有一整套行业与内部"规章"（规范）作保证，显然是不行的。可以这么说，油库"规章"（规范）的建设与油库建设是同步进行的，也是同步投入运行的。它从建立之初就显出下列属性。

（1）规范性。这是油库管理的基本要求。它要求油库全员在各项作业活动中，必须以一定的"规章"（规范）去约束自己思想，规范自己的行为，即规范一切作业、操作、管理等行为。

（2）严肃性。"规章"（规范）从本质上体现了油库运行的根本方向，管理模式与应有秩序，同时也表现了油库整体利益的需求。因此，它要求对油库全员一视同仁，并按既定的方式、秩序开展各项工作，不允许任何人以任何方式或理由做出超越"规章"（规范）的行为。

（3）科学性。"规章"（规范）的建立只有符合客观规律（科学性），才具有管理导向、秩序规范的作用。从而引导油库全员按照约定作业方式、管理定式，去定向自我行为，规范班组、部门的整体行为，使之符合油库安全、合理运行的客观需要。

（4）派生性。上述"规章"（规范）的三大基本属，又派生出系统性、完整性、针对性、操作性、严密性等特性。即自成一体的系统性，覆盖全面的完整性，一一对应的针对性，具体明确的操作性。内含逻辑的严密性。

油库"规章"（规范）的基本属性与派生特性是油库管理实践经验的总结与

理性概括。通常以书面形式成章，用于示范、指导、推动、规范油库管理。这充分体现了油库"规章"（规范）是油库建设和管理的基础，这是不以人的主观意志为转移的客观事实。因此，只有承认油库"规章"（规范）的客观基础，不断夯实这一基础，才能找到油库建设和管理的出路。

18.4　油库"规章"（规范）也是"法"

从严治库，其基本内容是按照"规章"（规范）制度管理教育成员，按照规章制度建设管理油库。实际情况是执行"规章"（规范）制度存在随意性，任意变通，甚至以"土规定"代替；执行规章制度不到位，不知"规章"（规范）内容和对象，甚至以"习惯"代替"规章"（规范）。原因是"规章"（规范）也是"法"的观念淡薄。

把油库"规章"（规范）提到"法"的高度来认识，还由于它在油库建设与管理中有重要的规范、约束作用。油库犹如一部结构复杂的机器，要使之成为组织严密、协调一致、运转自如的有机整体，非通过"规章"（规范）制度管理教育油库成员，以规范其思想，约束其行为，对其实施严格的正规化管理。特别是具有极大危险险的油库，各项作业活动，要求油库工作者具有高度有效的组织指挥、严格准确的操作、灵活可靠的协同，还必须有技术状况良好的设备设施，这些就是要靠油库规章、标准、规范、规程、程序、办法、细则等来规范人的思想、约束人的行为、统一人的行动，协调一致的参加各项作业活动，才能确保安全、圆满完成油料的收发供应和储存任务。

油库"规章"（规范）来自于油库实践经验教训的概括和理性化总结，充分体现了油库建设与管理的原则，集中了油库建设与管理的经验教训，设备设施整修和科学研究的成果。从严治库，抓正规化管理，油库上等级活动，说到底就是把"规章"（规范）制度进一步逐项、逐章、逐条、逐点加以落实，"规章"（规范）到位，工作到位。这是实现"油料供应保障有力"不可或缺的。

油库的建设与管理离不开正规化，正规化的核心是制度化，制度化的本质是法规化。油库的"规章"（规范）已经基本完善，油库成员特别是各级领导，一定要强化"规章"（规范）就是"法"的观念，增强"法"的意识，提高依"法"办事，按章操作的自觉性，真正将油库建设与管理纳入法规化的轨道。

油库建设和管理是油料工作的重头戏，而油库"规章"（规范）的建设又对油库建设和管理具有举足轻重的作用。因此，从理性高度研究、探索油库"规章"（规范）的建设，用以指导和推进油库"规章"（规范）建设的规范化，油库建设和管理法规化、科学化是油库工作者的责任。

18.5 《石油库设计规范》是石油库设计的"母法"

我们国家的法律有多类多种,随着社会的进步、法律的不断完善,又会制订多类各种法律,但是不管有多少种法律,它们都遵循一个依据,这个唯一的依据就是我国的"宪法"。可见"宪法"是各种法律的总纲、核心、方针、根本。各种法律不得违背"宪法"的精神,只能是"宪法"的补充或完善。所以我们国家的"宪法"就是我们国家各种法律的"母法"。

油库是由各个不同场所、各类不同设备组成的,完成油料供应保障任务的特殊的建筑物。油库设计涉及多学科、多专业。有油库总平面、总流程设计;油罐结构及储油区设计;管道工艺设计;油泵站、装卸区、灌油间、辅助作业间设计;还有供配电、给排水、油污水处理、消防、暖气通风、信息化自动化机械化等设计。这些单项设计组成了油库整体设计,这些单项设计各有专门规范或标准,整体设计也有总的规范,整体设计规范统领各专门规范或标准,各专门规范或标准要符合整体设计规范,可见整体设计规范是各专门规范或标准的总纲、核心、方针、根本。各种专门规范或标准不得违背整体设计规范的精神,只能是整体设计规范的补充或完善。所以油库的整体设计规范就是油库各专门规范或标准的"母法",油库的整体设计规范就是《石油库设计规范》,所以《石油库设计规范》是石油库设计的"母法"。

18.6 《石油库设计规范》新、旧版本的总体变化

我国《石油库设计规范》同一名称,新、旧版本共3个。最新版本是2014年出版的《石油库设计规范》GB 50074—2014,其次是2002年出版的《石油库设计规范》GB 50074—2002,较早的版本是1984年出版的《石油库设计规范》GBJ 74—84。

3个版本总的变化见表18.2。

表18.2 《石油库设计规范》3个版本总的变化

总变化	1984年版	2002年版	2014年版
依据批文		根据建设部建标〔1998〕244号文《1998年工程建设国家标准制修订计划(第二批)》的要求,对原国家标准《石油库设计规范》GBJ 74—84进行修订而成	根据原建设部《关于印发2007年工程建设标准制订、修订计划(第二批)的通知》建标〔2007〕126号的要求,对原国家标准《石油库设计规范》GB 50074—2002进行修订而成
标准号	GBJ 74—84	GB 50074—2002	GB 50074—2014

18 后论

续表

总变化		1984 年版	2002 年版	2014 年版
发布时间		1985 年 01 月 10 日	2003 年 01 月 10 日	2014 年 07 月 13 日
实施时间		1985 年 01 月 10 日	2003 年 03 月 01 日	2015 年 05 月 01 日
总章数		12	15	16
总条数		211（含 1995 年局部修订条文 51 条）	242	394
附录数		4	2	2
章名称及本章（条数）	第 1 章	总则（6 条）	总则（3 条）	总则（3 条）
	第 2 章	库址选择（10 条）	术语（18 条）	术语（38 条）
	第 3 章	总平面布置（13 条）	一般规定（5 条）	基本规定（8 条）
	第 4 章	储罐区（14 条）	库址选择（9 条）	库址选择（17 条）
	第 5 章	油泵房（8 条）	总平面布置（12 条）	库区布置（31 条）
	第 6 章	装卸油品设施（条 24）	储罐区（22 条）	储罐区（56 条）
	第 7 章	输油及热力管道（8 条）	油泵站（8 条）	易燃和可燃液体泵站（18 条）
	第 8 章	油品灌装及桶装油品库房（13 条）	油品装卸设施（35 条）	易燃和可燃液体装卸设施（37 条）
	第 9 章	消防设施（24 条）	输油及热力管道（9 条）	工艺及热力管道（38 条）
	第 10 章	给水排水（8 条）	油桶灌装设施（12 条）	易燃和可燃液体灌桶设施（13 条）
	第 11 章	电气装置（21 条）	车间供油站（2 条）	车间供油站（2 条）
	第 12 章	采暖通风（11 条）	消防设施（41 条）	消防设施（44 条）
	第 13 章		给水、排水及含油污水处理（13 条）	给排水及污水处理（21 条）
	第 14 章		电气装置（40 条）	电气（39 条）
	第 15 章		采暖通风（13 条）	自动控制和电信（21 条）
	第 16 章			采暖通风（8 条）
附录名称	附录 1	名词解释	A 计算间距的起讫点	A 计算间距的起讫点
	附录 2	计算间距的起算点	B 石油库内爆炸危险区域的等级范围划分	B 石油库内易燃液体设备、设施的爆炸危险区域划分
	附录 3	石油库内建筑物、构筑物的爆炸危险区域的等级与范围划分		
	附录 4	本规范用词说明	本规范用词说明（未作为附录）	本规范用词说明（未作为附录）

续表

总变化	1984 年版	2002 年版	2014 年版
后一版本与前一版本的主要变化		本次修订将国家标准《小型石油库及汽车加油站设计规范》GB 56156—92 中的小型石油库设计方面的内容纳入了《石油库设计规范》。GBJ 74—84 共有条文 211 条（含 1995 年局部修订条文 51 条），本次修订保留了 91 条，修改了 100 条，取消了 20 条，增加了 73 条。与 GBJ 74—84 相比，本规范主要有以下 3 个变化： (1) 增大了各级石油库油罐总容量； (2) 提高了安全防火标准； (3) 内容更全面合理	与 GB 50074—2002 相比，"新规范"本次修订的主要内容是： (1) 扩大了适用范围，将液体化工品纳入到本规范适用范围之中，解决了以往液体化工品库没有适用规范的问题。 (2) 在石油库的等级划分上，对石油库的储罐总容量，按储存不同火灾危险性的液体给出了相应的计算系数。 (3) 限制一级石油库储罐计算总容量，增加了特级石油库的内容。 (4) 增加了有关库外管道的规定。 (5) 增加了有关自动控制和电信系统的规定。 (6) 取消了有关人工洞库的内容。 (7) 提高了石油库安全防护标准

18.7 执行《石油库设计规范》GB 50074—2014 的要点

"新规范" GB 50074—2014 从 2015 年 5 月 1 日实施，原规范 GB 50074—2002 同时废除，执行"新规范"中应遵循以下几点：

（1）规范具有权威性，执行要有坚决性。

"新规范"根据原建设部《关于印发 2007 年工程建设标准制订、修订计划（第二批）的通知》建标〔2007〕126 号的要求，对原国家标准《石油库设计规范》GB 50074—2002 进行修订而成。在修订过程中，与其他版本一样，规范编写组进行了广泛的调查研究，总结了我国石油库几十年来的设计、建设、管理经验，借鉴了发达工业国家的相关标准，广泛征求了有关设计、施工、科研、管理等方面的意见，对其中主要问题进行了多次讨论、协调，最后经审查定稿。报国家住房和城乡建设部批准，并于 2014 年 7 月 13 日发布，2015 年 5 月 1 日实施，有绝对的权威性，应坚决执行，不得无理由的灵活。

本规范以黑体字标志的条文为强制性条文，必须严格执行。

不属强制性条文，执行中确有实际困难时，应采取有效措施，经相关有批准权限的部门批准，才能变通。

（2）规范具有针对性，执行注意适用性。

任何规范只能适用某个对象或一定范围，具有一定针对性，所以执行时一定注意本规范适用什么和不适用什么。

本新规范适用于新建、扩建和改建石油库的设计。

不适用于下列易燃和可燃液体储运设施：

①石油化工企业厂区内的易燃和可燃液体储运设施；

②油气田的油品站场（库）；

③附属于输油管道输油站场；

④地下水封石洞油库、地下盐穴石油库、自然洞石油库、人工开挖的储油洞库；

⑤独立的液化烃储存库（包括常温液化石油气储存库、低温液化烃储存库）；

⑥液化天然气储存库；

⑦储罐总容量大于或等于 1200000m^3 仅储存原油的石油储备库。

（3）规范具有准确性，执行强调严格性。

规范语言表达清楚，不得含糊难分；界线划分严格，不得任意跨越；用词准确，宽严适度。可见规范具有准确性，所以执行应强调严格性。

如在附录 A 中规定了计算间距的起讫点，故计算道路、铁路、管道、地上立式储罐、地上和覆土卧式储罐、覆土立式油罐、设在露天（包括棚下）的各种设备、架空电力和通信线路、埋地电力和通信电缆、建筑物或构筑物、铁路罐车装卸设施、汽车罐车装卸设施、液体装卸码头、工矿企业、居住区、医院、学校、养老院等公共设施、架空电力线杆（塔）高、通信线杆（塔）高等间距的起讫点，都应按附录 A 中规定的计算间距起讫点执行。

又如，在"本规范用词说明"中，为便于在执行本规范条文时区别对待，对于要求严格程度不同的用词做了说明如下：

①表示很严格，非这样做不可的，正面词采用"必须"，反面词采用"严禁"；

②表示严格，在正常情况下均应这样做的，正面词采用"应"，反面词采用"不应"或"不得"；

③表示允许稍有选择，在条件许可时首先应这样做的，正面词采用"宜"，反面词采用"不宜"；

④表示有选择，在一定条件下可以这样做的，采用"可"；

⑤条文中指明应按其他有关标准执行的写法为:"应符合……的规定"或"应按……执行"。

(4) 规范具有时限性,执行注意有效性。

随着科技的不断进步,国家财力的增加,新技术、新工艺、新设备、新材料不断产生,设计施工水平不断提高,科研成果、经验总结不断涌现。为适应新情况,"规范"应适时修订、补充,所以不同时期有不同的"规范",可见"规范"是具有时限性的。如1984年产生了"GBJ 74—84"规范,2002年产生了"GB 50074—2002"规范,2014年产生了"GB 50074—2014"规范。后者"新规范"取代了前者"旧规范","旧规范"就到时限而失效,不能继续使用,而应执行新的规范。

可见规范具有时限性,执行规范要注意其有效性。

(5) 规范具有互补性,执行注意通用性。

任何一部规范不可能将全部事项都规定出来,即使"母法"也是这样,它也只能讲一些原则的内容、主要的、大的方面。其具体的、细致的要求尚需参照针对性的标准规范,或者说应符合相应标准规范。所以"新规范"在"总则1.0.3条"中规定,石油库设计除应执行本规范外,尚应符合国家现行有关标准的规定。如在"本规范引用标准名录"中列出了如下标准:

《建筑设计防火规范》GB 50016;

《建筑物防雷设计规范》GB 50057;

《爆炸和火灾危险环境电力装置设计规范》GB 50058;

《火灾自动报警系统设计规范》GB 50116;

《建筑灭火器配置设计规范》GB 50140;

《泡沫灭火系统设计规范》GB 50151;

《汽车加油加气站设计与施工规范》GB 50156;

《石油化工企业设计防火规范》GB 50160;

《石油天然气工程设计防火规范》GB 50183;

《河港工程设计规范》GB 50192;

《输油管道工程设计规范》GB 50253;

《油气输送管道穿越工程设计规范》GB 50423;

《油气输送管道跨越工程设计规范》GB 50459;

《石油化工可燃气体和有毒气体检测报警设计规范》GB 50493;

《石油储备库设计规范》GB 50737;

18　后论

《石油化工污水处理设计规范》GB 50747；
《油品装卸系统油气回收设施设计规范》GB 50759；
《厂矿道路设计规范》GBJ 22；
《职业性接触毒物危害程度分级》GBZ 230；
《石油化工采暖通风与空气调节设计规范》SH/T 3004；
《石油化工储运系统罐区设计规范》SH/T 3007
《石油化工设备和管道涂料防腐蚀设计规范》SH/T 3022；
《石油化工泵用过滤器选用、检验及验收》SH/T 3411。

可见任何规范标准都有局限性，而同类规范标准相同性、互补性，所以执行规范注意其通用性。

参 考 文 献

[1] GB 50074—2014 石油库设计规范 [S].
[2] GB 50074—2002 石油库设计规范 [S].
[3] GBJ 74—84 石油库设计规范 [S].
[4] GB 50156—2012 汽车加油加气站设计与施工规范 [S].
[5] 《石油库设计规范》编制组. 石油库设计规范宣贯辅导教材 [M]. 北京：中国计划出版社，2003.
[6] 马秀让. 油库设计实用手册 [M]，2版. 北京：中国石化出版社，2009.
[7] 马秀让. 石油库管理与整修手册 [M]. 北京：金盾出版社，1992.
[8] 马秀让. 油库工作数据手册 [M]. 北京：中国石化出版社，2011.